全国高等职业学校机械类专业教材

金属切削原理与刀具

（第二版）

人力资源社会保障部教材办公室组织编写

中国劳动社会保障出版社

简介

本书主要内容包括：金属切削与刀具基本知识、切削加工的主要规律、切削加工质量与效率、车刀、铣刀、孔加工与螺纹刀具、砂轮、数控机床刀具与数控工具系统等。

本书由洪惠良任主编，陈烨妍、徐小燕任副主编，何子卿、孙喜兵、魏小兵参加编写，崔兆华任主审。

图书在版编目（CIP）数据

金属切削原理与刀具 / 人力资源社会保障部教材办公室组织编写 . -- 2 版 . -- 北京：中国劳动社会保障出版社，2022

全国高等职业学校机械类专业教材

ISBN 978-7-5167-5164-0

Ⅰ. ①金… Ⅱ. ①人… Ⅲ. ①金属切削 – 高等职业教育 – 教材②刀具（金属切削）– 高等职业教育 – 教材 Ⅳ. ①TG5②TG71

中国版本图书馆 CIP 数据核字（2021）第 246367 号

中国劳动社会保障出版社出版发行

（北京市惠新东街 1 号　邮政编码：100029）

*

北京市科星印刷有限责任公司印刷装订　　新华书店经销

787 毫米 ×1092 毫米　16 开本　14.5 印张　342 千字

2022 年 4 月第 2 版　　2022 年 4 月第 1 次印刷

定价：36.00 元

读者服务部电话：（010）64929211/84209101/64921644

营销中心电话：（010）64962347

出版社网址：http：//www.class.com.cn

http：//jg.class.com.cn

前言

PREFACE

为了更好地适应全国高等职业学校机械类专业的教学要求，全面提升教学质量，人力资源社会保障部教材办公室组织有关学校的一线教师和行业、企业专家，在充分调研企业生产和学校教学情况、广泛听取教师对教材使用反馈意见的基础上，对全国高等职业学校机械类专业教材进行了修订。

本次教材修订工作的重点主要体现在以下几个方面：

第一，合理更新教材内容。

根据机械类专业毕业生所从事岗位的实际需要和教学实际情况的变化，合理确定学生应具备的能力与知识结构，对部分教材内容及其深度、难度做了适当调整，对部分学习任务进行了优化；根据相关专业领域的最新发展，在教材中充实新知识、新技术、新设备、新材料等方面的内容，体现教材的先进性；采用最新国家技术标准，使教材更加科学和规范。

第二，精心设计教材形式。

在教材内容的呈现形式上，尽可能使用图片、实物照片和表格等形式将知识点生动地展示出来，力求让学生更直观地理解和掌握所学内容。针对不同的知识点，设计了许多贴近实际的互动栏目，在激发学生学习兴趣和自主学习积极性的同时，使教材“易教易学，易懂易用”。在教材插图的制作中采用了立体造型技术，同时部分教材在印刷工艺上采用了四色印刷，增强了教材的表现力。

第三，引入“互联网+”技术，进一步做好教学服务工作。

在《机床夹具（第二版）》《金属切削原理与刀具（第二版）》教材中使用了增强现实（AR）技术。学生在移动终端上安装App，扫描教材中带有AR图标的页面，可以对呈现的立体模型进行缩放、旋转、剖切等操作，以及观察模型的运动和拆分动画，便于更直观、细致地探究机构的内部结构和工作原理，还可以浏览相关视频、图片、文本等拓展资料。在部分教材中使用了二维码技术，针对教材中的教学重点和难点制作了动画、视频、微课等多媒体资源，学生使用移动终端扫描二维码即可在线观看相应内容。

本套教材配有习题册，另外，还配有方便教师上课使用的电子课件，电子课件和习题册答案可通过技工教育网（http://jg.class.com.cn）下载。

本次教材的修订工作得到了河北、江苏、浙江、山东、河南等省人力资源社会保障厅及有关学校的大力支持，在此我们表示诚挚的谢意。

人力资源社会保障部教材办公室

2021 年 8 月

《金属切削原理与刀具（第二版）》AR资源

车刀（一）

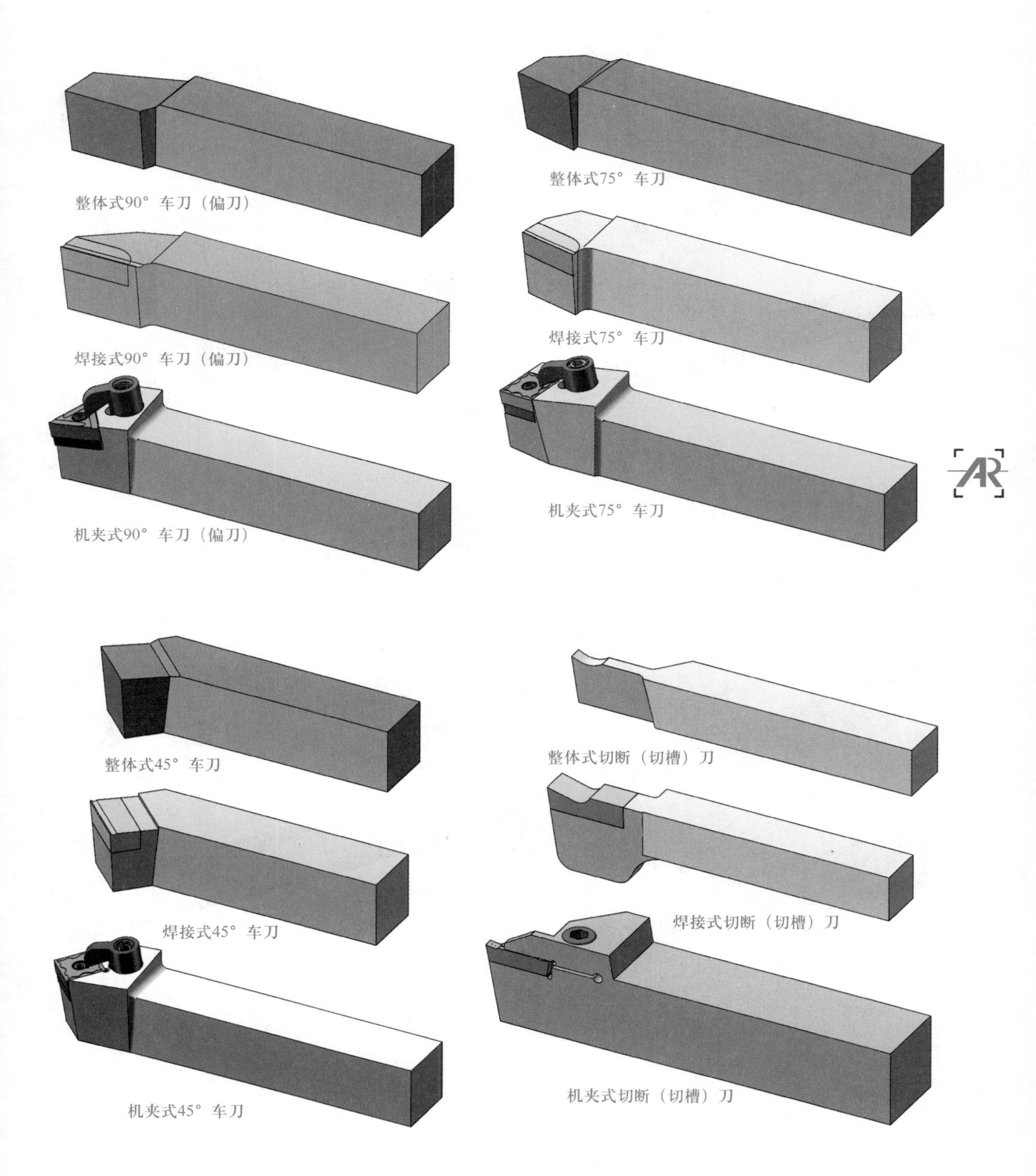

车刀（二）

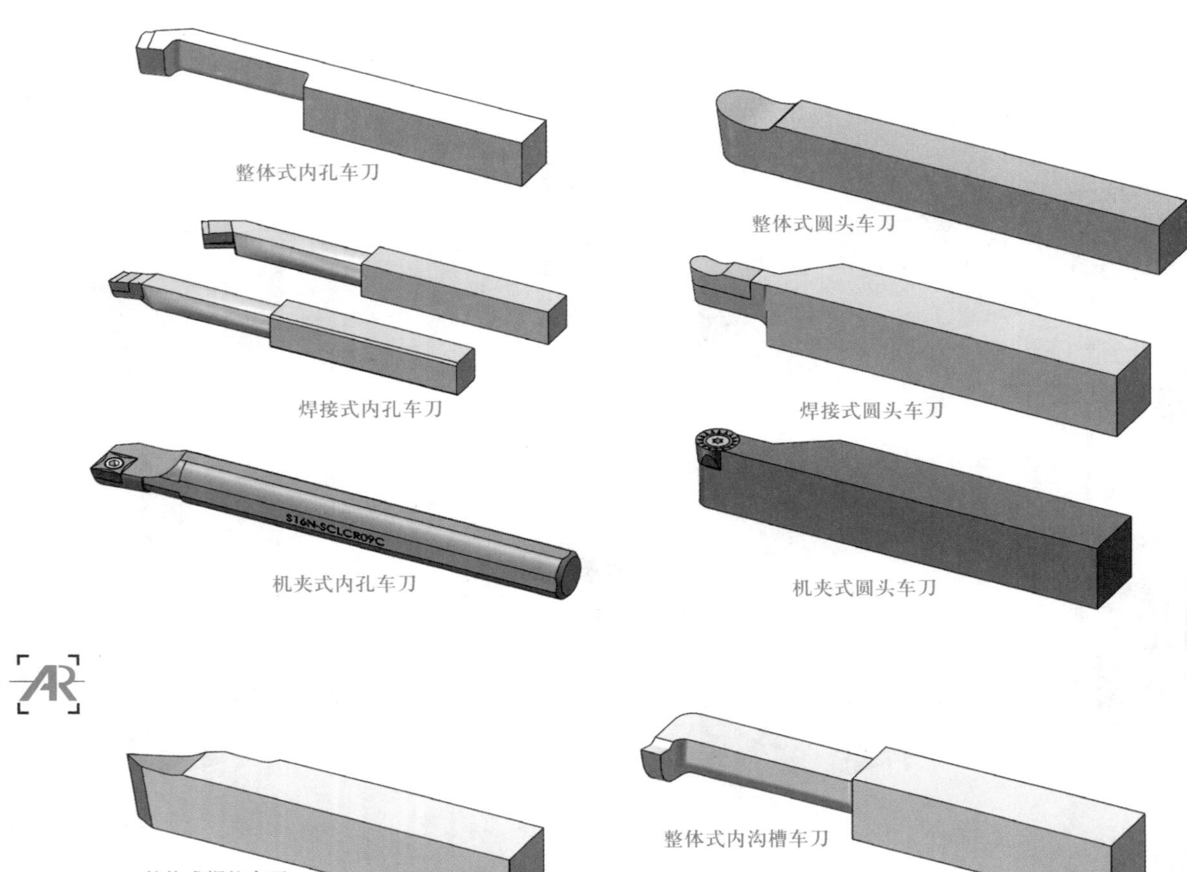

整体式内孔车刀

整体式圆头车刀

焊接式内孔车刀

焊接式圆头车刀

机夹式内孔车刀

机夹式圆头车刀

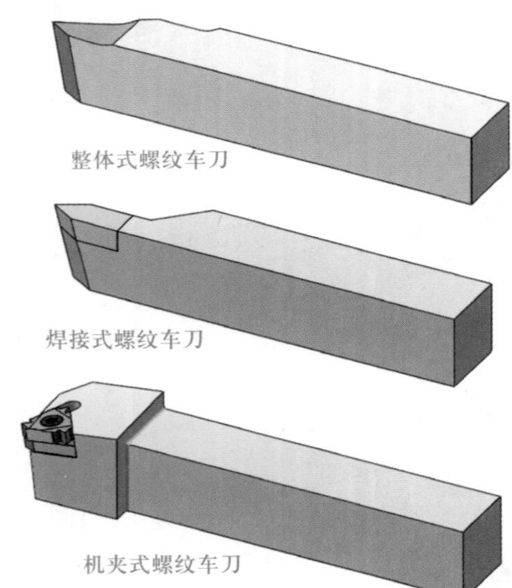

整体式螺纹车刀

焊接式螺纹车刀

机夹式螺纹车刀

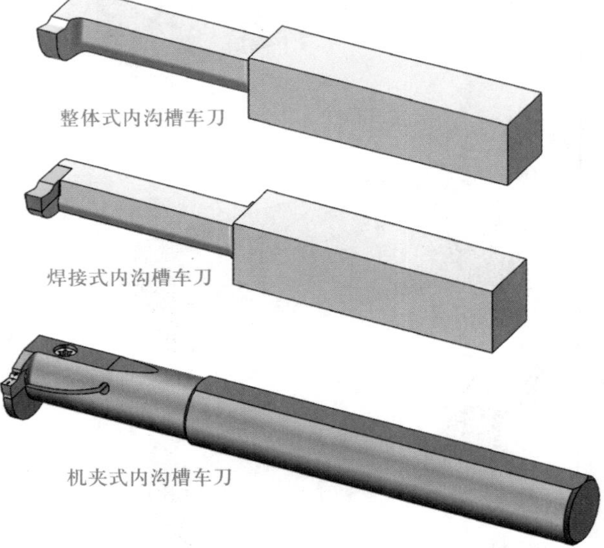

整体式内沟槽车刀

焊接式内沟槽车刀

机夹式内沟槽车刀

铣刀（一）

圆柱铣刀
可转位刀片面铣刀
套式面铣刀
盘铣刀
锥柄立铣刀
直柄高速钢立铣刀
直柄镶硬质合金立铣刀
直柄键槽铣刀
锥柄键槽铣刀
直齿三面刃铣刀
错齿三面刃铣刀
镶齿错齿三面刃铣刀
锯片铣刀

铣刀（二）

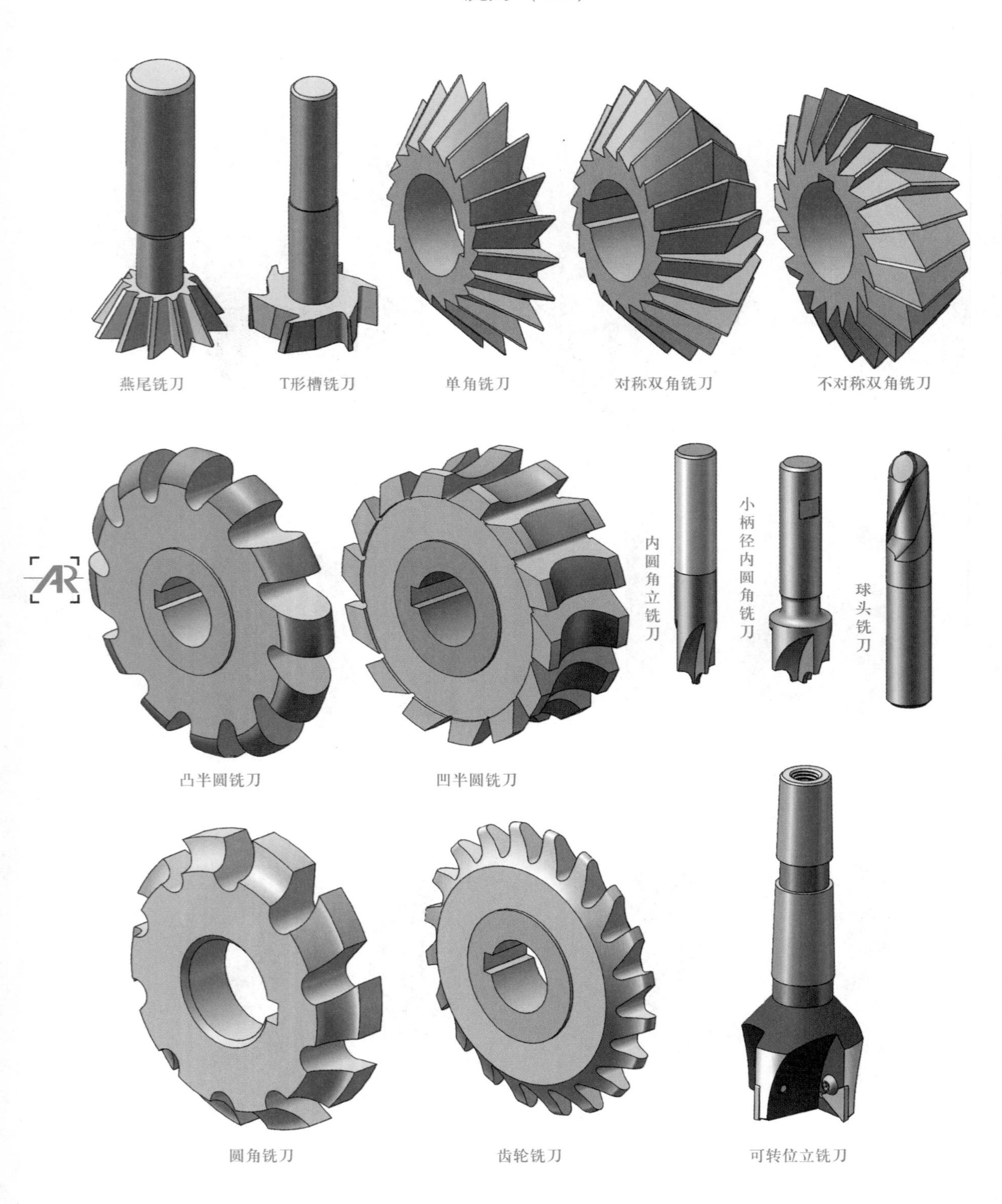
燕尾铣刀
T形槽铣刀
单角铣刀
对称双角铣刀
不对称双角铣刀
凸半圆铣刀
凹半圆铣刀
内圆角立铣刀
小柄径内圆角铣刀
球头铣刀
圆角铣刀
齿轮铣刀
可转位立铣刀

孔加工刀具（一）

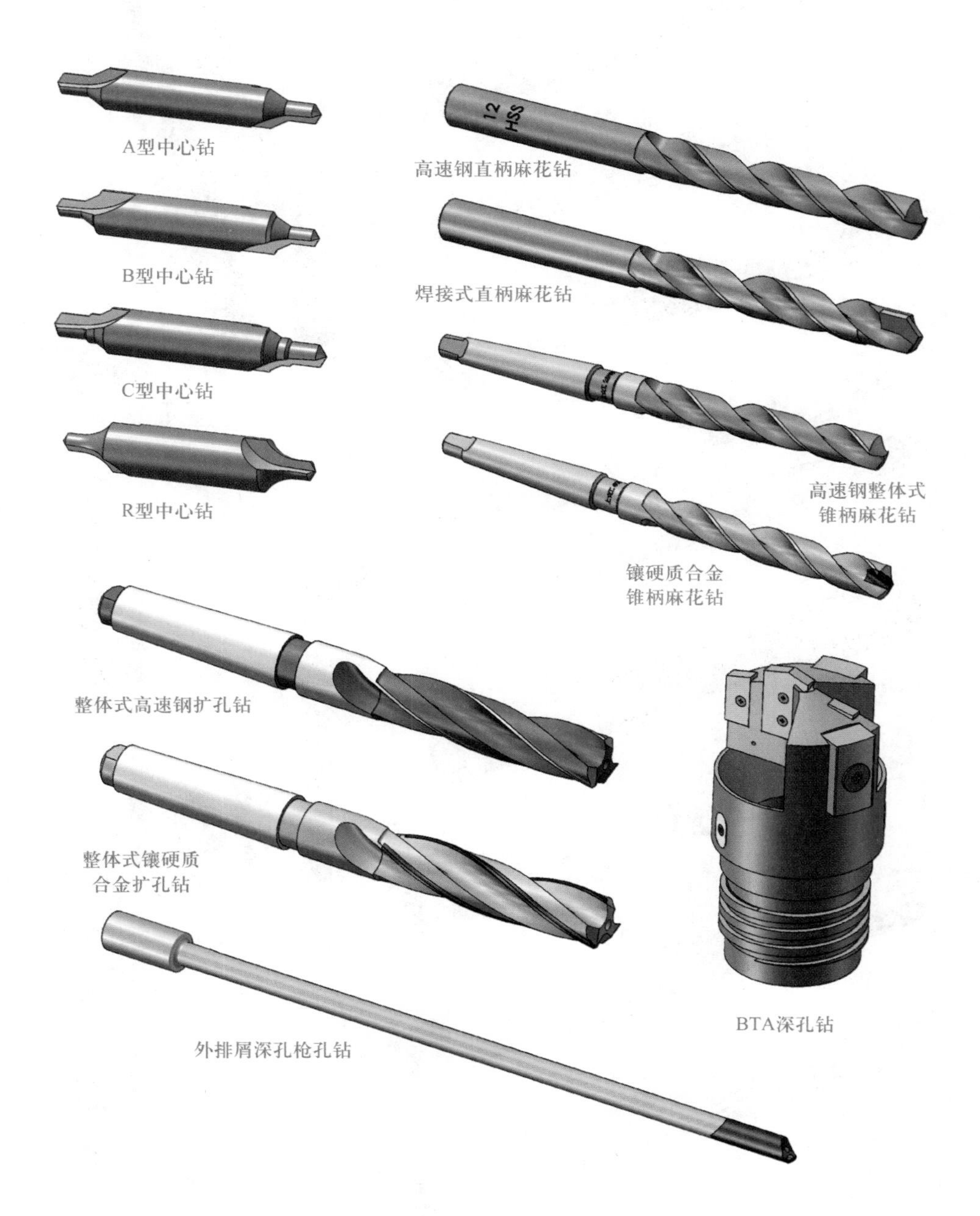

A型中心钻
B型中心钻
C型中心钻
R型中心钻
12
HSS
高速钢直柄麻花钻
焊接式直柄麻花钻
高速钢整体式
锥柄麻花钻
镶硬质合金
锥柄麻花钻
整体式高速钢扩孔钻
整体式镶硬质
合金扩孔钻
外排屑深孔枪孔钻
BTA深孔钻

孔加工刀具（二）

手用铰刀
手用1：50锥铰刀
手用可调节铰刀
直柄手用螺旋铰刀
直柄机用铰刀
锥柄机用铰刀
硬质合金锥柄铰刀
直柄机用螺旋铰刀
直柄莫氏
锥铰刀
柱形锪孔钻
端面锪钻
锥形锪钻
单
刃
粗
镗
刀

螺纹刀具（一）

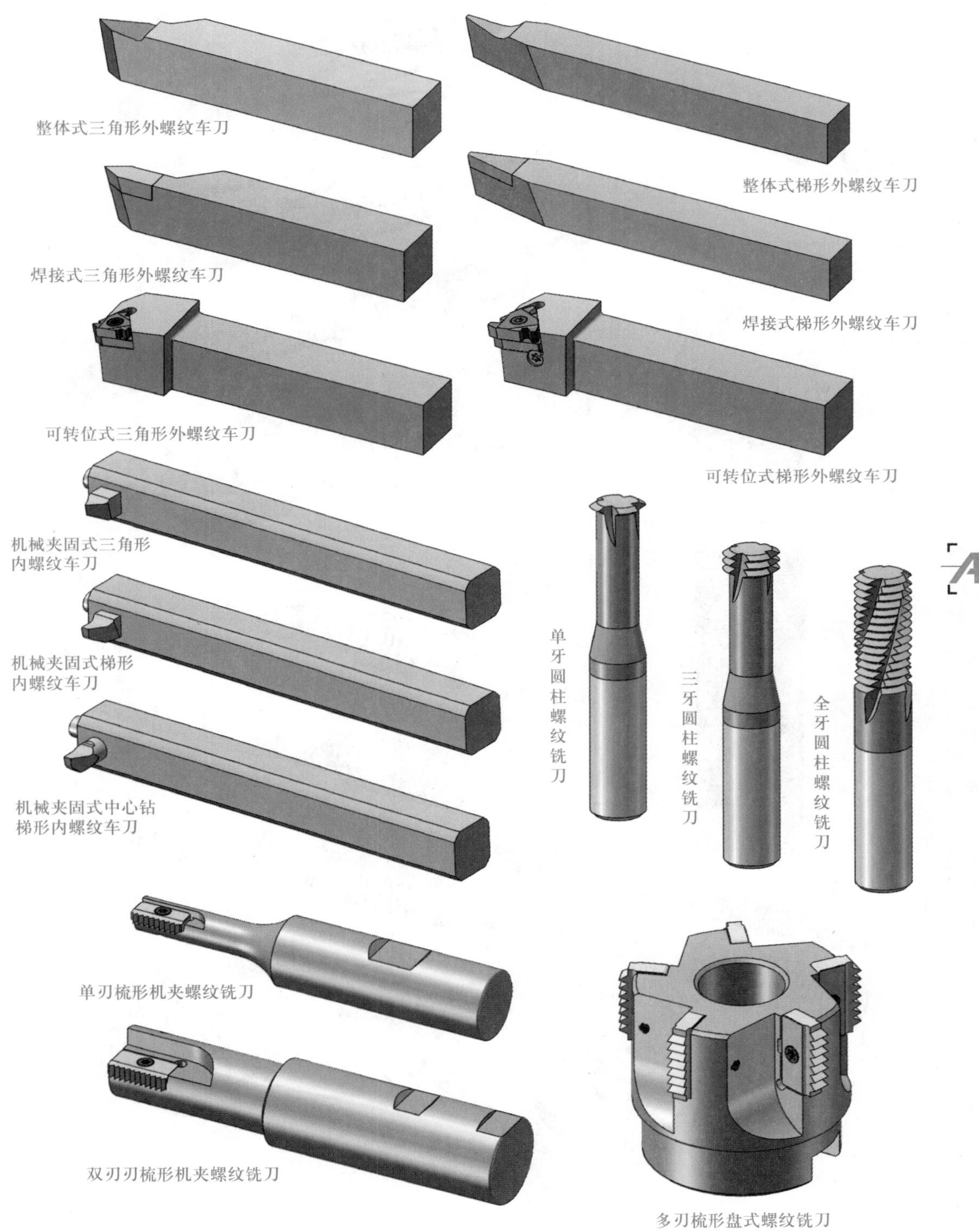
整体式三角形外螺纹车刀
整体式梯形外螺纹车刀
焊接式三角形外螺纹车刀
焊接式梯形外螺纹车刀
可转位式三角形外螺纹车刀
可转位式梯形外螺纹车刀
机械夹固式三角形
内螺纹车刀
机械夹固式梯形
内螺纹车刀
机械夹固式中心钻
梯形内螺纹车刀
单牙圆柱螺纹铣刀
三牙圆柱螺纹铣刀
全牙圆柱螺纹铣刀
单刃梳形机夹螺纹铣刀
双刃刃梳形机夹螺纹铣刀
多刃梳形盘式螺纹铣刀

螺纹刀具（二）

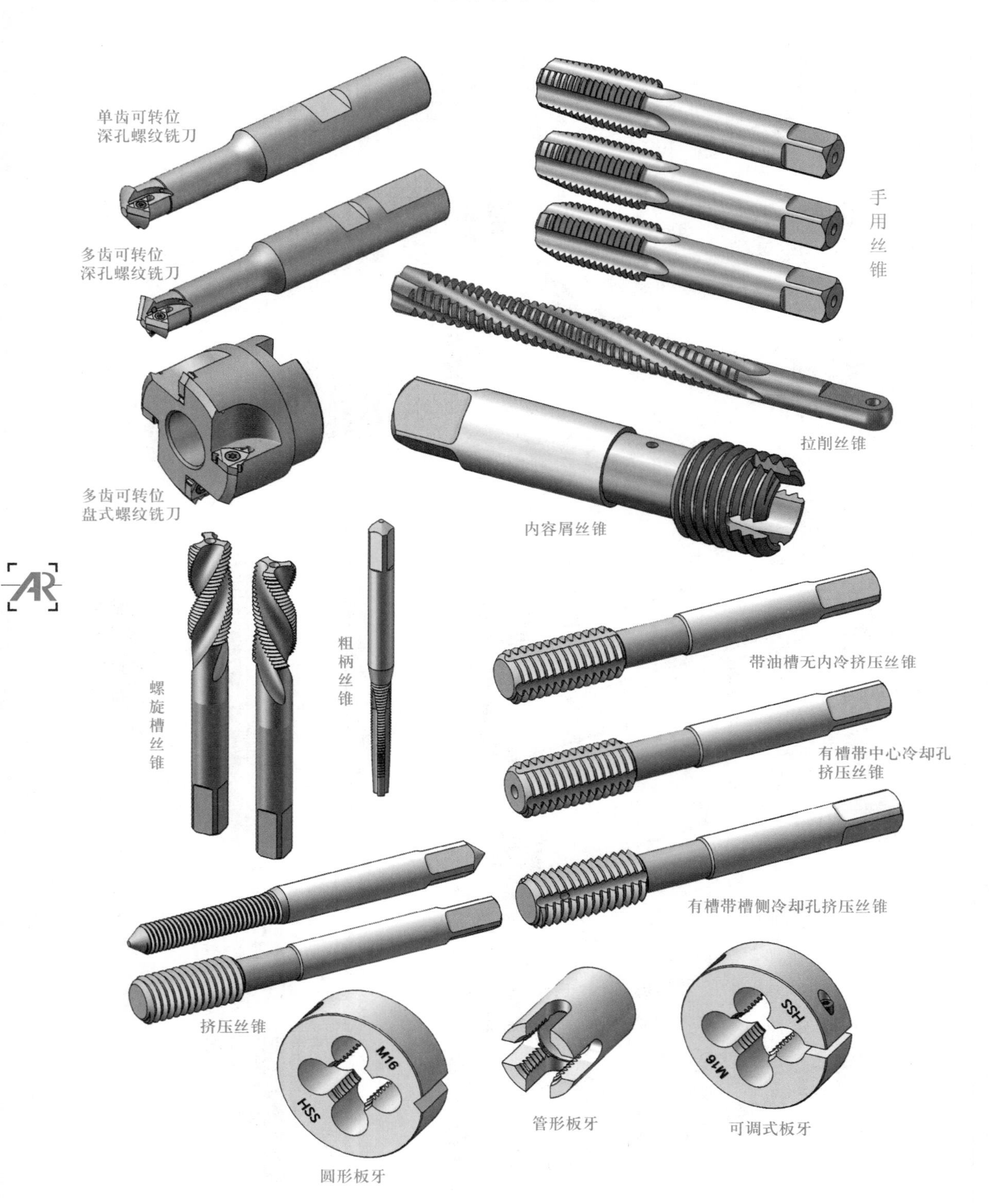
单齿可转位
深孔螺纹铣刀
多齿可转位
深孔螺纹铣刀
多齿可转位
盘式螺纹铣刀
手用丝锥
拉削丝锥
内容屑丝锥
螺旋槽丝锥
粗柄丝锥
带油槽无内冷挤压丝锥
有槽带中心冷却孔
挤压丝锥
有槽带槽侧冷却孔挤压丝锥
挤压丝锥
M16
HSS
圆形板牙
管形板牙
可调式板牙

砂　　轮

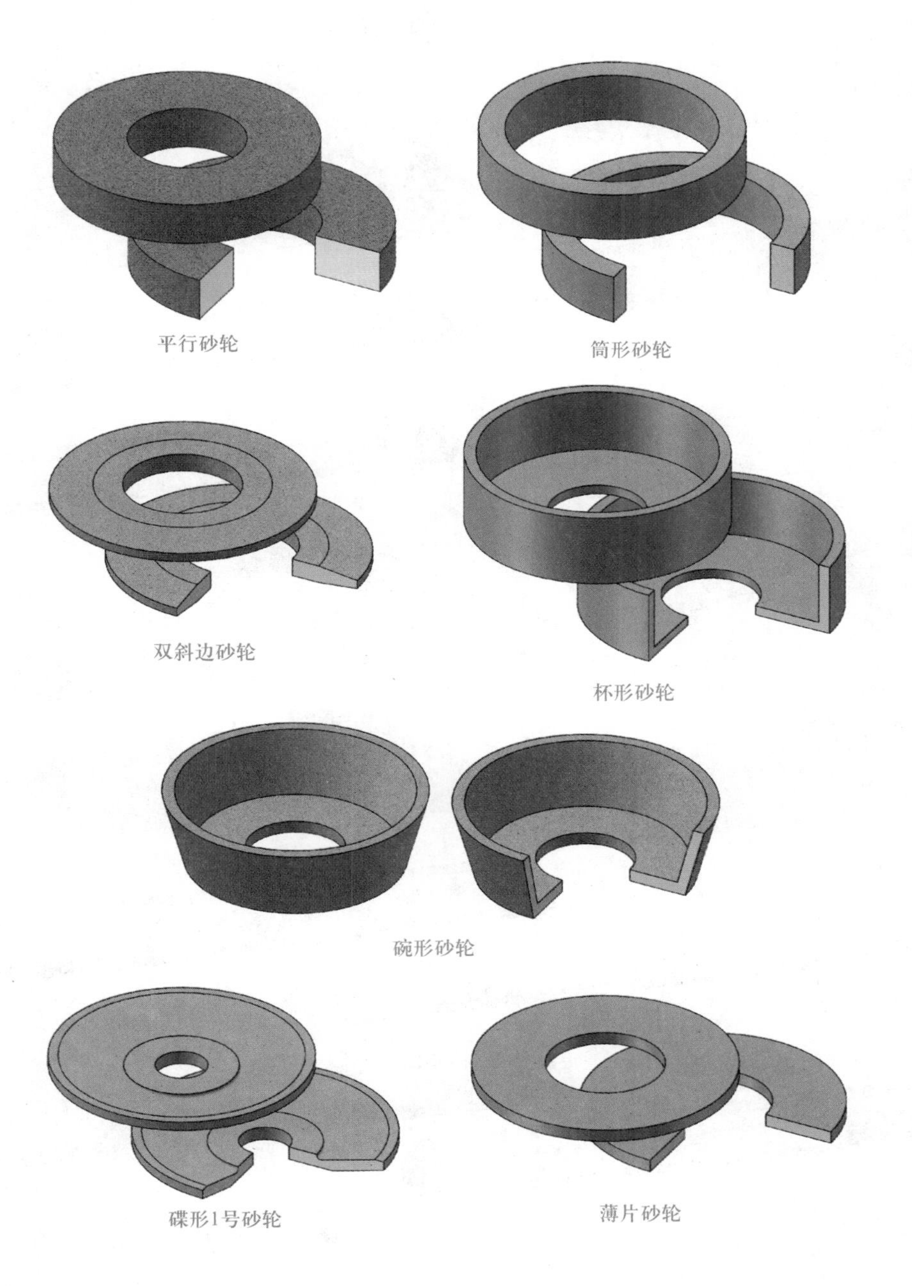

数控车床刀具

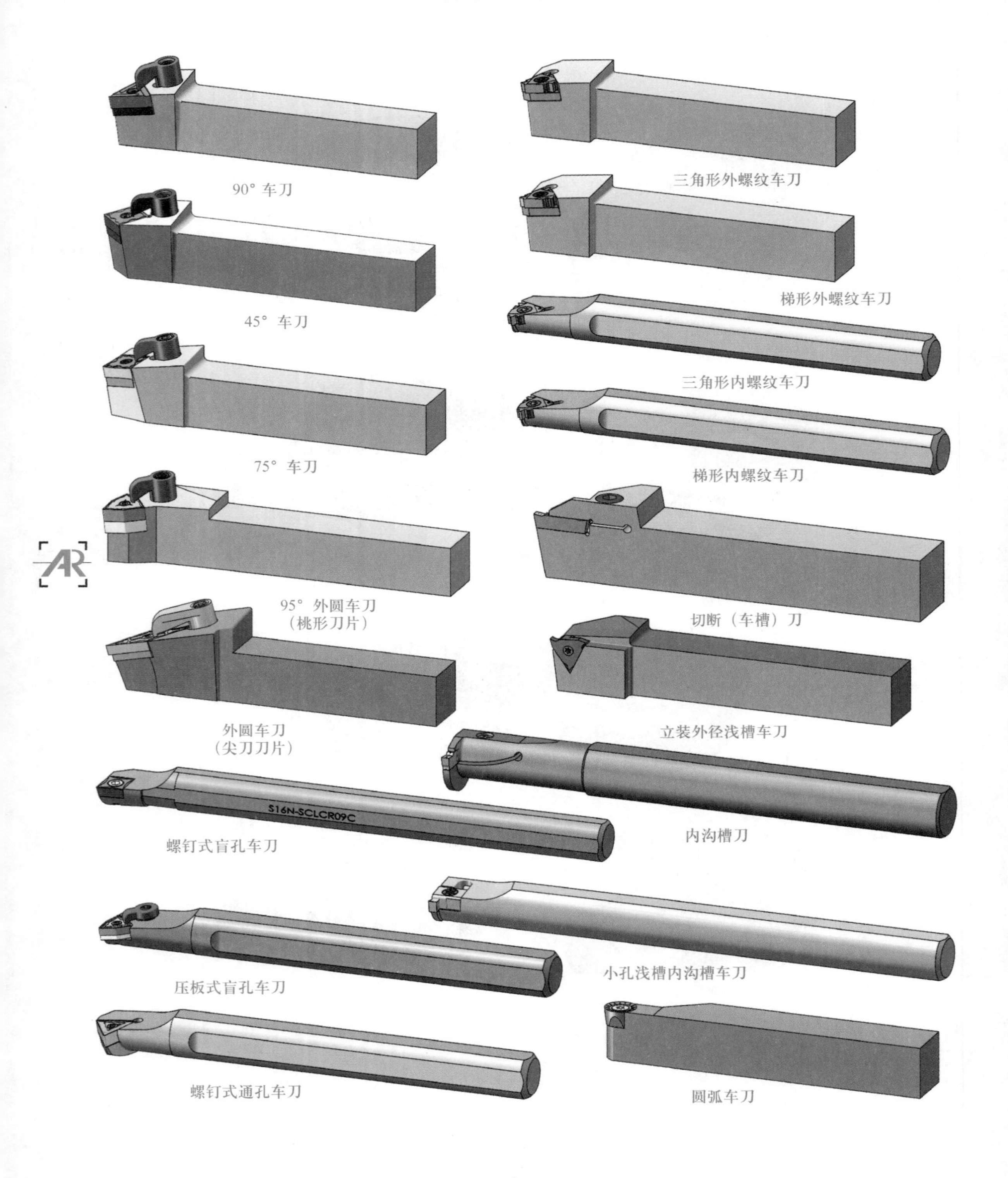
90° 车刀
三角形外螺纹车刀
梯形外螺纹车刀
45° 车刀
三角形内螺纹车刀
75° 车刀
梯形内螺纹车刀
95° 外圆车刀
（桃形刀片）
切断（车槽）刀
外圆车刀
（尖刀刀片）
立装外径浅槽车刀
S16N-SCLCR09C
螺钉式盲孔车刀
内沟槽刀
压板式盲孔车刀
小孔浅槽内沟槽车刀
螺钉式通孔车刀
圆弧车刀

数控铣床刀具

方形刀片面铣刀
圆形刀片面铣刀
球头铣刀
数控面铣刀（长柄）
机夹可转位立铣刀
立铣刀（玉米铣刀）
高速钢立铣刀
单牙圆柱螺纹铣刀
单刃梳形机夹螺纹铣刀
单齿可转位机夹螺纹铣刀
单刃粗镗刀
双刃粗镗刀
组合式精镗刀
模块式精镗刀

目录 CONTENTS

模 块 一

金属切削与刀具基本知识

金属切削加工是利用切削刀具和切削运动切除被加工零件多余金属材料的加工方法，是机械制造业中最基本的加工方法。尽管新的、先进的金属加工方法不断出现，并向少切削、无切削方向发展，且涌现了精密铸造、精密锻造、冷挤（冷轧）技术、电加工技术、3D 打印技术等，但由于金属切削加工具有加工精度高、生产效率高、加工成本低等优点，因此大多数零件加工还必须通过切削加工来实现，尤其是高精度和高表面质量零件。

任务一 切削运动与切削用量

知识点：

◎切削运动。

◎工件表面。

◎切削用量。

能力点：

◎能进行切削用量的计算。

一、任务提出

切削刀具和切削运动构成了切削加工的两个要素。切削加工中，切削刀具相对于工件的运动过程，就是工件表面的形成过程。

从图 1–1 可以看出，切削刀具和工件不同运动的组合，形成了不同的加工表面。那么，加工表面形成需要刀具和工件的哪些运动？切削中的几何参数和运动参数（运动量和切削量）又该如何衡量？如果车削直径为 60 mm 的工件外圆，选定车床主轴转速为 600 r/min，那切削速度为多少呢？

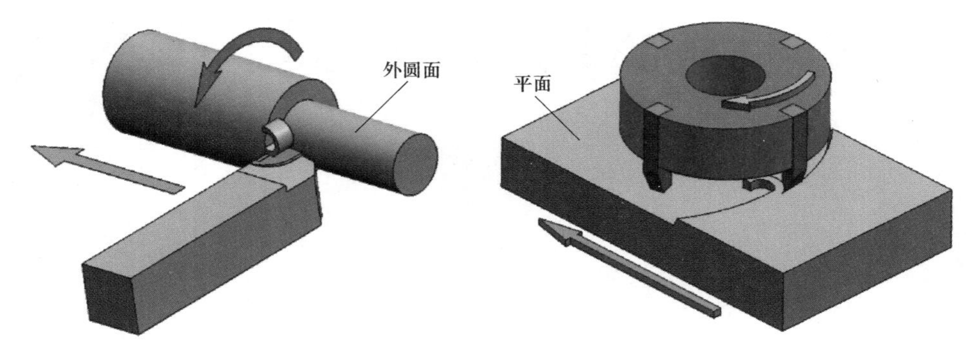

图 1–1 工件表面的形成

二、任务分析

加工表面通常由基本表面（如外圆面、内圆面、平面或成形面等）组成，基本表面可以通过切削刀具和工件之间一定的运动组合来形成。例如，外圆面可由工件的旋转运动和切削刀具的直线运动组合来形成，平面可由工件的直线运动和铣刀的旋转运动组合来形成。另外，切削加工必须考虑运动量、切削量的大小，只有这样，才能满足生产率、零件加工精度和加工成本的要求。

三、知识准备

1. 切削运动

切削过程中工件和刀具间的相对运动称为切削运动，它是形成工件表面的基本运动。通过切削运动，刀具与工件相互接触，切削刃切入工件材料，使多余材料成为切屑而剥离，形成所需加工表面。

（1）切削运动的形式

根据具体需要，切削运动可以是旋转运动或直线运动，也可以是连续运动或间歇运动。以外圆车削加工为例，其切削运动包括工件的旋转运动和刀具的直线运动。

另外，相同的相对运动可以通过刀具运动来实现，也可以通过工件运动来实现，如图 1–2 所示。

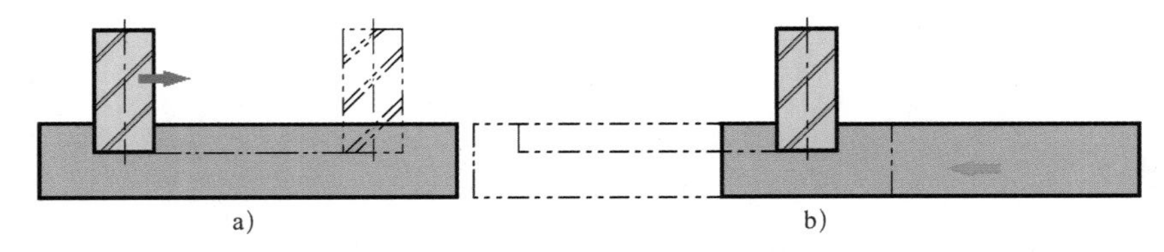

图 1–2 切削时的相对运动

a）刀具运动 b）工件运动

（2）切削运动的种类

不论是何种形式的切削运动，根据切削时工件与刀具相对运动所起的作用不同，可划分为主运动、进给运动和定位运动。

1）主运动

主运动是由机床或人力提供的主要运动，它促使刀具和工件之间产生相对运动，从而使刀具（前面）接近工件。主运动是切削加工中切下切屑的最重要、最基本的运动，它可以是旋转运动，也可以是直线往复运动。通过主运动（旋转一周或一次直线往复）可实现一次切屑分离。根据《金属切削 基本术语》（GB/T 12204—2010），主运动方向为切削刃选定点相对于工件的瞬时主运动方向。

一般来说，切削过程中有一个主运动，通常它的运动速度最高，消耗功率最大（约占功率总消耗的 90%）。主运动可以由工件完成，如车削加工时工件的旋转运动；主运动也可以由刀具完成，如铣削加工时铣刀的旋转运动，钻削加工时钻头的旋转运动。

2）进给运动

进给运动是由机床或人力提供的运动，它使刀具与工件之间产生附加的相对运动，加上主运动，即可不断地或连续地切除切屑，并得出具有所需几何特性的已加工表面。进给运动是使工件上多余材料不断投入切削，以保持切削连续性的运动，它可以是旋转运动，也可以是直线运动。通过进给运动与主运动的配合可实现多次或持续切屑分离。根据《金属切削 基本术语》（GB/T 12204—2010），进给运动方向为切削刃选定点相对于工件的瞬时进给运动的方向。

对于不同的切削加工方法而言，进给运动可以是一个、两个或多个，也可以没有进给运动（如拉削）。进给运动的速度较低，消耗的功率较小。进给运动可以由工件完成，如铣削加工、磨削加工；进给运动也可以由刀具完成，如车削加工、钻削加工。

常见切削加工的主运动和进给运动见表 1–1。

表 1–1 常见切削加工的主运动和进给运动

<table>
<tr><th>机床名称</th><th>主运动</th><th>进给运动</th></tr>
<tr><td>卧式车床</td><td>工件旋转运动</td><td>车刀纵向、横向、斜向直线运动</td></tr>
<tr><td>钻床</td><td>钻头旋转运动</td><td>钻头轴向移动</td></tr>
<tr><td>铣床</td><td>铣刀旋转运动</td><td>工件纵向、横向移动（有时也做垂直方向移动）</td></tr>
<tr><td>牛头刨床</td><td>刨刀往复运动</td><td>工件横向间歇移动或刨刀垂直、斜向间歇移动</td></tr>
<tr><td>龙门刨床</td><td>工件往复运动</td><td>刨刀横向、垂直、斜向间歇移动</td></tr>
<tr><td>外圆磨床</td><td rowspan="3">砂轮旋转运动</td><td rowspan="2">工件旋转并同时往复移动，砂轮横向移动</td></tr>
<tr><td>内圆磨床</td></tr>
<tr><td>平面磨床</td><td>工件往复移动，砂轮横向、垂直方向移动</td></tr>
</table>

3）合成切削运动

主运动和进给运动可以同时进行，也可以间歇进行。当主运动与进给运动同时进行时，由主运动和进给运动合成的运动称为合成切削运动，也称有效运动。车削、钻削时的合成切削运动如图 1–3 所示。根据《金属切削 基本术语》(GB/T 12204—2010)，合成切削运动方向即切削刃选定点相对于工件的瞬时合成切削运动的方向。

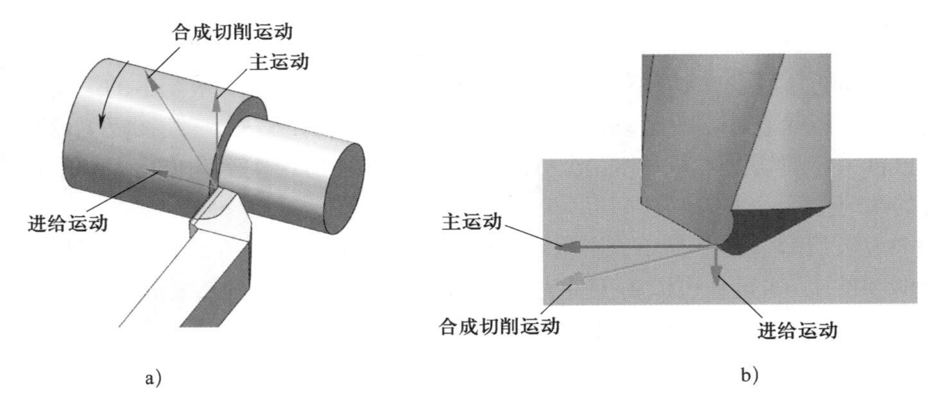

图 1–3 合成切削运动
a）车削 b）钻削

合成切削运动是切削过程中切削刃的实际运动，由于大部分主运动速度远远大于进给运动速度，所以合成切削运动与主运动几乎相同。切削过程中，如果主运动的同时没有伴随进给运动（如刨削加工），则主运动本身就是合成切削运动。

当采用大进给运动时（如车削螺纹等），合成切削运动与主运动的偏差则不能忽略，此时，合成切削运动意义重大。

4）定位运动

定位运动在切削过程开始之前和切削过程中使刀具和工件处于规定的相对位置，如图 1–4 所示为钻削加工时的定位运动。定位运动本身并不直接参与切屑剥离，但其精确程度影响着工件的尺寸精度。切削运动中的刀具趋近运动、调整运动等都属于定位运动。

2. 工件表面

金属切削过程是待切除金属层不断被刀具切除而变为切屑的过程。在主运动和进给运动的作用下，多余金属不断被切除，新的表面不断形成。因此，切削过程中，在工件上有三个不断变化着的表面，分别是待加工表面、已加工表面和过渡表面（也称加工表面）。如图 1–5 所示为外圆车削过程中的三个表面。

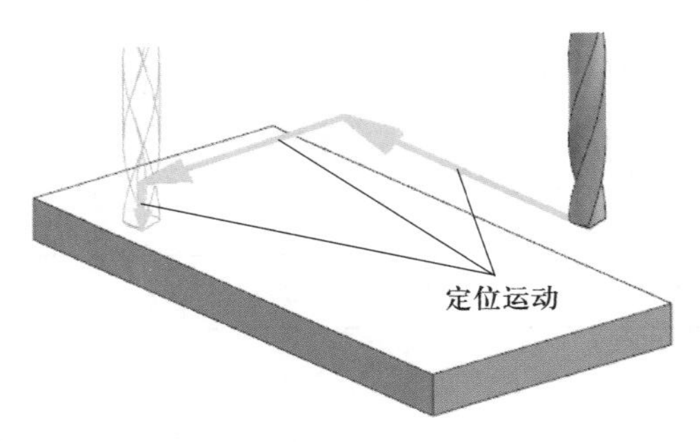

图 1–4 钻削加工时的定位运动

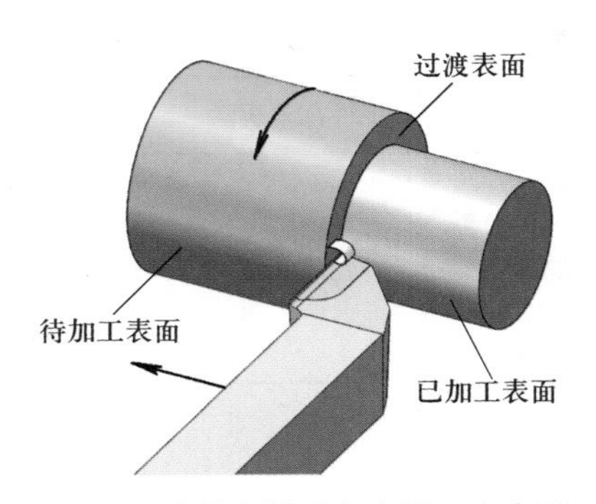

图 1–5 外圆车削过程中的三个表面

工件上有待切除的表面称为待加工表面。工件上经刀具切削后形成的表面称为已加工表面。过渡表面是工件上由切削刃形成的那部分表面，它在下一切削行程，刀具或工件的下一转里被切除，或者由下一切削刃切除。

3．切削用量

切削用量是切削加工过程中的切削速度、进给量和背吃刀量的总称，是用来表征切削中运动量、切削量大小的参数，是金属切削加工之前调整刀具和工件间相对运动速度和相对位置所需的工艺参数。

（1）切削速度（v_c）

切削速度是指刀具切削刃选定点相对于工件的主运动的瞬时速度，即主运动的线速度，如图 1–6 所示。切削速度是衡量主运动速度大小的参数，是切削方向上切削刃点的实时速度，单位为 m/min 或 m/s。

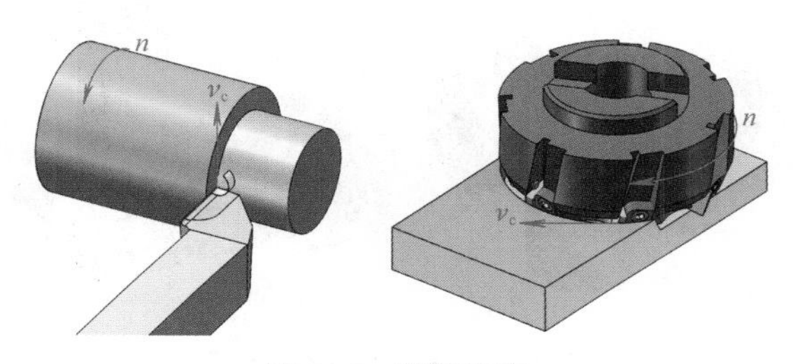

图 1–6　切削速度

1）当主运动为旋转运动（如车削、铣削、钻削加工等）时，切削速度的计算公式为：

$$v_c=\pi dn/1\,000 \approx dn/318$$

式中　v_c——切削速度，m/min；

n——工件或刀具转速，r/min；

d——工件或刀具选定点的旋转直径（通常取最大直径），mm。

切削速度决定着切削加工的时间和生产率。为此，机床和刀具制造商都设法提高切削速度。切削速度的影响因素有工件材料、刀具材料、刀具结构及切削刃状态、加工机床（功率和稳定性）、加工性质、冷却情况、其他切削用量值等。

实际应用时，往往通过转速的控制来设定所需的切削速度。一般先选定切削速度 v_c 的大小（来自经验数值、查表、刀具制造商推荐值等），再根据 $n \approx 318v_c/d$ 计算出转速，进而调整机床主轴转速。

在机床有级变速的情况下，实际的转速与理论计算的转速会有偏差。如果采用数控机床就可实现主轴无级调速，基本不会产生这种偏差。

在数控车床上车削端面时，随着切削直径的减小，切削速度会越来越小，从而影响已加工表面质量。因此，中档以上的数控车床一般具有恒线速度功能，利用主轴能无级变速的特点，当车削直径出现变化时，车床主轴的转速可自动相应调整，使切削速度基本保持恒定。

2）当主运动为往复直线运动时（如刨削、插削加工等），v_c 为平均速度，其计算公式为：

$$v_c=2Ln_r/1\,000$$

式中 v_c——切削速度，m/min；

L——往复直线运动的行程长度，mm；

n_r——主运动每分钟的往复次数，str/min。

（2）进给量（f）

进给量是刀具在进给运动方向上相对工件的位移量，可用刀具或工件每转或每行程的位移量来表述和度量。进给量是衡量进给运动速度大小的参数。

1）就单齿刀具（如车刀、刨刀）而言，车削时，进给量为工件每转一转，车刀沿进给运动方向移动的距离，单位为 mm/r，如图 1–7a 所示；在牛头刨床上刨削时，进给量为刨刀每往复一次，工件沿进给运动方向移动的距离，单位为 mm/str（毫米 / 双行程），如图 1–7b 所示。

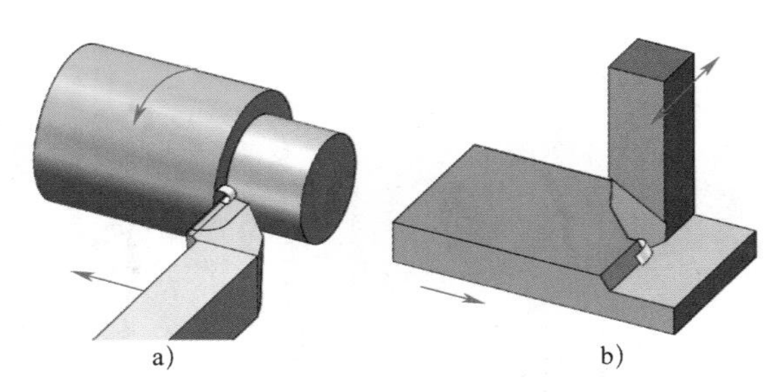

图 1–7　单齿刀具的进给量

a）车削　b）在牛头刨床上刨削

2）对于多齿刀具（如铣刀、钻头、铰刀等），进给量有每齿进给量（mm/z）和每转进给量（mm/r）之分。前者是指多齿刀具每转或每行程中每齿相对工件在进给运动方向上的位移量，后者则为多齿刀具每转或每行程中相对工件在进给运动方向上的位移量。

另外，还可以用进给速度（v_f）来衡量进给运动速度的大小，尤其是在数控加工中用得较多。进给速度 v_f 是切削刃选定点相对于工件的进给运动的瞬时速度，即单位时间内刀具或工件沿进给方向移动的距离。进给速度的单位为 mm/min。

车外圆时：

$$v_f=nf$$

式中 n——工件转速，r/min；

f——进给量，mm/r。

进给量或进给速度在普通机床的铭牌上给出。例如，车床的铭牌上给出的是进给量，而铣床的铭牌上给出的是进给速度。切削前，根据加工条件确定数值大小并调整机床。数控加工中，进给运动通常有转进给和分进给两种表示方式，其实就是以上所说的进给量和进给速度。

（3）背吃刀量（a_p）

就外圆车削加工而言，背吃刀量是指已加工表面与待加工表面之间的垂直距离，是车刀每次进给切入工件的深度，单位为 mm，如图 1–8 所示。

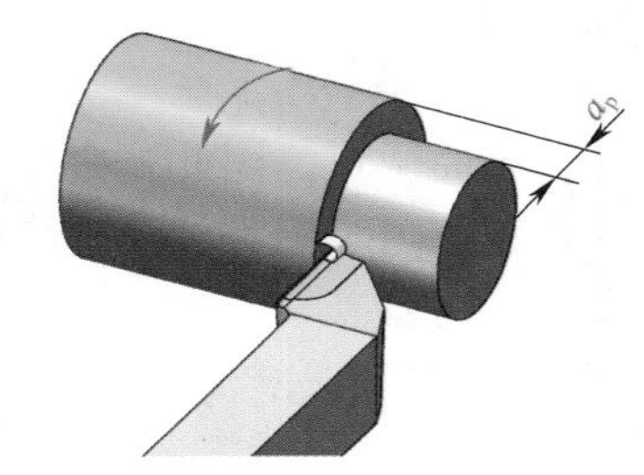

图 1–8　车削外圆时的背吃刀量

背吃刀量可按下式计算：

$$a_p = \frac{d_w - d_m}{2}$$

式中 a_p——背吃刀量，mm；

d_w——待加工表面直径，mm；

d_m——已加工表面直径，mm。

四、任务实施

就本任务而言：

（1）加工表面的形成需要的运动有主运动和进给运动。

（2）切削加工中的运动量和切削量大小，可通过切削用量要素即切削速度、进给量和背吃刀量来衡量。

（3）车削直径为 60 mm 的工件外圆，选定车床主轴转速为 600 r/min，切削速度 v_c= 3.14 × 60 × 600/1 000 ≈ 113 m/min。

五、知识链接

切削层及其尺寸

切削层是指切削过程中，由刀具切削部分的一个单一动作（切过工件的一个单程，或产生一圈过渡表面的动作）所切除的工件材料层。切削层形状及其尺寸直接影响着切削过程的变形、刀具承受的负荷以及刀具的磨损等。为简化计算，切削层形状及其尺寸规定在垂直于主运动方向的平面（切削层尺寸平面 P_D）中度量。

切削层形状与刀具有关，以如图 1–9 所示外圆车削为例，切削层截面（切削层在 P_D 内的形状）为梯形。通过改变刀具，可以获得不同截面形状的切削层，如平行四边形和矩形等。

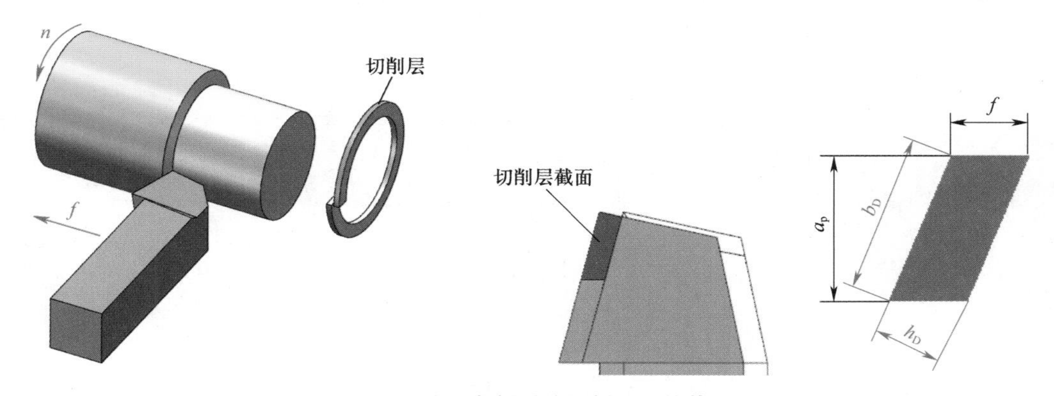

图 1–9 外圆车削时的切削层及其截面

切削层尺寸与刀具及切削用量有关，但直接影响切削过程的是切削层公称横截面积（简称切削面积）、切削层公称宽度（简称切削宽度）和切削层公称厚度（简称切削厚度）。

1. 切削厚度（h_D）

切削厚度是垂直于过渡表面度量的切削层截面尺寸，在切削层尺寸平面中测量，单位为 mm。

2．切削宽度（b_D）

切削宽度是平行于过渡表面度量的切削层截面尺寸，在切削层尺寸平面中测量，单位为 mm。

3．切削面积（A_D）

切削面积是切削层在切削层尺寸平面内的横截面积，单位为 mm^2。当切削层截面为平行四边形和矩形时，$A_D=h_Db_D=a_pf$。

需要指出的是，两块面积相等的切削层截面，由于切削厚度、切削宽度、截面形状的差异，将对切削过程产生不同的影响。

六、思考与练习

1．试分析如图 1–10 所示钻孔加工和铣平面加工的主运动和进给运动。

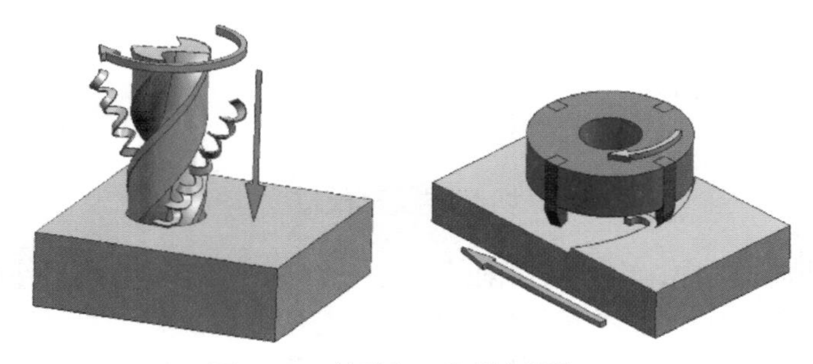

图 1–10　钻孔加工和铣平面加工

2．试说出外圆车削时工件已加工表面的理想形状和实际形状。

3．平面铣削时的背吃刀量如何计算？

4．切削加工时，材料切除率 Q（单位时间内所切除材料的体积）如何计算？

任务二　刀具组成与刀具角度

知识点：

◎楔形几何体。

◎刀具切削部分。

◎刀具角度参考系。

◎刀具角度。

能力点：

◎能识别刀具的四个最基本角度。

一、任务提出

刀具是切削加工中的重要工具，是机床实现切削加工的直接执行者，也是切削加工中影响生产率、加工质量和加工成本的最活跃的因素。如图 1–11 所示为常用的刀具：车刀、铣刀和麻花钻，尽管它们形状不同、使用场合不一，但都能用来切除工件上多余的材料，完成零件的切削加工。那么，刀具是如何具备切削能力的呢？切削能力通过什么来描述？刀具角度又是如何定义的呢？

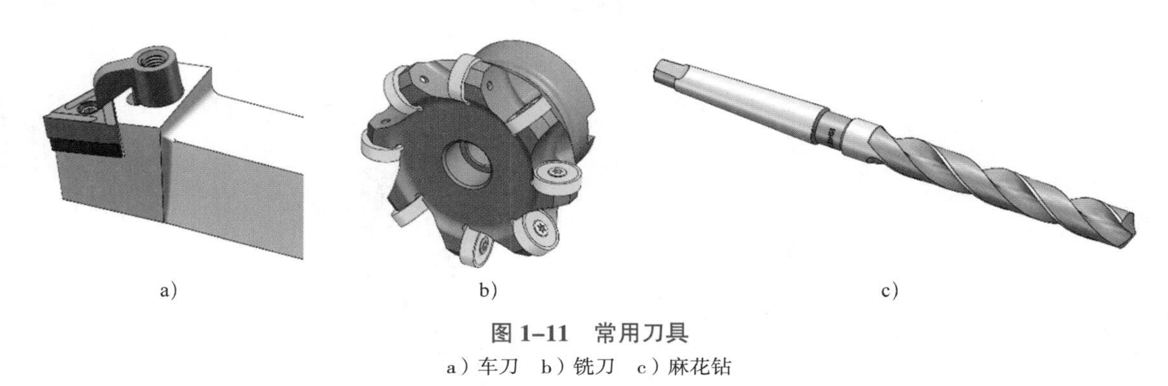

a)　　b)　　c)

图 1–11　常用刀具

a）车刀　b）铣刀　c）麻花钻

二、任务分析

各种刀具形状迥异、应用不同，但都具有切除材料的能力，其直接参加切削工作部分（切削部分）的构造和作用必然存在相同之处。

确定刀具切削部分的构造（几何形状），除必要的尺寸外，刀具角度是非常重要的参数。为了描述刀具几何角度的大小及其空间相对位置，可以利用正投影原理，采用多面投影的方法。为此，需要建立用来确定刀具角度的投影体系（刀具角度参考系），并进行刀具角度的定义。

另外，外圆车刀是最典型的简单刀具，是刀具的基本形态，其他刀具均可看作外圆车刀的演变和组合。以外圆车刀为代表确定的切削部分概念、刀具角度定义同样适合其他刀具，并且是学习金属切削原理、有效使用刀具的重要基础。

三、知识准备

1. 刀具组成

从结构来看，刀具通常由刀体和刀柄两部分组成，如图 1–12 所示。刀体是刀具上夹持刀条或刀片的部分，或由它形成切削刃的部分。刀体直接参与切削工作，是刀具的切削部分。刀柄是刀具上的夹持部分，通常通过刀柄上的安装面或刀孔等将刀具正确夹持在加工机床上。

（1）楔形几何体结构

刀具虽然种类繁多、形状各异，但其切削部分的结构组成有着相同特征，即具有楔形几何体（刀楔）结构。从图 1–13 可以看出，不同刀具的切削部分均采用楔形几何体结构。不同切削方法的共同之处，在于借助刀体上的楔形几何体结构分离工件材料，完成切削加工。

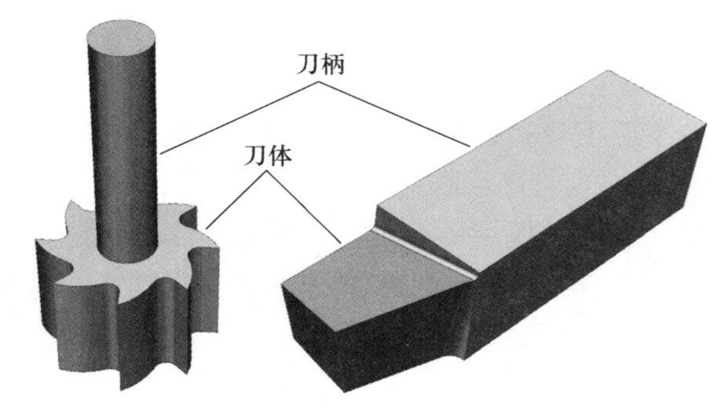

图 1–12　刀具结构组成

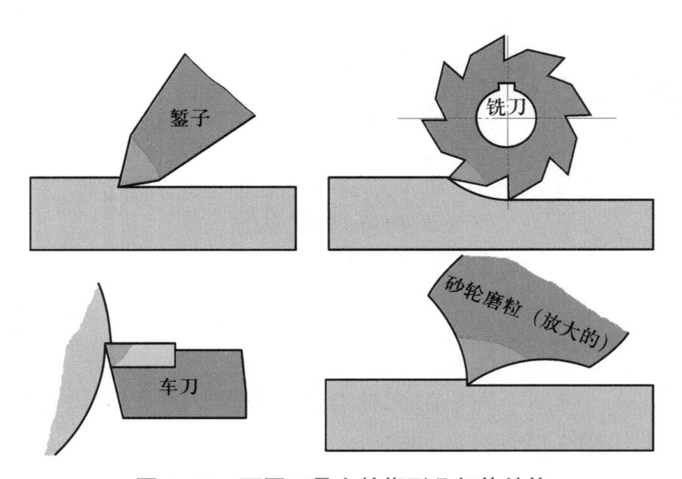

图 1–13　不同刀具上的楔形几何体结构

楔形几何体结构由两面（前面和后面）一刃（切削刃）组成，它构成了刀具的最基本切削单元，如图 1–14 所示，前面和后面间的夹角称为楔角（β）。切削时，切屑从前面流过。

显而易见，楔角越小，楔形几何体越容易切入工件材料，但切削刃越容易被打坏。所以，切削强度较高的硬材料（如高合金钢），刀具应有较大的楔角；切削铝合金等较软材料，刀具可采用较小的楔角。

不同切削方法所采用的各种刀具，如车刀、铣刀、钻头、刨刀、砂轮等，出于工件加工表面需要，除结构形状不同外，它们所拥有的楔形几何体结构数量也不尽相同。例如，外圆车刀拥有两个楔形几何体结构，车槽刀拥有三个楔形几何体结构（见图 1–15），而砂轮则可认为拥有无数个楔形几何体结构。

（2）切削部分结构要素

由于刀具用途的不同，组成其切削部分结构要素（刀面、切削刃）的数量及形状也可能不同。例如，外圆车刀切削部分通常由三面二刃构成，且常为平面直刃；麻花钻切削部分通常由六面五刃构成，且刀面均为曲面，并有曲线切削刃。

典型的外圆车刀切削部分结构如图 1–16 所示，现以此为例加以介绍。

1）三个刀面

外圆车刀的三个刀面分别是前面（A_γ）、主后面（A_α）、副后面（A_α'）。

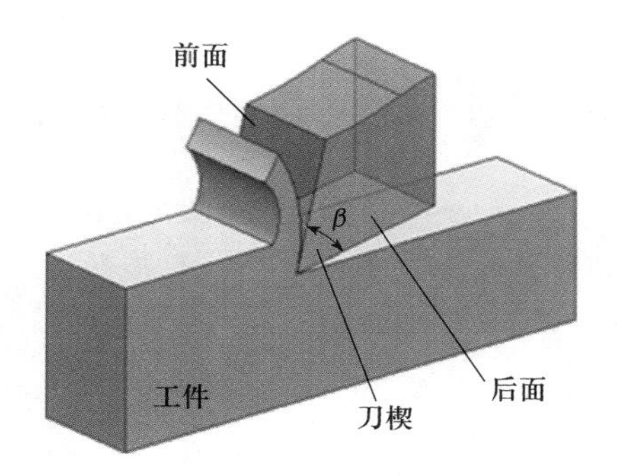

图 1–14 楔形几何体结构

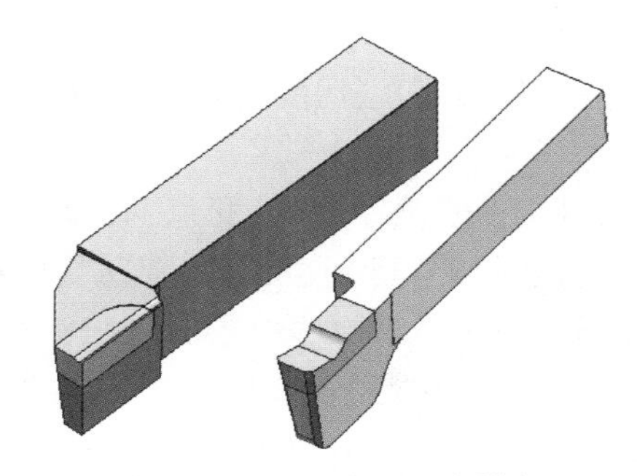

图 1–15 外圆车刀和车槽刀

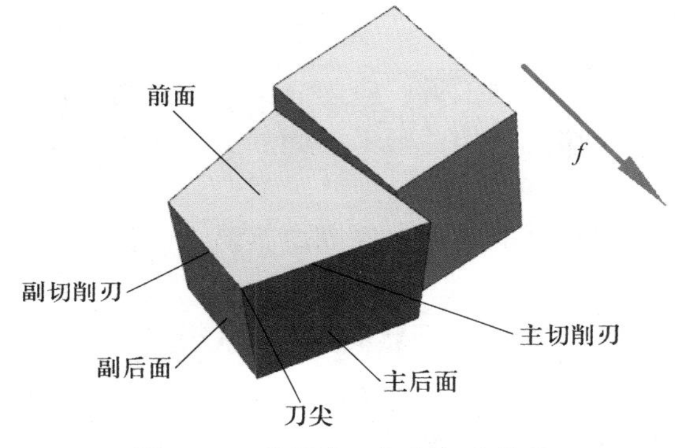

图 1–16 外圆车刀切削部分结构

切削时，刀具上切屑流过的表面称为前面；切削时，刀具上同前面相交形成主切削刃的后面称为主后面，它与工件上过渡表面相对；切削时，刀具上同前面相交形成副切削刃的后面称为副后面，它与工件上已加工表面相对。

2）两条切削刃

切削刃是刀具前面上拟作切削用的刃。外圆车刀的两条切削刃分别是主切削刃（S）和副切削刃（S'）。前面与主后面相交形成的边缘，称为主切削刃；前面与副后面相交形成的边缘，称为副切削刃。

需要指出的是，实际使用的刀具，往往在前面与后面之间以圆弧过渡形成切削刃（钝圆切削刃），其刃口锋利程度取决于刃口圆弧半径的大小，半径越小刃口越锋利。另外，为了提高主切削刃的强度，可以磨（制）出倒棱，如图 1–17 所示；倒棱可以是平面或圆弧面。

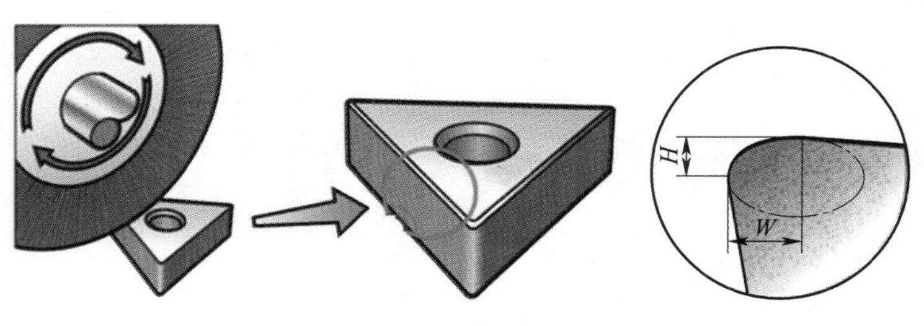

图 1–17 磨出倒棱

3）一个刀尖

刀尖是主切削刃和副切削刃连接处相当少的一部分切削刃，由主切削刃和副切削刃汇交形成。

为了提高刀尖强度，可以变点为线，磨（制）出具有直线切削刃的刀尖或具有曲线状切削刃的刀尖，成为倒角刀尖或修圆刀尖，如图 1–18 所示。

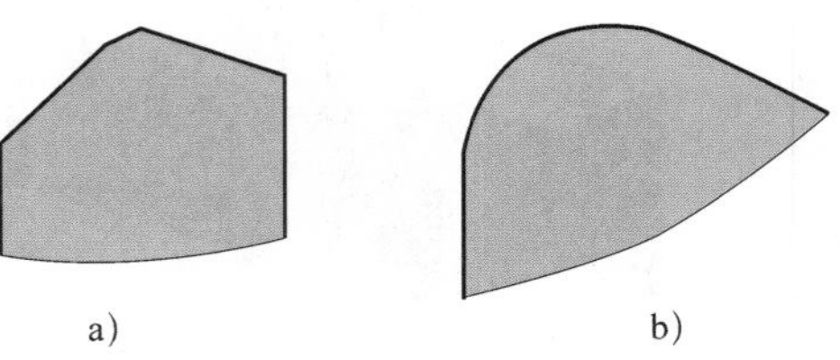

图 1–18　倒角刀尖和修圆刀尖

a）倒角刀尖　b）修圆刀尖

通过以上分析不难发现，外圆车刀在切削加工中，前面、主后面、主切削刃构成一个楔形几何体，起主要的切削作用；前面、副后面、副切削刃构成一个楔形几何体，协同完成切削工作。

2．刀具角度参考系

为了确定刀面、切削刃在空间的位置，应建立由相关参考平面（投影面）构成的刀具角度参考系。通过刀面、切削刃相对于相关参考平面的夹角（刀具角度）确定刀具、切削刃的空间位置。

刀具角度参考系可分为静止参考系和工作参考系两类。

（1）静止参考系

对于任何刀具，总能知道其在非使用状态的安装与运动情况，给出其假定的工作条件。静止参考系就是在假定工作条件（安装、运动条件）下建立的参考系，用于定义刀具设计、制造、刃磨和测量时的几何参数，俗称标注角度参考系。

1）假定运动条件

在建立参考系时，不考虑进给运动的影响（进给量为 0），只考虑主运动（切削速度）方向的影响。即假定进给速度为 0，以主运动方向代替合成切削运动方向。

2）假定安装条件

假定刀具的刃磨和安装基准面垂直于切削速度方向（或平行于参考系参考平面），同时假定刀柄中心线垂直于进给运动方向。例如，对车刀来说，假定其刀尖安装在与工件中心相同的高度上，刀柄中心线垂直于进给运动方向。

（2）参考平面

构成静止参考系的参考平面主要有基面（p_r）、假定工作平面（p_f）、背平面（p_p）、切削平面（p_s）、法平面（p_n）、正交平面（p_o）等。由于大多数加工表面都不是平面，而且切削刃上各点的切削速度都不相同，所以在建立参考平面时，往往要通过切削刃上某一选定点，并将该点选在刀尖附近。

1）基面（p_r）

基面是过切削刃选定点的平面，它平行或垂直于刀具在制造、刃磨和测量时适合于安装或定位的一个平面或轴线，一般说来其方位垂直于假定的主运动方向。对外圆车刀而言，基面可理解为包括切削刃选定点，并与刀柄底平面平行的平面，如图 1–19 所示。

2）假定工作平面（p_f）

假定工作平面是通过切削刃选定点并垂直于基面的平面，它平行或垂直于刀具在制造、刃磨及测量时适合于安装或定位的一个平面或轴线，一般说来其方位平行于假定的进给运动方向。对外圆车刀而言，假定工作平面可理解为包括切削刃选定点，同时垂直于刀柄底平面与刀柄中心线的平面，如图 1–20 所示。

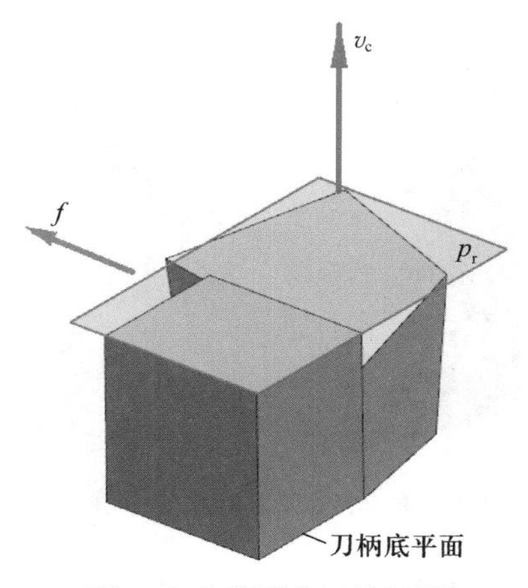

图 1–19　外圆车刀的基面

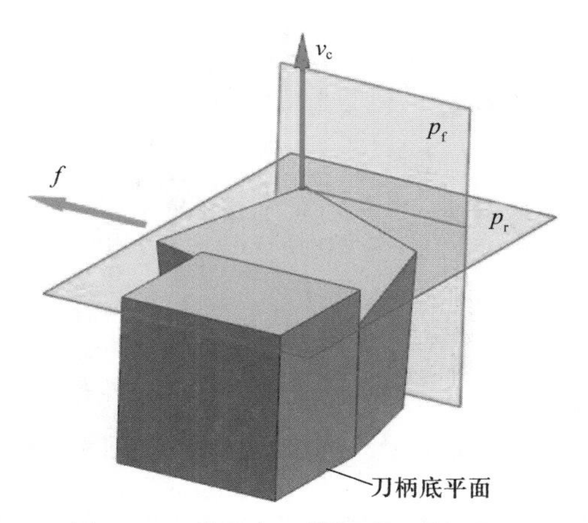

图 1–20　外圆车刀的假定工作平面

3）背平面（p_p）

背平面是通过切削刃选定点并垂直于基面和假定工作平面的平面。外圆车刀的背平面如图 1–21 所示。

4）切削平面（p_s）

切削平面是通过切削刃选定点与切削刃相切并垂直于基面的平面。外圆车刀的切削平面如图 1–22 所示。

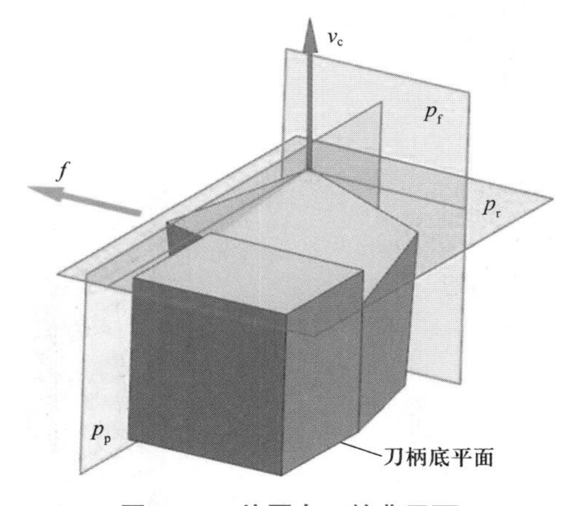

图 1–21　外圆车刀的背平面

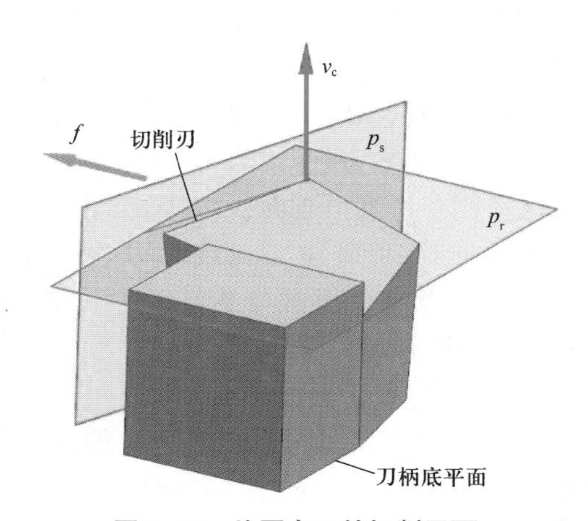

图 1–22　外圆车刀的切削平面

5）法平面（p_n）

法平面是通过切削刃选定点并垂直于切削刃的平面。外圆车刀的法平面如图 1–23 所示。

6）正交平面（p_o）

正交平面是通过切削刃选定点并同时垂直于基面和切削平面的平面。外圆车刀的正交平面如图 1–24 所示。使用时，务必注意正交平面与法平面的区别。

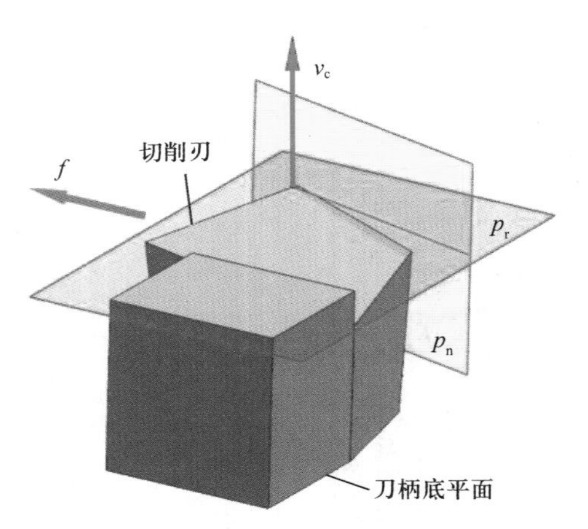

图 1–23 外圆车刀的法平面

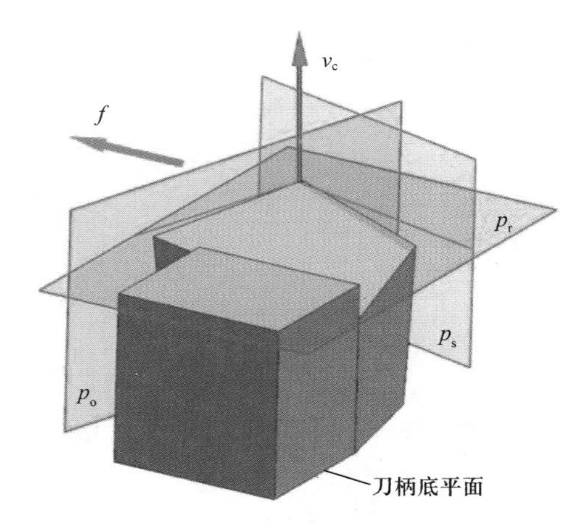

图 1–24 外圆车刀的正交平面

必须指出，如果切削刃选定点取在副切削刃上，所定义的参考平面名称前应冠以“副”字，并应在相应符号右上角加标“′”予以区别。如副切削平面 p_s'、副正交平面 p_o'。

基面和切削平面十分重要，一般来说，它们加上其他参考平面即可构成不同的静止参考系。可以说，不懂得基面和切削平面就不懂得刀具。

（3）常用标注角度参考系

ISO 3002/1—1997 标准推荐使用的常用标注角度参考系有正交平面参考系、法平面参考系、假定工作平面参考系等。

1）正交平面参考系

正交平面参考系由基面、切削平面和正交平面构成，即 p_r—p_s—p_o，如图 1–24 所示。由于该参考系中三个参考平面相互垂直，符合空间三维平面直角坐标系的条件，是刀具设计标注、刃磨和测量角度最常用的参考系。

2）法平面参考系

法平面参考系由基面、切削平面和法平面构成，即 p_r—p_s—p_n，在标注可转位刀具或大刃倾角刀具时常用。使用时，必须注意法平面参考系与正交平面参考系的区别，如图 1–25 所示。

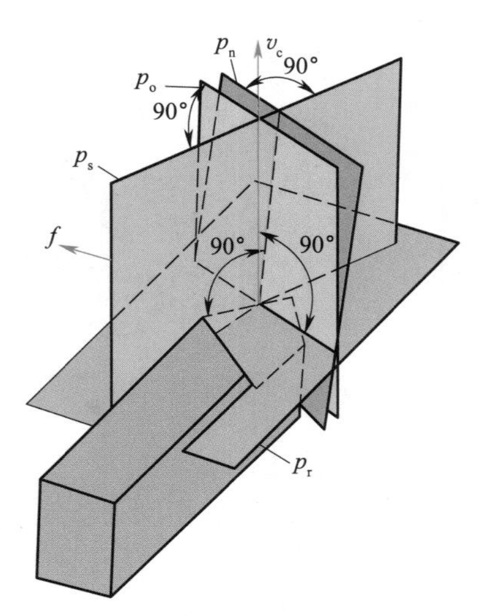

图 1–25 法平面参考系与正交平面参考系的区别

3）假定工作平面参考系

假定工作平面参考系由基面、假定工作平面和背平面构成，即 p_r—p_f—p_p，如图 1–21 所示。在刀具制造过程中，如铣削刀槽、刃磨刀面时，常需用该参考系中的角度。

四、任务实施

刀具角度是在静态参考系中确定的刀具刀面及切削刃的方位角度。根据一面二角原理（或一刃四角法），采用四个角度就可确定一个楔形几何体的方位，这四个最基本的角度为前角、后角、偏角和刃倾角。其中前角、刃倾角确定前面的方位，偏角、后角确定后面的方位，偏角、刃倾角确定切削刃的方位。

以外圆车刀为例，在正交平面参考系（见图 1–26）中可确定主切削刃及相关前、后面方位的刀具角度定义如下。

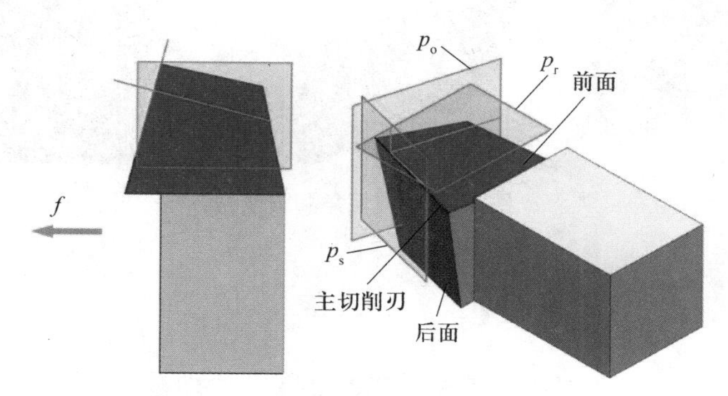

图 1–26 外圆车刀及正交平面参考系

1．前角（γ_o）

前角是在正交平面中测量的前面与基面间的夹角。外圆车刀前角如图 1–27 所示。

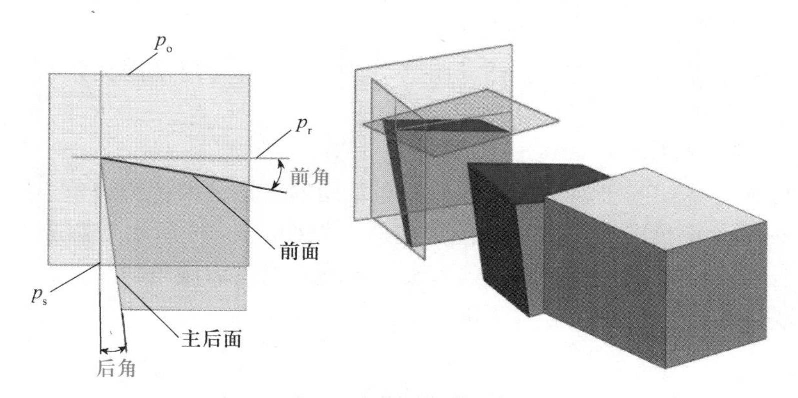

图 1–27 前角和后角

2．后角（α_o）

后角是在正交平面中测量的后面与切削平面间的夹角。外圆车刀后角如图 1–27 所示。

3．主偏角（κ_r）

主偏角是在基面中测量的主切削平面（主切削刃）与假定工作平面（进给运动方向）间的夹角，外圆车刀主偏角如图 1–28 所示。

4．刃倾角（λ_s）

刃倾角是在主切削平面中测量的主切削刃与基面间的夹角。外圆车刀刃倾角如图 1–28 所示。

需要指出的是，当切削刃呈曲线或刀面呈曲面时，通过取选定点的切线或切平面来代替切削刃和刀面。

同理，外圆车刀副切削刃及相关前、后面方位确定也需要四个角度，它们的定义与主切削刃的四个角度相类似。

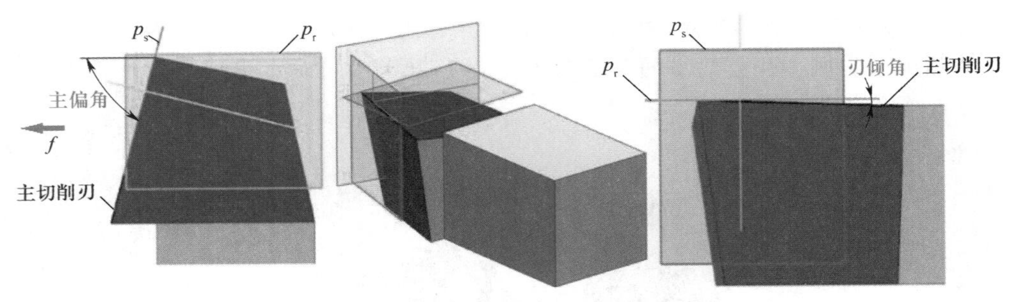

图 1–28　主偏角和刃倾角

五、知识链接

前角、后角、刃倾角正负的规定

1. 前角正负的规定

在正交平面中，前面与基面平行时前角为 0°，前面与切削平面间夹角小于 90°时前角为正、大于 90°时前角为负。

2. 后角正负的规定

在正交平面中，后面与切削平面平行时后角为 0°，后面与基面夹角小于 90°时后角为正、大于 90°时后角为负。

3. 刃倾角正负的规定

刃倾角可以认为是切削平面中测量的前面与基面的夹角，即把刃倾角当作切削平面中的前角。因此，刃倾角正负的判断方法与前角类似。以如图 1–29 所示外圆车刀为例，观察刀尖和切削刃上任意一点到车刀底面距离，刀尖处于最高点时刃倾角为正，刀尖处于最低点时刃倾角为负，切削刃平行于底面时刃倾角为零。

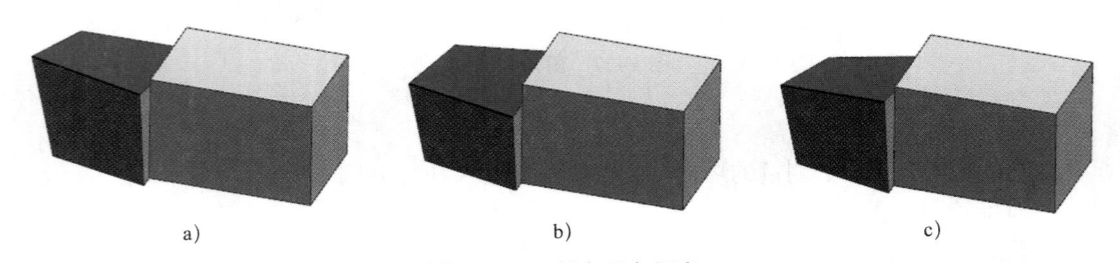

图 1–29　刃倾角正负规定

a）刃倾角为正（刀尖最高）　b）刃倾角为 0°　c）刃倾角为负（刀尖最低）

六、思考与练习

1. 铣刀基面该如何确定？

2. 外圆车刀副切削刃及其相关前面、后面在空间的定位需用哪些角度？

3. 不同类型的刀具会采用不同的标注参考系，成形车刀、螺纹车刀、螺旋齿圆柱铣刀会采用什么标注参考系呢？

4. 查阅国家标准《金属切削　基本术语》(GB/T 12204—2010)，解释下列概念：第一前面（倒棱）、第二前面、第一后面（刃带）、第二后面。

任务三　刀具工作图的画法

知识点：

◎投影作图法。

◎简单画法。

◎车刀工作图的简单绘制。

能力点：

◎能简单绘制车刀工作图。

一、任务提出

刀具工作图是刀具结构形状的图样表达，是分析、使用刀具的依据。对于标准刀具（如可转位数控车刀等），一般不用画工作图，只要给出代号或进行专业术语描述即可。对于特殊刀具（如普通车刀），则需要根据要求进行刀具工作图的绘制。

90°外圆车刀如图 1–30 所示，已知几何角度为：前角 15°、后角 10°、副后角 8°、主偏角 90°、副偏角 10°、刃倾角 0°，试绘制其切削部分。

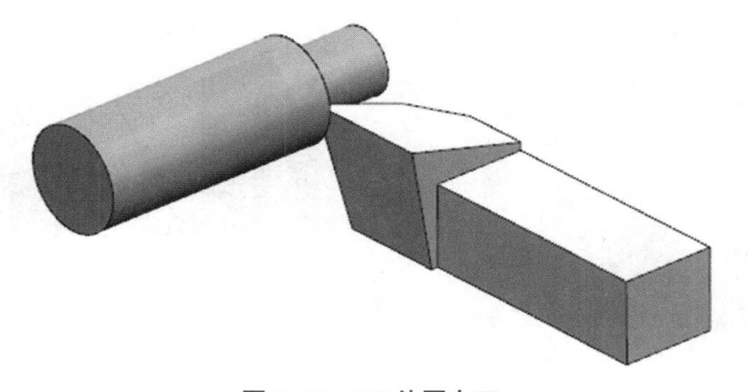

图 1–30　90°外圆车刀

二、任务分析

正确绘制刀具工作图的关键在于对刀具结构组成的分析，具体包括刀面的个数和位置，刀具角度的数量和名称。例如，普通外圆车刀切削部分有三个刀面，故需要六个基本角度（独立角度）来确定其方位，即确定前面方位的前角和刃倾角，确定主后面方位的后角和主偏角，确定副后面方位的副后角和副偏角。基本角度确定后，普通外圆车刀切削部分的几何构造便能唯一确定下来。

刀具工作图与其他机械零件工作图一样，都按平行平面正投影原理表达其空间形体结构。普通外圆车刀工作图一般采用正交平面参考系来标注角度，因为它既能反映车刀切削性能，又便于刀具（磨制）检验。

三、知识准备

1．刀具工作图的绘制方法

（1）投影作图法

投影作图法严格按投影关系来绘制刀具切削部分几何形体，是认识和分析刀具切削部分几何形状的重要方法。根据给定平面（剖面）基本角度、形状尺寸，投影图示切削部分的形状，进而求解有关派生角度。同理，该法可作出刀具切削部分的其他平面（剖面）图形及有关角度值。由于该绘制方法相当烦琐，一般比较少用。

（2）简单画法

简单画法绘制时，视图间大致符合投影关系，但角度与尺寸必须按比例绘制，这是一种常用的方法，即取基面 p_r 投影为主视图，背平面 p_p（外圆车刀）或假定工作平面 p_f（端面车刀）投影为侧视图，切削平面 p_s 投影为向视图，正交平面 p_o 和法平面 p_n 为局部剖视图，同时作出主切削刃、副切削刃上的正交平面剖面，标注必要的角度及刀柄尺寸。

普通外圆车刀切削部分的简单画法如图 1–31 所示。

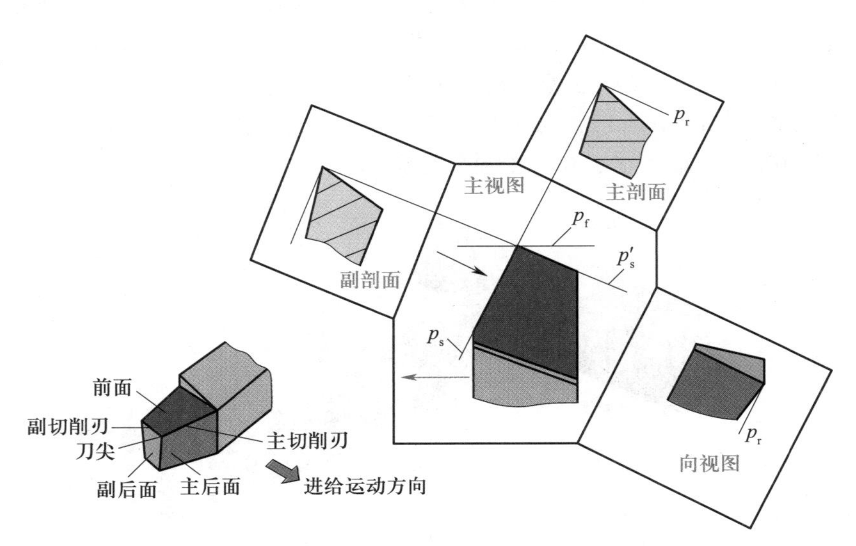

图 1–31　普通外圆车刀切削部分的简单画法

2．副切削刃及相关刀面角度

类似于主切削刃及相关刀面，外圆车刀切削部分副切削刃及相关刀面（前面和副后面）在空间的定向也需要四个角度，即副偏角、副刃倾角、副前角、副后角。

由于外圆车刀副切削刃与主切削刃共处于一个前面，因此，当前角和刃倾角确定后，前面的方位已经确定，副刃倾角、副前角可由前角、刃倾角、主偏角、副偏角等换算得出，即它们为派生角度。故此处仅需定义副偏角和副后角两个基本角度。

（1）副偏角

副偏角是指在基面中测量的副切削平面与假定工作平面间的夹角。外圆车刀的副偏角如图 1–32 所示。

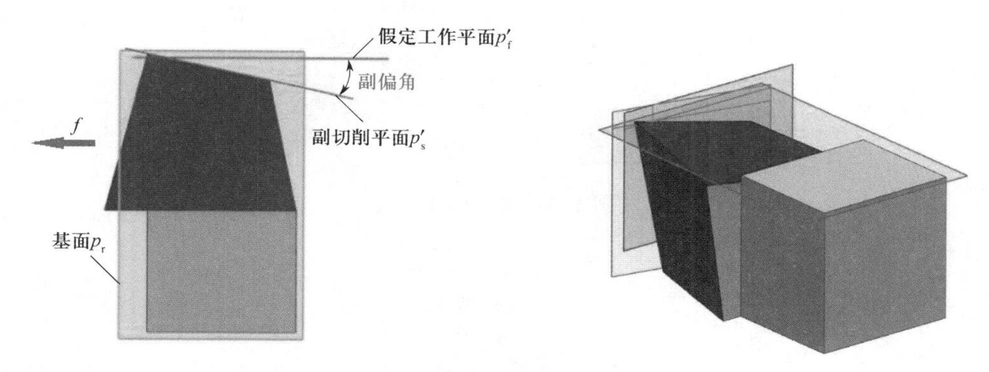

图 1–32 副偏角

（2）副后角

副后角是指在副正交平面内测量的副后面与副切削平面间的夹角。外圆车刀的副后角如图 1–33 所示。

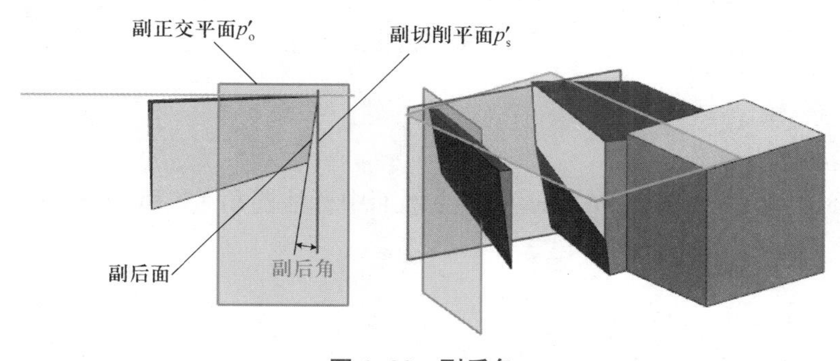

图 1–33 副后角

四、任务实施

车刀工作图的简单绘制

本任务中 90°外圆车刀切削部分绘制如下。

（1）主视图绘制

采用外圆车刀在基面（p_r）中的投影作为主视图。标注进给运动方向，以确定或判断主切削刃和副切削刃；在图中标注对应的主偏角 90°和副偏角 10°，如图 1–34 所示。

（2）向视图绘制

取刀具在切削平面（p_s）中的投影作为向视图，此处要注意放置位置。如图 1–35 所示，在图中标注对应的刃倾角 0°。

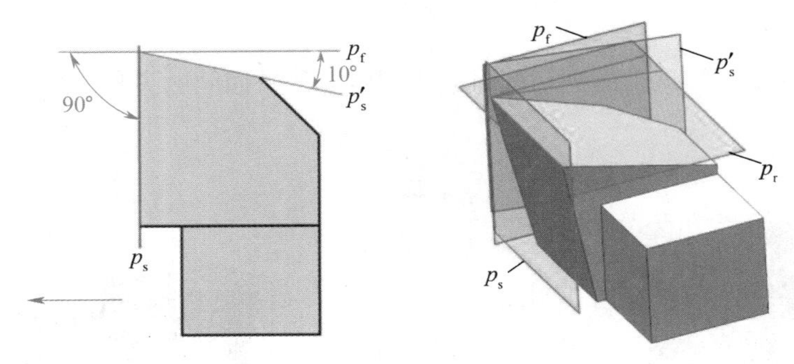

图 1–34 主视图绘制

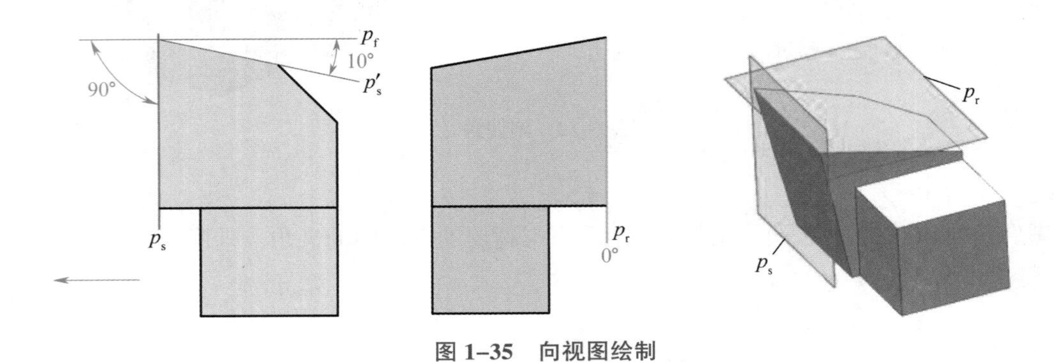

图 1–35 向视图绘制

（3）剖视图绘制

1）绘制主剖面

绘制主剖面（p_o），如图 1–36 所示，在主剖面中标注前角 15°和后角 10°。

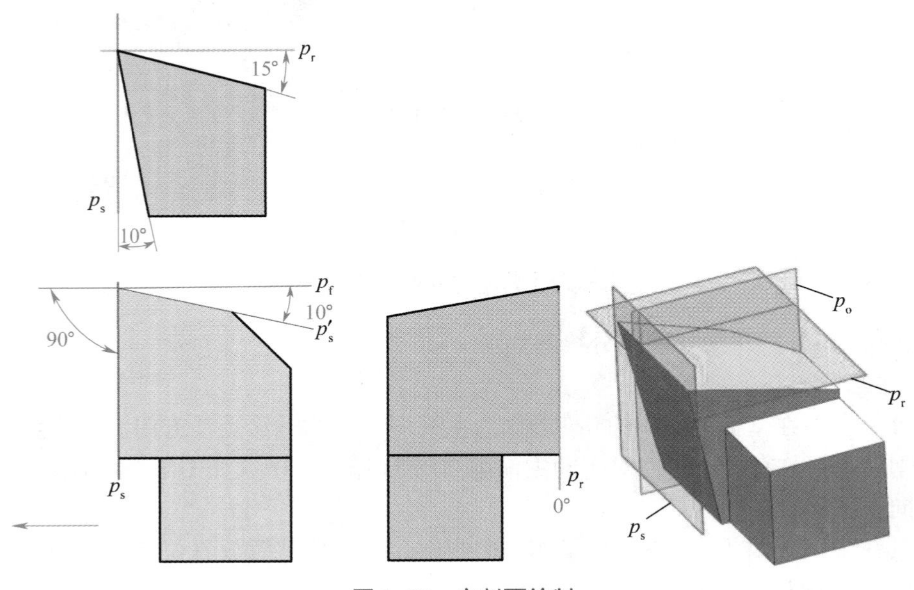

图 1–36 主剖面绘制

2）绘制副剖面

绘制副剖面（p_o'），如图 1–37 所示，标注副后角 8°。

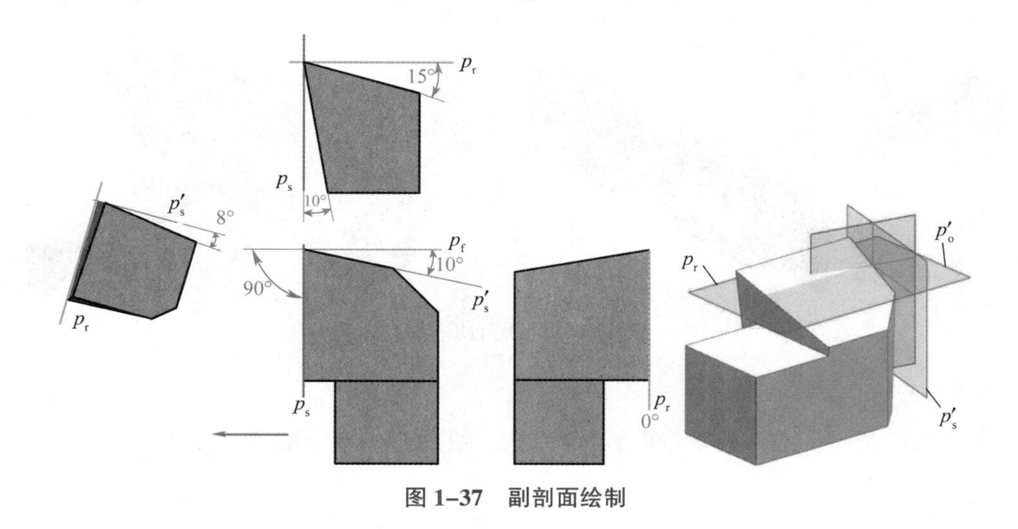

图 1–37 副剖面绘制

至此，90°外圆车刀工作图简单绘制完成，如图 1–38 所示。

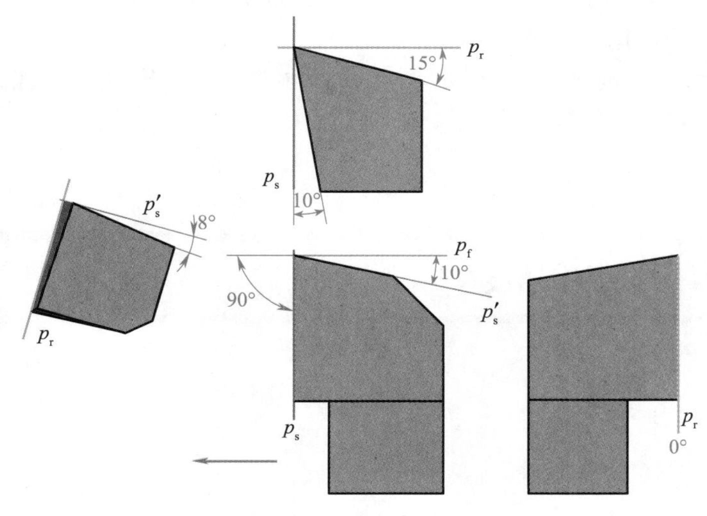

图 1–38 90°外圆车刀工作图

五、知识链接

切断刀绘制说明

1．结构分析

切断刀通过径向进给方式对工件进行切削加工，如图 1–39 所示。切断刀有四个刀面（一个前面、一个主后面、两个副后面）、两个刀尖、一条主切削刃、两条副切削刃。

切断刀可看作两把端面车刀的组合，进刀时同时切削左右两个端面。由于切断刀有四个刀面，故切断刀工作图中需标注八个基本角度：控制前面的前角和刃倾角，控制主后面的主偏角和后角，控制左、右副后面的两个副后角和两个副偏角。

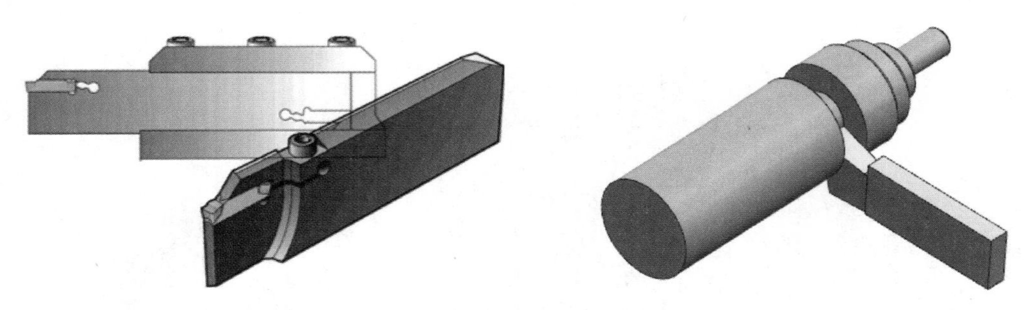

图 1–39 切断刀切削加工

2. 绘制方法

切断刀的绘制与普通外圆车刀类似。需要指出的是，切断刀需要绘制两个副剖面。

六、思考与练习

1. 内孔车刀切削部分需要几个角度确定其刀面方位？

2. 根据下列参数：前角 15°、后角 8°、主偏角 75°、副偏角 10°、副后角 8°、刃倾角 –5°，完成内孔车刀切削部分的绘制。

3. 根据下列参数：前角 20°、后角 8°、副后角 2°、主偏角 90°、副偏角 1.5°、刃倾角 0°，完成切断刀切削部分的绘制。

任务四 刀具的工作角度

知识点：

◎工作参考系。

◎工作角度。

◎工作角度的影响因素。

能力点：

◎能进行工作角度的计算。

一、任务提出

前面学习了刀具的标注角度（见图 1–38），它们是刀具在静止（标注）参考系中的几何角度。如果用该 90°外圆车刀以 0.2 mm/r 的进给量车削外圆直径为 30 mm 的工件，刀具几何角度是否会发生变化？如果在实际加工前由于安装误差，刀尖低于工件中心线 1.5 mm，该刀具的几何角度又将会发生怎样的变化？

二、任务分析

标注角度是刀具设计和刃磨时需确定和保证的角度。切（车）削加工时，由于刀具（车刀）的安装误差和走刀运动等的影响，使得满足两个假定条件的理想情况不复存在，此时刀具在工作时的实际角度（工作角度）将发生变化，例如，刀具在高度上的安装误差，将引起刀具的实际前角和后角发生变化，这种变化必将引起切削条件的改变，严重时会影响工件表面质量，甚至会影响加工的正常进行（如切断刀装高可能导致崩刃）。所以，必须学会分析刀具工作角度的影响因素，计算现实加工条件下的刀具工作角度，并学会在实际加工中采取适当的措施进行补偿。

三、知识准备

1．工作参考系和工作角度

（1）工作参考系

工作参考系是规定进行切削加工时几何参数的参考系，它建立在切削过程中刀具与工件的实际相对位置和相对运动的基础上。

在工作参考系中，各参考平面的定义类似于静止（标注）参考系，并在相应名称前冠以“工作”二字，符号加下标字母 e。由于用合成切削运动方向取代了主运动方向，使得工作基面（p_{re}）、工作切削平面（p_{se}）等的方位发生了变化，如图 1–40 所示。

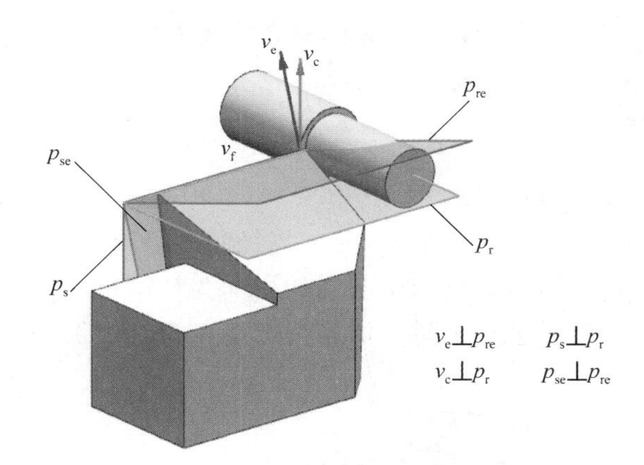

图 1–40　工作基面与工作切削平面

国家标准推荐，常用工作参考系有工作正交平面参考系 p_{re}—p_{se}—p_{oe}、工作法平面参考系 p_{re}—p_{se}—p_{ne} 和工作背平面参考系 p_{re}—p_{fe}—p_{pe}，应用最多的是工作正交平面参考系。工作正交平面参考系各参考平面的定义如下。

1）工作基面

通过切削刃选定点，垂直于合成切削速度方向的平面。

2）工作切削平面

通过切削刃选定点与切削刃相切，且垂直于工作基面的平面。该平面包含合成切削速度方向。

3）工作正交平面

通过切削刃选定点，同时垂直于工作切削平面和工作基面的平面。

（2）工作角度

在工作参考系中度量的刀具角度称为刀具的工作角度，它是刀具工作时的实际角度。刀具工作角度的定义与标注角度类似，它是刀面、切削刃与工作参考平面的夹角。刀具工作角度的符号是在标注角度的基础上加一个下标字母 e，如 γ_{oe}、α_{oe} 等。由于工作基面（p_{re}）、工作切削平面（p_{se}）等的方位发生了变化，进而造成工作角度与标注角度的不同，如图 1–41 所示。实际加工中，如果两者差距较大，则需进行标注角度的修正。下面分析影响车刀工作角度的主要因素。

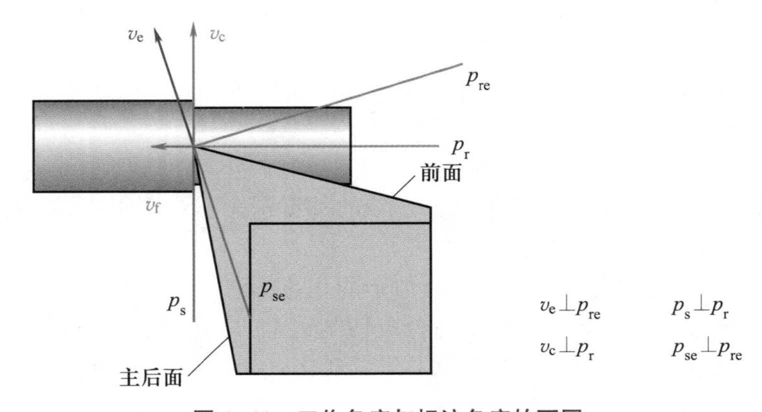

图 1–41 工作角度与标注角度的不同

2．工作角度的影响因素

（1）进给运动的影响

1）径向（横向）进给运动的影响

以车刀切断、车槽加工为例（见图 1–42），当径向进给量 f=0 时，切削刃选定点相对于工件的运动轨迹为一圆周，通过该点切于圆周的平面为切削平面 p_s，刀柄底面平行于基面 p_r；当进给量 $f \neq 0$（径向直线进给）时，切削刃选定点相对于工件的运动轨迹为阿基米德

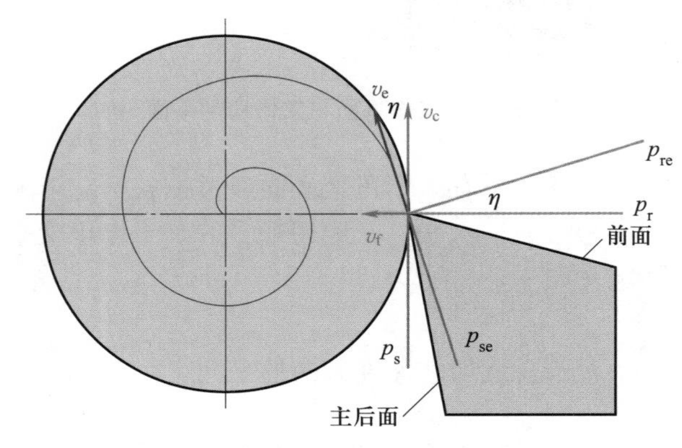

图 1–42 径向进给运动对工作角度的影响

螺旋线，通过该点切于阿基米德螺旋线的平面为工作切削平面 p_{se}，而工作基面 p_{re} 始终与工件切削平面垂直，从而引起刀具前、后角产生变化，即工作前角大于标注前角，工作后角小于标注后角，其角度变化值为同一瞬间合成切削速度角 η（合成切削运动方向与主运动方向的夹角）。

若刀具切削刃上选定点处的工件切削直径为 d，进给量为 f，则 $\tan\eta=f/(\pi d)$。显然，η 随切削刃不断趋近工件中心而逐步增大。η 越大，工作后角越小，甚至可能得到负值，此时刀具不是在切削工件，而是在推挤工件，这对加工极为不利。

2）轴向（纵向）进给运动的影响

以车刀进行外圆车削为例（见图 1–43），当不考虑轴向进给运动时，切削刃上选定点的基面 p_r 垂直于主运动方向（平行于刀柄底面），即处于水平位置，切削平面 p_s 处于竖直位置；当考虑轴向进给运动时，切削刃上选定点的工作基面 p_{re} 垂直于合成切削运动方向，即不垂直于主运动方向，工作切削平面 p_{se} 也不处于竖直方向，从而引起刀具前、后角产生变化，即工作前角大于标注前角，工作后角小于标注后角，其角度变化值为同一瞬间合成切削速度角 η。

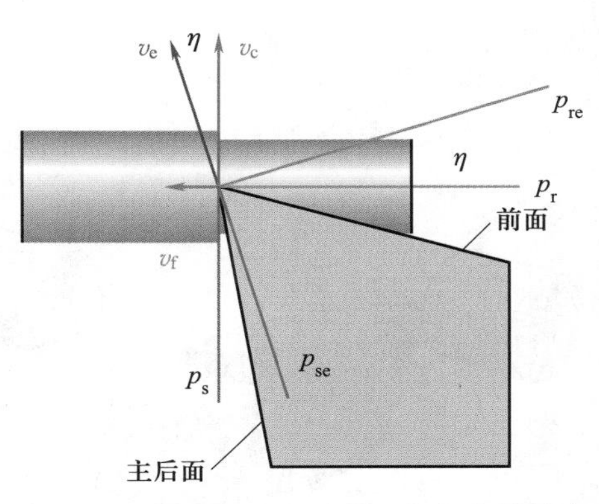

图 1–43 轴向进给运动对工作角度的影响

若刀具切削刃上选定点处的工件切削直径为 d，进给量为 f，则 $\tan\eta=f/(\pi d)$，为一定值。

一般车削时进给量较小，进给运动引起的 η 值很小，不超过 30′~1°，故可忽略不计。但在进给量较大，如车削大螺距螺纹，尤其是多线螺纹时，η 值很大，可大到 15°左右，故在设计刀具时必须考虑 η 对工作角度的影响，从而给以适当的弥补。

综上所述，车削时，无论是径向进给运动（如切断、车槽、车端面等），还是轴向进给运动（如车削外圆），车刀角度都会发生变化，即工作前角大于标注前角，工作后角小于标注后角，且横车时角度变化量为变值。

另外，对螺纹车刀而言，进给运动对左、右切削刃前、后角的影响是不同的，如图 1–44 所示。对左切削刃，工作前角大于标注前角，工作后角小于标注后角；对右切削刃，工作前角小于标注前角，工作后角大于标注后角。

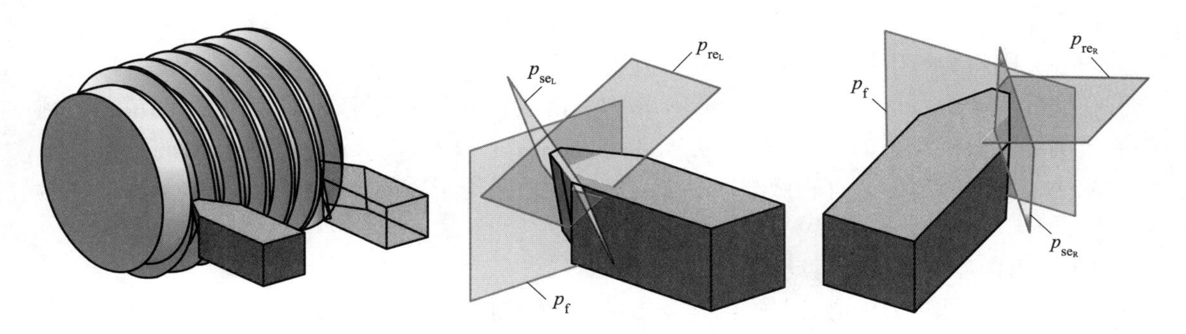

图 1–44 轴向进给运动对螺纹车刀工作角度的影响

（2）刀具安装误差的影响

在实际工作中，由于安装误差的存在，即假定安装条件不满足，必将引起刀具角度的变化。其中，刀尖在高度方向的安装误差将主要引起前角、后角的变化，刀柄中心在水平面内的偏斜将主要引起主偏角、副偏角的变化。

1）刀尖与工件中心线不等高时

当刀尖与工件中心线等高时，切削平面与车刀底面垂直，基面与车刀底面平行；否则，将引起基面方位的变化，即工作基面（p_{re}）不平行于车刀底面。

如图 1–45 所示为车削外表面时刀具安装的三种情形。当刀具刀尖高于工件中心时，工作前角大于标注前角，工作后角小于标注后角；当刀具刀尖低于工件中心时，工作前角小于标注前角，工作后角大于标注后角；当刀具刀尖等高于工件中心时，工作前角等于标注前角，工作后角等于标注后角。

车削内表面时，影响结果与车削外表面相反。

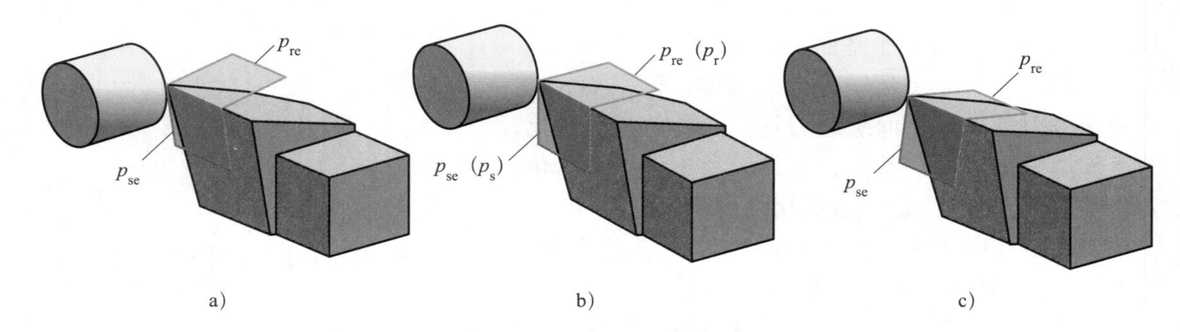

图 1–45 车削外表面时刀具安装的三种情形

a）装高 b）等高 c）装低

假设工件直径为 d，安装时高度误差为 h，安装误差引起的前、后角变化值为 θ，则 $\sin\theta=2h/d$。

不难看出，工件直径越小，高度安装误差对工作角度的影响越明显。由 $\sin\theta=2h/d$ 可以看出，当刀尖高于工件中心的距离（h）较大或者工件直径（d）较小（如切断工件时，切断刀接近中心时的直径）的情况下，角度变化值 θ 较大，甚至趋于 90°。而车刀的后角一般磨成 6°～12°，在刀尖装高于工件中心并出现上述情况时，工作后角可能会变成负值。负后角车刀是不能切削的，这也是切断工件时切断刀装高而崩刃的主要原因。当然，如果刀尖低于工件中心，则将会产生振动，或者产生“扎刀”现象。

在实际生产中，也有应用这一影响（车刀装高或装低）来改变车刀实际角度的情况。例如，车削细长轴类工件时，车刀刀尖应略高于工件中心 0.2～0.3 mm。这时刀具的工作后角稍有减小，并且当后面上有轻微磨损时，有一小段后角等于零的磨损面与工件接触，这样能防止振动。

2）车刀中心线与进给运动方向不垂直时

刀具装偏，即车刀中心线与进给运动方向不垂直时，将造成主偏角和副偏角的变化。当刀柄存在逆时针方向偏转误差时，工作主偏角大于标注主偏角，工作副偏角小于标注副偏角，如图 1–46 所示；当刀柄存在顺时针方向偏转误差时，工作主偏角小于标注主偏角，工作副偏角大于标注副偏角。

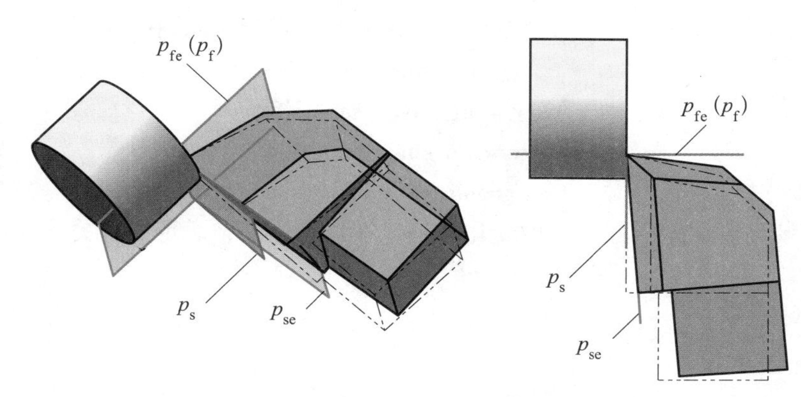

图 1–46 刀具装偏对主偏角、副偏角的影响

车刀刀柄装偏，改变了主偏角和副偏角的大小。对一般车削来说，少许装偏影响不是很大。但对切断加工，因切断刀安装不正，切断过程中就会产生轴向分力，使刀头偏向一侧，轻则会使切断面出现凹或凸形，重则会使切断刀折断，必须引起充分的重视。

四、任务实施

（1）采用如图 1–38 所示车刀以 0.2 mm/r 的进给量车削外圆直径为 30 mm 的工件时，刀具几何角度将发生变化：工作前角大于标注前角（15°）、工作后角小于标注后角（10°）。

本任务中 f 为 0.2 mm/r，d 为 30 mm，所以 $\tan\eta \approx 0.002$，η 为 0.12°，前、后角将分别增大和减小 0.12°，故工作前角和工作后角分别为 15.12° 和 9.88°。

（2）如果在实际加工前由于安装误差，刀尖低于工件中心线 1.5 mm，也将引起前角和后角的变化。本任务中由于 $\sin\theta=2\times1.5/30=0.1$，所以 $\theta=5°\ 44'$，即外圆车刀刀尖装低 1.5 mm 时，前角减小 5° 44′，后角增大 5° 44′，所以工作前角和工作后角分别为 9° 16′ 和 15° 44′。

五、知识链接

刀具角度的换算

刀具角度是设计、选用和刃磨刀具的重要参数，也是加工时调整机床的原始数据。刀具角度换算的目的是根据设计及工艺的需要，将某一参考系的角度变换为另一参考系的角度。

一般来说，同一把刀具在不同剖面中的角度是不相同的，如 $\gamma_o \neq \gamma_p$，$\alpha_o \neq \alpha_p$，工作角度同样如此。通过投影作图将刀具角度空间关系转化为平面几何图形，采用解析计算法，便可推导出刀具角度的换算公式，这是分析刀具角度的最基本方法。详细内容可参阅相关资料。

（1）就前、后角而言，其正交平面、法平面系内的换算关系为：

$$\tan\gamma_n=\tan\gamma_o\cos\lambda_s$$

$$\cot\alpha_n=\cot\alpha_o\cos\lambda_s$$

（2）就前、后角而言，其垂直于基面的任一断面与正交平面内的换算关系为：

$$\tan\gamma_f=\tan\gamma_o\sin\kappa_r-\tan\lambda_s\cos\kappa_r$$

$$\tan\gamma_p=\tan\gamma_o\cos\kappa_r+\tan\lambda_s\sin\kappa_r$$

$$\cot\alpha_f=\cot\alpha_o\sin\kappa_r-\tan\lambda_s\cos\kappa_r$$

$$\cot\alpha_p=\cot\alpha_o\cos\kappa_r+\tan\lambda_s\sin\kappa_r$$

（3）就安装高度误差引起的角度变化而言，在背平面中，满足如下关系式：

$$\begin{cases}\gamma_{pe}=\gamma_p+\theta\\ \alpha_{pe}=\alpha_p-\theta\end{cases}$$

式中 $\tan\theta=\dfrac{h}{\sqrt{\dfrac{d^2}{4}-h^2}}$

换算到主剖面中，有如下关系式：

$$\begin{cases}\gamma_{oe}=\gamma_o+\theta_o\\ \alpha_{oe}=\alpha_o-\theta_o\end{cases}$$

式中 $\tan\theta_o=\tan\theta\cos\kappa_r=\dfrac{h}{\sqrt{\dfrac{d^2}{4}-h^2}}\cos\kappa_r$

（4）就进给运动引起的角度变化而言，换算到主剖面中的关系为：

$$\tan\eta_o=\tan\eta\sin\kappa_r$$

$$\begin{cases}\gamma_{oe}=\gamma_o+\eta_o\\ \alpha_{oe}=\alpha_o-\eta_o\end{cases}$$

从准确意义上来讲，本任务实施中只是作了简化计算。之所以采用近似计算，是因为一来可以简化计算，二来两者计算的结果非常接近，读者可自行验算。

六、思考与练习

1. 螺纹车刀及蜗杆车刀为什么常使用如图 1–47 所示的可转动刀柄（刀夹）？

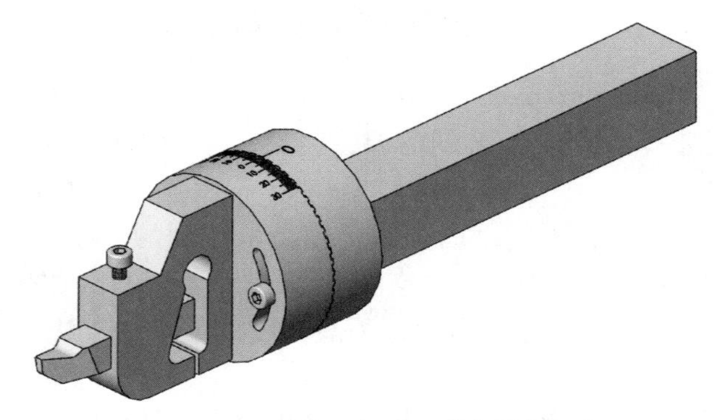

图 1–47 可转位刀柄（刀夹）结构示意

2. 外圆车刀刃倾角对工作前角和工作后角是否会产生影响？为什么？

任务五 刀具材料

知识点：

◎刀具材料应具备的基本性能。

◎高速钢。

◎硬质合金。

◎陶瓷和超硬材料。

能力点：

◎能根据加工条件选择刀具材料。

一、任务提出

刀具切削部分直接承担切削任务，其材料（一般称为刀具材料）性能直接影响工件加工质量、切削效率、刀具使用（寿命）等，必须合理选择。那么，实际加工中常用的刀具材料有哪些？进行切削作业时又该如何选用呢？

二、任务分析

金属切削过程中，刀具切削部分要承受较大的切削力、较高的切削温度和剧烈的摩擦，有时还要承受强烈的冲击与振动，其工作环境十分恶劣，为此，刀具材料应具备相应的性能。另外，随着加工要求的不断提高，对刀具材料性能又提出了新的要求，如进行难加工材料加工、精密工件加工、高速切削加工时，新型刀具材料的选用往往成为工艺的关键。

为了取得良好的加工效果，必须选择合适的刀具材料，并在规定的加工范围和切削条件下使用。

三、知识准备

1．刀具材料应具备的基本性能

刀具材料应具备的基本性能包括切削性能、工艺性能和经济性。

（1）切削性能

1）高硬度

刀具材料的硬度必须高于被切削材料的硬度，通常应比被切削材料的硬度高 1.3 ~ 1.5 倍。一般刀具材料在室温（常温）下硬度应高于 60HRC。

2）高耐磨性

由于切削过程中刀具与工件产生剧烈的摩擦，因此，要求刀具材料具有高耐磨性，即抵抗磨损的能力。

耐磨性是材料的硬度、强度、化学成分、金相组织等的综合效果。材料组织中的硬质点

（碳化物、氮化物等）的硬度越高、数量越多、均匀分布状态越好，则其耐磨性就越高。通常，材料的硬度越高，耐磨性也就越好。

3）足够的强度和韧性

刀具在切削时要承受很大的切削力、冲击力和振动。如图 1–48 所示，在车削 180HBW 低合金钢，当取 a_p=13 mm、f=0.62 mm/r 时，刀具所承受的切削力约为 17 000 N，相当于一辆轿车的重量。因此，要求刀具材料具有足够的强度和韧性。

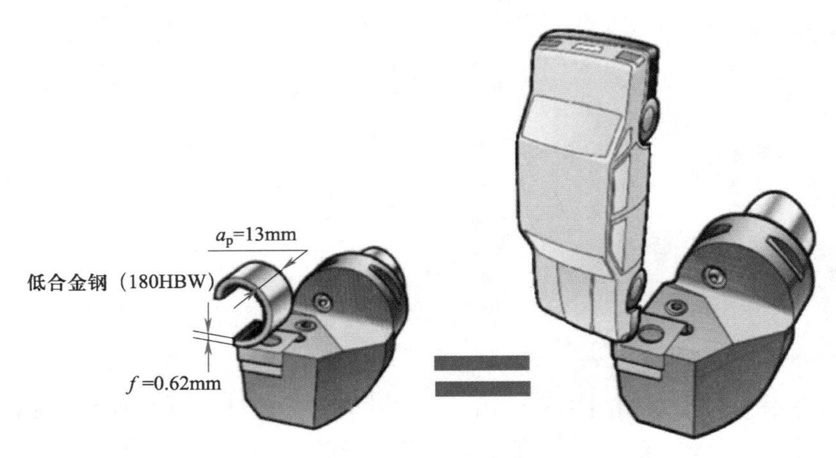

图 1–48　刀具承受切削力量化示意

强度和韧性反映刀具材料抵抗脆裂和崩刃的能力。强度和韧性越高，能承受的切削力越大，抗冲击和振动的能力越强，刀具脆裂和崩刃的倾向越小。

4）高耐热性

耐热性又称红硬性或高温硬度，是指刀具材料在高温下保持硬度、耐磨性、强度以及抗氧化、抗黏结和抗扩散的能力。

耐热性是衡量刀具材料切削性能优劣的重要指标。刀具材料的耐热性越高，表明其在高温状态下原有性能发生的变化越小，高温硬度越高，允许的切削速度越高，刀具材料的切削性能越好。

（2）工艺性能

刀具材料本身要具有良好的被加工性（可切削性、可锻性、可焊性等）和热处理性能，以满足刀具制造、刃磨、切削的要求。

在热处理前的退火状态下，制造复杂刀具的材料应具有较低的硬度，以便经过切削加工获得需要的形状和精度；经过热处理后，切削部分的硬度应满足承担切削工作的需要，并且在允许的重磨次数内保持这一硬度值不会明显降低。热处理过程中，则要求刀具毛坯不发生过大的热处理变形。

（3）经济性

切削加工中的刀具消耗很大，刀具费用在机械零件的基本成本中占有较大比重。在满足切削加工条件要求的前提下，特别是在单件、小批量生产中，应尽量选用原料丰富、制备容易、价格低廉、立足国内的刀具材料。

需要指出的是，任何刀具材料要同时满足上述要求是困难的。通常，刀具材料的硬度越高，则抗弯强度越低、韧性越差。正确的决策是从刀具工作条件的实际出发，分析确认对刀具材料的性能要求取向，合理选用刀具材料。例如，粗加工锻件毛坯时应保证刀具材料具有较高的强度与韧性，而加工高硬度材料需要较高的硬度与耐磨性，高生产率的加工自动线用刀具需要保证有较高的刀具使用寿命等。

2. 刀具材料的发展及类型

刀具材料的发展经历如图 1–49 所示。20 世纪初，刀具材料硬度只是略高于被切削材料，切削速度和进给量只能保持在很低水平。高速钢的推出，显著缩短了切削时间。硬质合金的应用，大大缩短了切削时间。涂层硬质合金的出现，进一步减少了切削时间。凭借改进的刀片槽型及全新的涂层技术，直径 100 mm、长度 500 mm 钢棒的切削时间已不到 1 min。新型刀具材料的出现更有助于切削加工的优化和生产效率的提高。

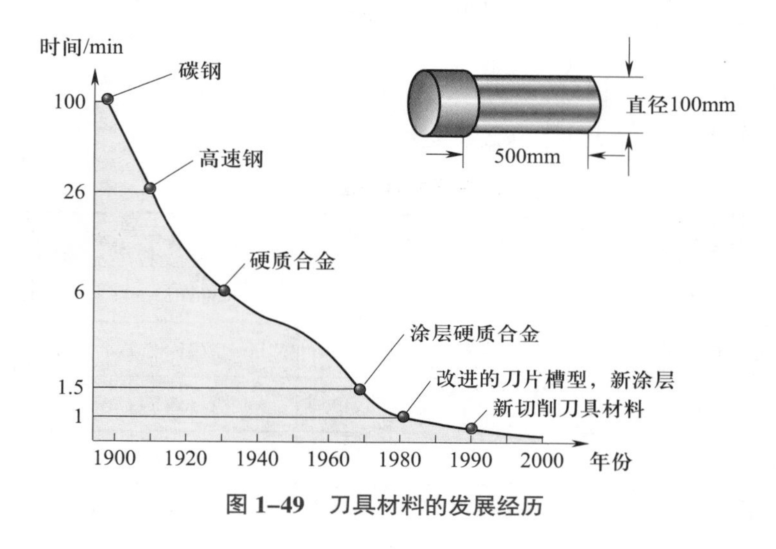

图 1–49　刀具材料的发展经历

从发展历程来看，刀具材料可分为工具钢（包括碳素工具钢、合金工具钢、高速钢）、硬质合金、陶瓷、超硬材料（包括金刚石和氮化硼）四大类，后三类统称为硬切削材料。各类刀具材料的切削性能变化如图 1–50 所示，性能的差异使它们有着不同的应用范围。

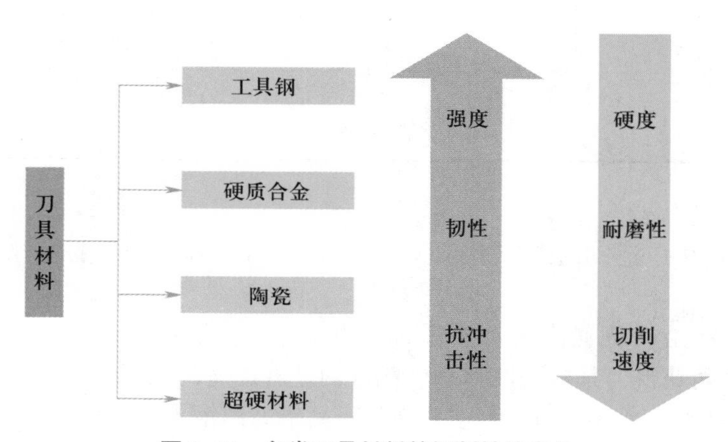

图 1–50　各类刀具材料的切削性能变化

（1）高速钢

高速钢是含有碳（C）、钨（W）、钼（Mo）、铬（Cr）、钒（V）等元素的铁基合金，有的还含有相当数量的钴（Co）元素，属合金工具钢。高速钢具有较高的强度、韧性以及良好的刃磨性能，能承受较大的切削力和冲击力，综合性能良好（热处理后硬度达 62 ~ 66HRC，抗弯强度约 3.3 GPa，耐热温度为 600 ℃左右，热处理变形小，能锻造，易磨制较锋利的刃口等），是切削加工中应用最多的工具钢，特别适合制造结构复杂的整体式刀具。另外，为提高高速钢刀具的切削性能（提高耐磨性，进而提高切削速度），常常对其进行涂层处理。

1）分类

高速钢按化学成分分类，可分为两种基本系列，即钨系高速钢和钨钼系高速钢；高速钢按性能分类，可分为三种基本系列，即低合金高速钢（HSS–L）、普通高速钢（HSS）和高性能高速钢（HSS–E）。

2）牌号及类别

高速钢的牌号及类别见表 1–2。

表 1–2　　高速钢的牌号及类别

序号	牌号	类别	序号	牌号	类别
1	W3Mo3Cr4V2	低合金高速钢	11	CW6Mo5Cr4V3	高性能高速钢
2	W4Mo3Cr4VSi		12	W6Mo5Cr4V4	
3	W18Cr4V	普通高速钢	13	W6Mo5Cr4V2Al	
4	W2Mo8Cr4V		14	W12Cr4V5Co5	
5	W6Mo9Cr4V2		15	W6Mo5Cr4V2Co5	
6	W6Mo5Cr4V2		16	W6Mo5Cr4V3Co8	
7	CW6Mo5Cr4V2		17	W7Mo4Cr4V2Co5	
8	W6Mo6Cr4V2		18	W2Mo9Cr4VCo8	
9	W9Mo3Cr4V		19	W10Mo4Cr4V3Co10	
10	W6Mo5Cr4V3	高性能高速钢	W18Cr4V、W12Cr4V5Co5 为钨系高速钢，其他牌号为钨钼系高速钢		

3）特点及应用

普通高速钢应用广泛，约占高速钢总量的 75%。普通高速钢主要牌号、性能特点及应用见表 1–3。

高性能高速钢是在普通高速钢中增加一些碳（C）、钒（V），并添加钴（Co）或铝（Al）等合金元素而获得，其耐磨性和耐热性得到显著提高，可用于切削加工不锈钢、耐热钢、高强度钢等材料。高性能高速钢主要牌号有高钒高速钢（如 W6Mo5Cr4V3）、钴高速钢（如 W2Mo9Cr4VCo8）、铝高速钢（如 W6Mo5Cr4V2Al）。

表 1-3　　普通高速钢主要牌号、成分、性能特点及应用

类别	主要牌号	性能特点	应用
钨系高速钢	W18Cr4V	工艺性能好，特别是刃磨性能和热处理性能好；但碳化物均匀性、高温塑性较钨钼系高速钢差	是应用最广泛的一种高速钢，适用于制作一般刀具和各种复杂刀具，如车刀、铣刀、刨刀、钻头、铰刀、齿轮刀具和机用丝锥等
钨钼系高速钢	W6Mo5Cr4V2	降低了碳化物的数量及分布的不均匀性，细化了晶粒，抗弯强度和冲击韧性较钨系高速钢有所提高，耐磨性好，热塑性好；热硬性稍低	适用于制造各种承受冲击力较大的刀具，如插齿刀、锥齿轮刨刀和一般切削刀具，也可用于制造大型和热塑成形刀具
	W9Mo3Cr4V	是一种新牌号高速钢，综合性能优于W6Mo5Cr4V2，成本较低	适用性广

4）粉末冶金高速钢

上述高速钢均为熔炼高速钢，在制造过程中无法避免碳化物的偏析问题，致使碳化物颗粒粗细及分布不均匀。而粉末冶金高速钢完全避免了碳化物的偏析问题，其晶粒细化，分布均匀，强度、硬度、耐磨性等有了显著提高。同时，由于物理、力学性能各向同性，减小了热处理造成的变形与应力，而磨削性能与普通高速钢基本相同。粉末冶金高速钢适用于制造切削难加工材料的刀具，以及进行强力、断续切削时要求切削刃锋利、强度和韧性高的刀具，如齿轮刀具、立铣刀、拉刀、精密螺纹刀具等。

5）涂层高速钢

高速钢刀具的表面涂层是采用物理气相沉积（PVD）方法，在适当的高真空度与温度环境下进行气化的钛离子与氮反应，在阳极刀具表面上生成氮化钛（TiN）。涂层厚度由气相沉积时间决定，一般为 2 ~ 8 μm，对刀具的尺寸精度影响不大。涂层表面结合牢固，呈金黄色，硬度高达 2 200HV，具有较高的热稳定性，与钢的摩擦因数较低。涂层高速钢刀具的切削力、切削温度约下降 25%，切削速度、进给量、刀具寿命显著提高，即使刀具重磨后其性能仍优于普通高速钢，广泛应用于钻头、丝锥、成形铣刀、切齿刀具等。

（2）硬质合金

1）组成与特点

硬质合金是一种粉末冶金材料（见图 1-51），是由硬度和熔点很高的金属碳化物粉末（称硬质相，如 WC、TiC、TaC 等）和金属黏结剂（称黏结相，如 Co、Mo、Ni 等）经粉末冶金工艺制成。

硬质合金的物理、力学性能取决于合金的成分、粉末颗粒的粗细以及合金的烧结工艺。硬质合金的硬度、耐磨性和耐热性都很高，常温硬度达 89 ~ 94HRA，耐热温度可达 800 ~ 1 000 ℃，允许的切削速度为高速钢的数倍，切削钢时切削速度可达 220 m/min 左右。若在合金中加入熔点更高的 TaC、NbC，可使耐热温度提高到 1 000 ~ 1 100 ℃，切削钢时切削速度可提高到 200 ~ 300 m/min。切削加工时，80% 以上的金属切除量由硬质合金刀具完成。不过，由于韧性差、抗弯强度低，硬质合金刀具很少做成整体式，一般制成刀片形式，如图 1-52 所示。另外，硬质合金具有高抗压强度，在高温下工作时不会出现塑性变形。只要刀片得到充分支撑，能承受高切削力而不破裂。

图 1–51　硬质合金粉末

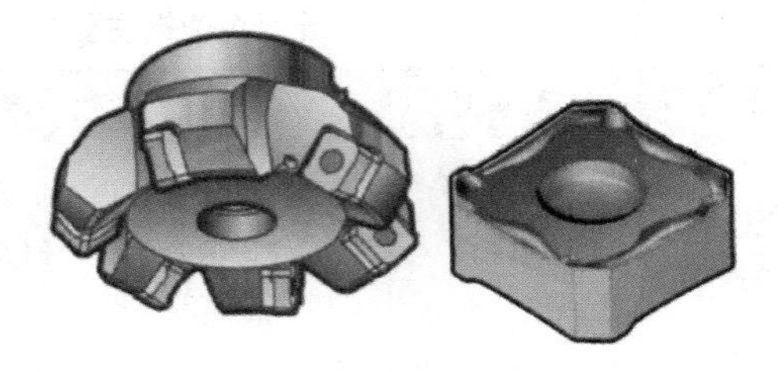

图 1–52　硬质合金刀片

2）分类

根据不同的材质及涂层与否，切削刀具用硬质合金分为 HW、HF、HT、HC 四类（见表 1–4）。

表 1–4　硬质合金材质

字母符号	材料组
HW（可省略）	主要含碳化钨（WC）的未涂层的硬质合金，粒度不小于 1 μm
HF	主要含碳化钨（WC）的未涂层的硬质合金，粒度小于 1 μm
HT（也称金属陶瓷）	主要含碳化钛（TiC）或氮化钛（TiN）或者两者都有的未涂层的硬质合金
HC	上述硬质合金进行了涂层

根据切削加工对象、被加工材料，将切削刀具用硬质合金分成 P、M、K、N、S、H 六种类别。它们适合于不同的使用领域，并分别以不同的识别颜色标示，见表 1–5。

表 1–5　硬质合金类别

类别号	使用领域	识别颜色
P	长切屑材料的加工，如钢、铸钢、长切屑可锻铸铁等	蓝色
M	通用合金，用于不锈钢、铸钢、锰钢、可锻铸铁、合金钢、合金铸铁等	黄色
K	短切屑材料的加工，如铸铁、冷硬铸铁、短切屑可锻铸铁、灰铸铁等	红色
N	有色金属、非金属材料的加工，如铝、镁、塑料、木材等	绿色
S	耐热和优质合金材料的加工，如耐热钢，含镍、铬、钛的各类合金材料等	棕色
H	硬材料的加工，如淬硬钢、冷硬铸铁等	灰色

硬质合金类别中，P 类类似于旧标准中的 YT 类，K 类类似于旧标准中的 YG 类，M 类类似于旧标准中的 W 类。

3）分组

根据硬质合金材料的耐磨性和韧性的不同，以及为满足不同的使用要求，各个类别的硬质合金又分成若干个组，用组别号（类别号后面添加两位数字）加以区别。必要时，还可在两个组别号之间插入一个补充组别号。切削刀具用硬质合金的主要成分及分组代号见表 1–6。

表 1–6　切削刀具用硬质合金的主要成分及分组代号

类别	组别号		主要成分
	主要组	补充组	
P	01 10 20 30 40	05 15 25 35	以 TiC、WC 为硬质相，以 Co（Ni+Mo、Ni+Co）为黏结相的合金 / 涂层合金
M	01 10 20 30 40	05 15 25 35	以 WC 为硬质相，以 Co 为黏结相，添加少量 TiC（TaC、NbC）的合金 / 涂层合金
K	01 10 20 30 40	05 15 25 35	以 WC 为硬质相，以 Co 为黏结相，或添加少量 TaC、NbC 的合金 / 涂层合金
N	01 10 20 30	05 15 25	以 WC 为硬质相，以 Co 为黏结相，或添加少量 TaC、NbC 或 CrC 的合金 / 涂层合金
S	01 10 20 30	05 15 25	以 WC 为硬质相，以 Co 为黏结相，或添加少量 TaC、NbC 或 TiC 的合金 / 涂层合金
H	01 10 20 30	05 15 25	以 WC 为硬质相，以 Co 为黏结相，或添加少量 TaC、NbC 或 TiC 的合金 / 涂层合金

组别号中的数字提示了硬质合金合适用途的信息。在每个组内，数字越小，如 M01，硬质合金的耐磨性越高（允许的切削速度越大），而韧性越低（允许的进给量越小），该组别号硬质合金主要用于高速切削的精整加工；在每个组内，数字越大，如 M40，硬质合金的耐磨性越低（允许的切削速度越小），而韧性越高（允许的进给量越大），该组别号硬质合金适宜于粗加工。

4）牌号表示规则

根据国家标准《硬质合金牌号　第 1 部分：切削工具用硬质合金牌号》（GB/T 18376.1—2008），规定分类分组代号 P、M、K、N、S、H 是硬质合金类别的识别标记，不允许供方直接用来作为硬质合金牌号命名。因此，牌号中供方应给出供方特征号、供方分类代号、材质分类代号（必要时），如图 1–53 所示。

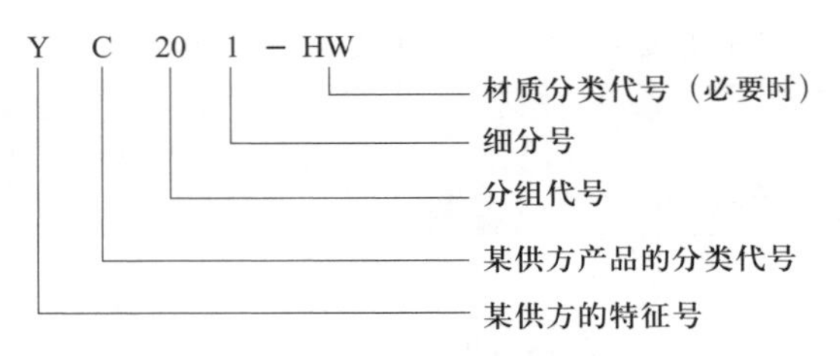

图 1–53 牌号表示

除标准牌号外，相当数量的硬质合金厂家开发了使用性能很好的硬质合金新牌号，选用时可参阅各厂产品样本。

（3）陶瓷

随着机械制造业的不断发展，硬质合金刀具的耐热性已满足不了切削速度不断增长的需要，于是人们把目光转向了陶瓷（切削陶瓷）刀具。

1）材料特点

常用的陶瓷刀具材料是以纯氧化铝（Al_2O_3）或氮化硅（Si_3N_4）为基体，通过添加少量金属，在高温下烧结而成。它具有高硬度（超过硬质合金）、高耐热性（切削速度高于硬质合金）、高化学稳定性和较低的摩擦因数，但抗冲击能力低是其主要缺点。陶瓷刀具多用于钢、铸铁、有色金属材料的精加工和半精加工，或无冲击振动的难加工材料及高精度大型工件等的加工。

2）材料分类

陶瓷刀具按材料成分不同，可以分为不同类型，见表 1–7。

表 1–7 陶瓷刀具材料的类型

字母符号	陶瓷类别
CA	主要含氧化铝（Al_2O_3）的氧化物陶瓷
CM	以氧化铝（Al_2O_3）为基体，但含有非氧化物成分的混合陶瓷
CN	主要含氮化硅（Si_3N_4）的氮化物陶瓷
CR	氧化铝陶瓷，Al_2O_3 强化型
CC	涂层陶瓷

（4）超硬材料

1）金刚石

金刚石有聚晶金刚石（DP）、单晶金刚石（DM）之分。金刚石是碳的同素异构（形）体，是最硬的切削材料，称为超硬材料。金刚石刀具具有极高的硬度和耐磨性、很好的导热性和较低的热膨胀系数、极小的表面粗糙度值及非常锋利的刃口，但与碳有很强的化学亲和力。金刚石刀具主要用于有色金属的精加工、超精加工，高硬度非金属材料的精加工，以及难加工复合材料的加工。

2）氮化硼

氮化硼材料有 BL（低氮化硼含量的立方晶体氮化硼）、BH（高氮化硼含量的立方晶体氮化硼）、BC（涂层的立方晶体氮化硼）之分。氮化硼是由立方氮化硼（白石墨）在高温、高压下转化而来的又一超硬材料，有着非常广泛的发展前景。氮化硼刀具具有很高的硬度和耐磨性（仅次于金刚石）、很高的热稳定性、较好的导热性，但高温下与水易发生化学反应。氮化硼刀具主要适合于高温合金、淬火钢、冷硬铸铁等难切材料的干切削。

3．刀体材料

刀体一般采用普通碳钢或合金钢制作，如焊接车刀、镗刀、钻头、铰刀的刀柄等。尺寸较小的刀具或切削负荷较大的刀具宜选用合金工具钢或整体高速钢制作，如螺纹刀具、成形铣刀、拉削刀具等。

机夹、可转位硬质合金刀具，镶硬质合金钻头，可转位铣刀等的刀体可采用合金工具钢制作。

对于一些尺寸较小、刚度较差的精密孔加工刀具，如小直径镗刀、铰刀，为保证刀体有足够的刚度，延长刀具使用寿命和提高加工精度，宜选用整体硬质合金制作。

四、任务实施

刀具材料的选用

刀具材料的选择应以加工方法、工件材料和经济性为准则，充分注意刀具材料的切削性能。目前，常用的刀具材料是高速钢和硬质合金，其中硬质合金使用得更多。一般加工可选用 P、M、K 类硬质合金，特殊加工则可选择 N、S、H 类硬质合金。

进行切削作业时，应根据不同的切削条件（工艺系统的稳定性、切削类型）和进给量范围来选择切削性能（耐磨性、韧性）合适的刀具材料牌号。以 P 类切削工具用硬质合金牌号为例，各组别号的作业条件见表 1–8，其他类切削工具用硬质合金牌号作业条件推荐见教材附录。

表 1–8　　P 类切削工具用硬质合金牌号作业条件推荐

组别	作业条件	
	被加工材料	适应的加工条件
P01	钢、铸钢	高切削速度、小切削截面，无振动条件下的精车、精镗
P10	钢、铸钢	高切削速度、中小切削截面条件下的车削、仿形车削、车螺纹和铣削
P20	钢、铸钢、长切屑可锻铸铁	中等切削速度、中等切削截面条件下的车削、仿形车削和铣削，小切削截面的刨削
P30	钢、铸钢、长切屑可锻铸铁	中或低切削速度、中或大切削截面条件下的车削、铣削、刨削和不利条件下的加工
P40	钢、含砂眼和气孔的铸钢件	低切削速度、大切屑角、大切削截面以及不利条件下的车削、刨削、车槽和自动机床上的加工
P50	钢、含砂眼和气孔的中或低强度铸钢	低切削速度、大切削截面，并可能在不利条件下采用大前角工作的车削、刨削、车槽和自动机床上的加工

注：不利条件是指难于加工的原材料和零件形状：铸造、锻造表皮，硬度变化等；加工时的背吃刀量不匀，间断切削，易振动的加工。

五、知识链接

涂层技术

随着先进涂层技术以及涂层切削刃后处理技术的应用（见图 1–54），刀具切削性能有了显著的提高，切削速度和加工效率成倍增加。

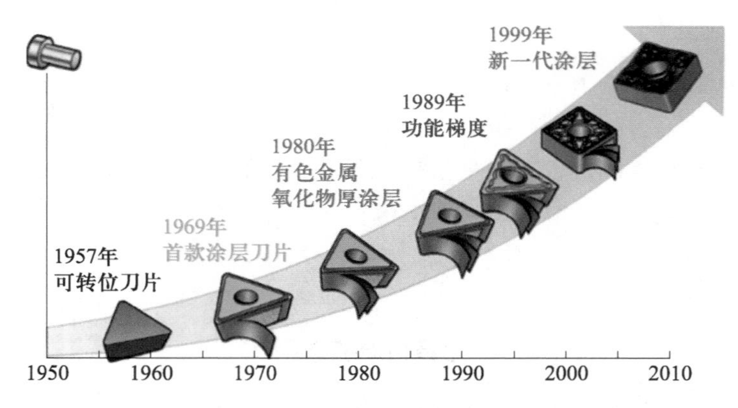

图 1–54　涂层技术的应用及发展情况

1．涂层刀具

涂层刀具通常是在强度和韧性较好的高速钢或硬质合金基体表面上，利用气相沉积方法涂覆一层耐磨性好的难熔金属或非金属化合物（也可涂覆在陶瓷、金刚石和立方氮化硼材料刀片上）。

涂层作为一个化学屏障和热屏障，减少了刀具与工件之间的扩散和化学反应，从而减少了基体的磨损。涂层刀具具有表面硬度高、耐磨性好、化学性能稳定、耐热耐氧化、摩擦因数小和热导率低等特性，切削时可比未涂层刀具寿命提高 3 ~ 5 倍，切削速度提高 20% ~ 70%，加工精度提高 0.5 ~ 1 级，刀具消耗费用降低 20% ~ 50%。

涂层刀具已成为现代切削刀具的标志，在刀具中的使用比例已超过 50%。切削加工中使用的各种刀具，包括车刀、铣刀、镗刀、钻头、铰刀、拉刀、丝锥、成形刀具、齿轮刀具等（见图 1–55），都可采用涂层工艺来提高其使用性能。

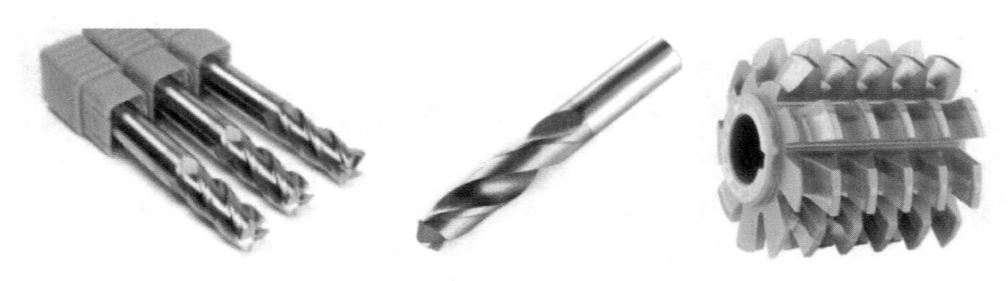

图 1–55　涂层刀具

在陶瓷和超硬材料刀片上的涂层是硬度较基体低的材料，目的是为了提高刀片表面的断裂韧度，减少刀片的崩刃及破损，扩大应用范围。

2．涂层方法

生产上常用的涂层方法有物理气相沉积（PVD）法和化学气相沉积（CVD）法。前者沉积温度为500 ℃，涂层厚度为2 ~ 5 μm；后者沉积温度为900 ~ 1 100 ℃，涂层厚度可达5 ~ 10 μm，且涂层均匀。因PVD法未超过高速钢的回火温度，故高速钢刀具一般采用PVD法。硬质合金刀具大多采用CVD法，通过CVD工艺，在硬质合金表面涂覆一层或多层（5 ~ 13 μm）难熔金属碳化物。涂层具有较好的综合性能，基体强度、韧性较好，表面耐磨、耐高温。但涂层硬质合金的刃口锋利程度与抗崩刃性不如普通合金，因此，多用于普通钢材的精加工或半精加工。

随着涂层技术的进步，出现了PVD/PCD相结合的PAVCD法（等离子体化学气相沉积法），即利用等离子体来促进化学反应，可将涂覆稳定降至400 ℃以下（已可降至180 ~ 200 ℃），使基体与涂层材料之间不会产生扩散、相变或交换反应，以保持刀片已有的韧性。这种方法对涂覆金刚石和立方氮化硼特别有效。

3．涂层材料

涂层材料最好满足硬度高、耐磨性好、化学性能稳定、不与工件材料发生化学反应、耐热耐氧化、摩擦因数低，以及与基体附着牢固等要求。显然，单一的涂层材料很难满足上述各项要求。随着技术的发展，涂层材料已由最初只能涂覆单一的TiC、TiN、Al_2O_3，进入到开发厚膜、复合和多元涂层的新阶段。目前，单涂层刀片已很少应用，大多采用TiC—TiN复合涂层或TiC—Al_2O_3—TiN三复合涂层。

需要指出的是，涂层刀具的使用效果，除与涂层方法、涂层工艺和涂层材料有关外，还与涂层前刀具（刀片）的表面质量、刀具（刀片）基体材料、刀具几何角度、切削用量和切削液等因素有关。

六、思考与练习

1．试为下列作业选择硬质合金刀具牌号。

（1）粗车铸铁。

（2）精车45钢。

（3）精车不锈钢（1Cr18Ni9Ti）。

2．查阅国家标准《硬质合金牌号　第1部分：切削工具用硬质合金牌号》（GB/T 18376.1—2008），叙述H01的作业条件。

3．查阅资料，叙述TiC—TiN复合涂层中，第一层（TiC）与第二层（TiN）各自的作用。

模块二

切削加工的主要规律

金属切削过程是工件和刀具相互作用的过程。在金属切削过程中，产生了一系列现象，严重影响了生产的进行。为此，有必要掌握其成因及变化规律，这对控制加工过程、解决金属切削加工过程中的关键性技术问题，从而保证加工质量、降低加工成本、提高劳动生产率具有重要意义。

任务一 切削变形与切屑形成

知识点：

◎切削变形本质。
◎三个变形区。
◎切屑类型。
◎变形程度的衡量。

能力点：

◎了解各类切屑形成的条件。

一、任务提出

在切削加工过程中，随着切削运动的进行，工件切削层不断被切除，出现了一系列现象，包括形成切屑、切削力、切削热与切削温度、刀具磨损等，这些现象的出现均源于加工过程中的切削变形。那么，切屑形成过程中，影响切削变形的因素有哪些？各类切屑形成的大致条件如何？

二、任务分析

切削变形和切屑形成过程是切削原理中最基本、最重要的课题。本质上讲，切削加工过程是切削层在刀具的切割和推挤作用下产生变形，形成切屑的过程。切削加工是在一定切削条件下，由工艺系统共同作用完成的，刀具、工件、切屑、切削力、切削温度、切削条件等构成了所有切削加工方法中最为重要的因素。

为便于分析和了解切削变形和切屑形成过程，常用正交自由切削模型，并借助切削实验及计算机软件模拟等进行研究。

三、知识准备

1．切削变形本质及三个变形区

（1）切削变形本质

由工程力学和金属材料学知识可知，塑性金属材料在受外力压缩或拉伸时，随着外力增加，将相继产生弹性变形、塑性变形，并使金属晶格产生滑移，最终断裂。

如图 2–1 所示为金属受外力压缩变形示意。受力情况如图 2–1a 时（正挤压），当内部切应力达到金属材料的屈服强度后，金属材料便沿剪切面 *OM*、*AB* 发生滑移，产生塑性变形。当受力情况如图 2–1b 时（偏挤压），只有虚线以上部分材料受到压缩，并且由于金属母体的阻碍，内部切应力只能使材料沿剪切面 *AB* 滑移。

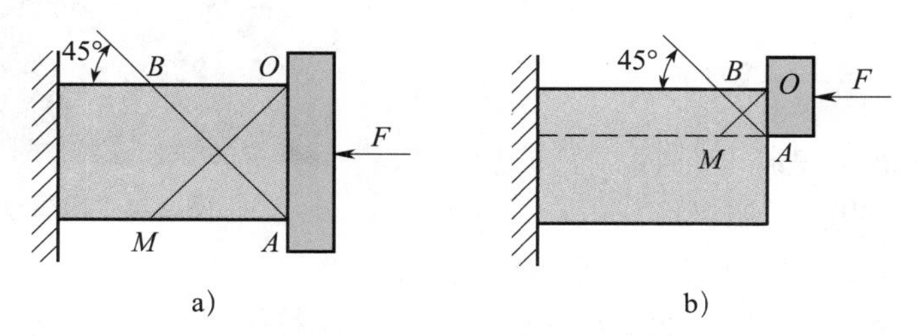

图 2–1　金属的压缩变形示意

a）正挤压　b）偏挤压

金属受刀具切削作用的情况，虽然比金属受外力压缩变形复杂得多，但如果不考虑摩擦、温度、变形速度等影响，以如图 2–2 所示的直角自由切削（刃倾角为 0°，只有一条主切削刃参加切削）为例，金属切削变形过程如同金属压缩变形过程，切削层受刀具推挤后也产生沿剪切面的滑移（塑性变形）。所以，切削变形的本质是切削层在切削力（切应力）作用下屈服而沿剪切面发生滑移（塑性变形）。

（2）三个变形区

为进一步揭示切削层变形过程及规律，并便于分析其实用意义，通常将刀具作用部位的金属层划分为三个变形区，如图 2–3 所示。三个变形区汇交于切削刃附近，切削层材料在此分离，部分变成切屑，部分留在已加工表面。三个变形区各具特点，既相互联系，又相互影响。切削过程中产生的各种现象均与切削层变形密切相关。

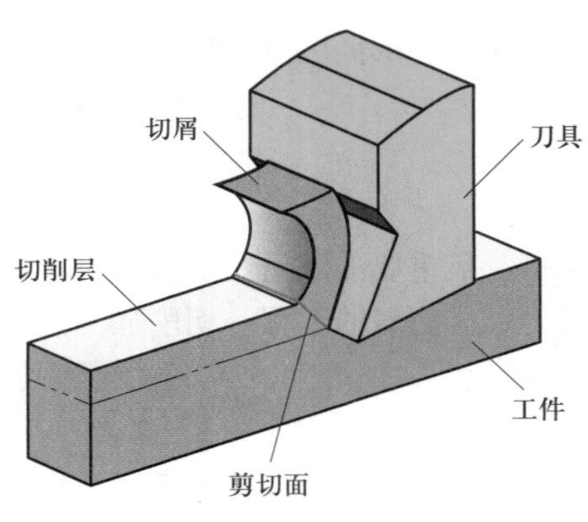

图 2–2　直角自由切削

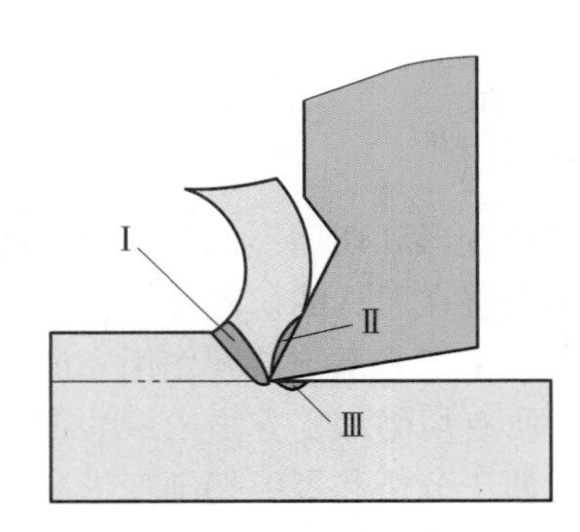

图 2–3　三个变形区

1）第一变形区

第一变形区（Ⅰ）是指近切削刃处切削层内产生的塑性变形区域，其变形会深入到切削层以下。实验证明，第一变形区的厚度随着切削速度增大而变薄。一般情况下，其厚度仅为 0.02 ~ 0.2 mm，故可用一个平面来表示。

在该区域内，塑性材料在刀具作用下产生剪切滑移变形（塑性变形），晶粒拉长呈纤维状，使切削层转变为切屑，如图 2–4 所示为某切屑根部金相照片。由于加工材料性质和加工条件不同，滑移变形程度有很大差异，这将产生不同种类的切屑。另外，在第一变形区，切削层的变形最大，对切削力和切削热的影响也最大。

2）第二变形区

第二变形区（Ⅱ）是指与前面接触的切屑底层内产生的变形区，也称积屑瘤形成区。

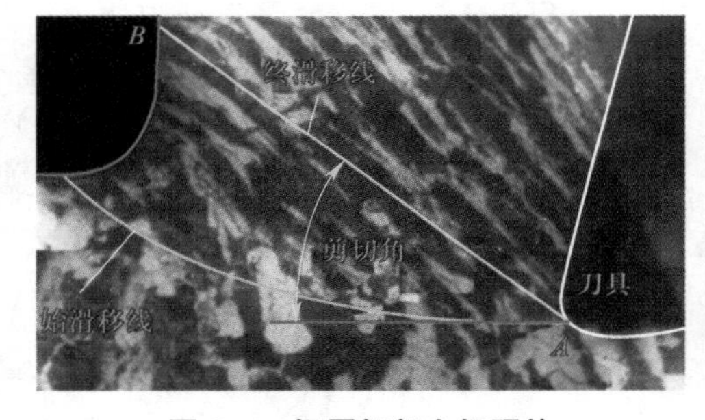

图 2–4　切屑根部金相照片

切屑形成后，在前面的推挤和摩擦力作用下，必将发生进一步的变形，使切屑底层金属流动缓慢，晶粒拉长，沿着前面方向纤维化，这种变形对切削力、切削热、积屑瘤的形成与消失、切屑的卷曲、刀具的前面磨损有着直接的影响。

3）第三变形区

第三变形区（Ⅲ）是指近切削刃处已加工面表层内产生的变形区。

第三变形区内的变形，主要由刀具主后面对过渡表面、副后面对已加工表面的推挤和摩擦作用引起，并受到切削刃钝圆半径的影响。这种变形主要造成主后面和副后面的磨损，已加工表面的纤维化、加工硬化、残余应力，并对切削力、切削热产生很大影响，从而引起工件已加工表面质量问题。

2. 切屑的形成及类型

（1）切屑的形成

切削过程中，切削层受刀具作用，经第一变形区的剪切滑移后形成切屑并从前面流出。直角自由切削形成切屑时的作用力及切屑形成模型如图 2–5 所示。

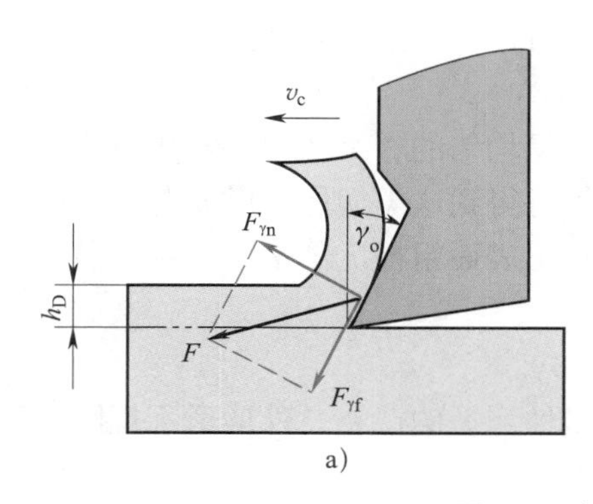

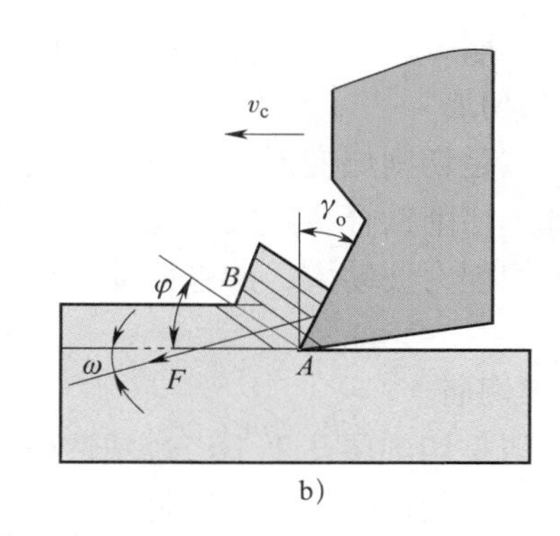

图 2–5　切屑的形成

a）切削力　b）切屑形成模型

切削时，切削层受到前面法向力 $F_{\gamma n}$ 和摩擦力 $F_{\gamma f}$ 组成的作用力 F 的作用，使近切削刃处的金属先产生弹性变形，继而产生塑性变形，即金属沿剪切面 AB 产生滑移，并连续地通过前面流出。根据钢的切削实验可知，剪切面 AB 与作用力 F 间的夹角为 40°～50°。剪切面 AB 与切削速度 v_c 间的夹角 φ 称为剪切角，作用力 F 与切削速度 v_c 间的夹角 ω 称为作用角。

（2）切屑的类型

根据切削层变形特点和变形后形成切屑的外形不同，通常将切屑分为四类，即带状切屑、节状（挤裂）切屑、粒状（单元）切屑和崩碎切屑，如图 2–6 所示。需要指出的是，国际上对切屑仿真及控制的研究大都将切屑分成连续螺旋屑、发条屑、C 形屑或弧形屑、垫片屑四种基本类型。

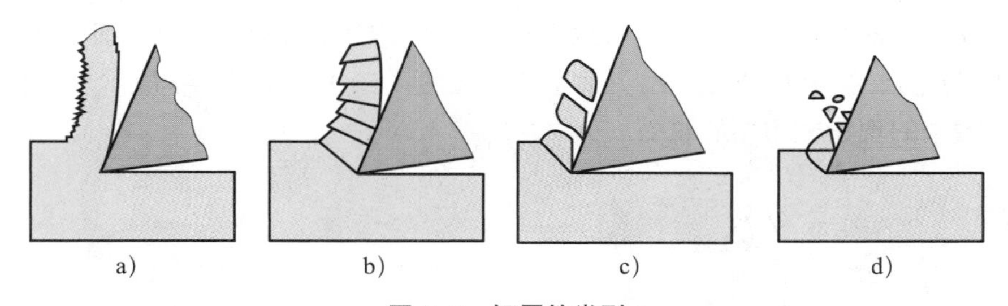

图 2–6　切屑的类型

a）带状切屑　b）节状切屑　c）粒状切屑　d）崩碎切屑

1）带状切屑

带状切屑是切削层变形不充分的产物，外形呈带状，切屑内表面光滑，外表面呈毛茸状。切削塑性较高的材料，如碳钢、合金钢、铜、铝合金等常出现这类切屑。形成带状切屑的切削过程比较平稳，切削力的变化波动小，不易发生刀具崩刃，获得的已加工表面粗糙度值小，属理想的切屑形态。但是，延绵很长的带状切屑容易缠绕工件或刀具，从而影响正常的切削工作，甚至会影响操作安全，应采取必要的卷屑和断屑措施。

2）节状切屑

节状切屑是切削层变形较充分的产物，内表面局部有裂纹，外表面呈锯齿状。切削黄铜或低速切削碳钢等较易得到这类切屑。形成节状切屑的切削过程较不平稳，切削力有波动，较易发生刀具崩刃，已加工表面粗糙度值较大。但是，节状切屑易折断、易处理。

3）粒状切屑

粒状切屑是切削层变形很充分的产物，外形呈均匀的、类似梯形的颗粒状。切削铅、球墨铸铁，低速切削钛合金或很低速度切削碳钢等可得到这类切屑。形成粒状切屑的切削过程极不平稳，切削力波动大，冲击振动严重，已加工表面粗糙。但是，粒状切屑不用考虑断屑问题。

4）崩碎切屑

崩碎切屑是切削层几乎不经过塑性变形、脆性崩裂的产物，外形呈不规则的细粒状。切削脆性金属，如灰铸铁、黄铜等材料时，可得到这类切屑。形成崩碎切屑时，已加工表面粗糙不平，刀具刃口受力较大，对刀具强度要求高。不过，崩碎切屑不用考虑断屑问题。

切屑的类型是由材料的应力—应变特性和塑性变形程度决定的。如加工条件相同，塑性高的材料不易断裂，易形成带状切屑；改变加工条件，使材料产生的塑性变形程度随之变化，切屑类型便会相互转化。例如，某切削 45 钢材料实验，在其他条件不变的情况下，刀具前角为 20°时，得到带状切屑；刀具前角为 10°时，得到挤裂切屑；刀具前角为 0°时，则得到粒状切屑。

3．变形程度的衡量

为了深入了解切削变形的实质，掌握切削变形规律，有必要进行变形程度的衡量。变形程度可通过相对滑移 ε、变形系数 ξ、剪切角 φ 来衡量，其中，相对滑移用来衡量第一变形区滑移变形的程度，变形系数用来衡量切屑的外形尺寸变化大小。下面通过易于测量的变形系数的计算加以说明。

（1）切屑收缩

观察、比对、测量切削层和切屑可以发现，两者宽度基本相同，但切削层厚度（h_D）小于切屑厚度（h_{ch}），切削层长度（L_D）大于切屑长度（L_{ch}），如图 2–7 所示。这种切屑长度缩短、厚度增大的现象称为切屑收缩。

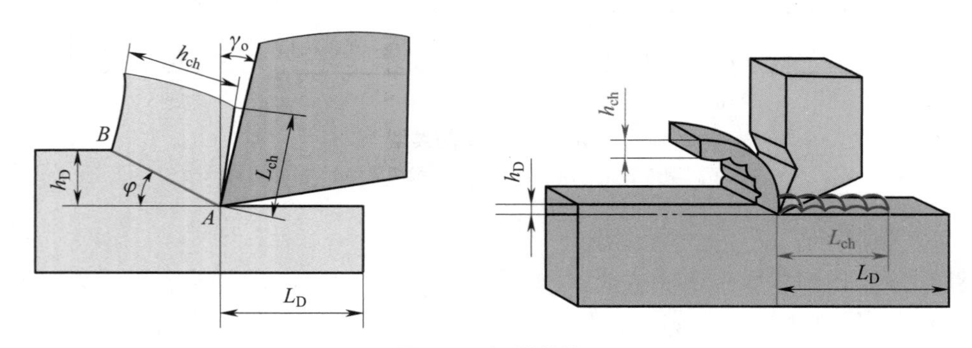

图 2–7　切屑收缩

（2）切削变形系数

切屑收缩变形程度用切削变形系数（切屑收缩系数）ξ 衡量：

$$\xi=\frac{L_D}{L_{ch}}=\frac{h_{ch}}{h_D}=\frac{\overline{AB}\cos(\varphi-\gamma_o)}{\overline{AB}\sin\varphi}=\cot\varphi\cos\gamma_o+\sin\gamma_o$$

从以上公式看出，剪切角、前角是影响切削变形的主要因素。另外，切削变形系数（切屑收缩系数）ξ 可直观地反映出切削过程中金属切削变形的程度，从而反映切削条件的优劣。ξ 越大，说明切削变形程度越大。

相同的切削条件，切削不同的工件材料，ξ 越大，切削变形程度越大，说明工件材料的塑性越好；不同的切削条件，切削相同的工件材料，ξ 越大，切削变形程度越大，表明切削条件对切削越不利。因此，有效控制切削变形系数，可以控制切削变形程度，从而保证工件表面质量，提高生产率。

（3）剪切角与变形的关系

由图 2–7 可知剪切角 φ 对切屑收缩的影响。剪切角增大，剪切面 AB 减短，切屑厚度 h_{ch} 减小，故变形程度 ξ 变小。为减小变形，应设法增大剪切角。

根据最小能量原则和最大剪应力理论可得到剪切角计算式，它们分别为：$\varphi=45° +\gamma_o/2-\beta$ 和 $\varphi=\pi/4+\gamma_o-\beta$，其中 β 为摩擦角。剪切角计算式表明，剪切角 φ 与前角 γ_o、摩擦角 β 有关。增大前角、减小摩擦角，使剪切角 φ 增大，切削变形减小，这一规律已被普遍用于生产实践。

四、任务实施

通过知识准备的内容可知，切削（切屑）变形程度与切削材料、剪切角及前角等密不可分。改变加工条件，就能改变切削变形程度，从而改变切屑类型。

各类切屑形成的大致条件如下。

1．带状切屑

形成带状切屑的加工条件为：加工塑性材料，刀具前角较大，切削速度较高，进给量或切削厚度较小。从描述条件可以看出，这是精加工时常用的参数搭配。

2．节状切屑

形成节状切屑的加工条件为：加工塑性材料，刀具前角较小，切削速度较低，进给量或切削厚度较大。从描述条件可以看出，这是粗加工时常用的参数搭配。

3．粒状切屑

形成粒状切屑的加工条件为：工件材料硬度较高而韧性较低，切削速度很低（低于 1 ~ 2 m/min）。

4．崩碎切屑

形成崩碎切屑的加工条件为：工件材料硬脆，切削厚度大，刀具前角小。

五、知识链接

切 削 方 式

1．自由切削与非自由切削

只有一条主切削刃参加切削的情况称为自由切削。自由切削时，由于没有副切削刃参加，切削变形过程较为简单且便于观察，是切削实验研究最常用的方法。

主切削刃、副切削刃同时参加切削的情况称为非自由切削。实际切削通常都是非自由切削。

2．直角切削与斜角切削

直角切削是指刃倾角等于 0° 的切削。直角切削时，主切削刃与切削速度方向垂直。

斜角切削是指刃倾角不等于 0°的切削。斜角切削时，主切削刃与切削速度方向不垂直。

3．切割和推挤

切削过程是切削刃切割作用和刀面推挤作用的统一。其中，切削刃对被切材料起着切割作用，刀面对被切材料起着推挤作用。加工中要设法尽量加大刀具的切割作用，减小推挤作用。

其实，“切”与“割”是两个不同的概念，工件相对于切削刃方向有速度分量时称“割”，无速度分量时为“切”。具体来说，直角切削时，切削刃只有切的作用，此时主切削刃与切削速度方向垂直，如图 2–8 所示；斜角切削时，切削刃既有切的作用，又有割的作用，此时主切削刃与切削速度方向不垂直，如图 2–9 所示。

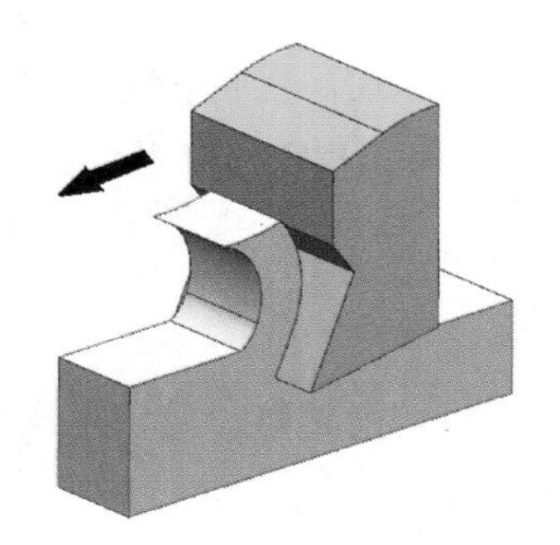

图 2–8　直角切削

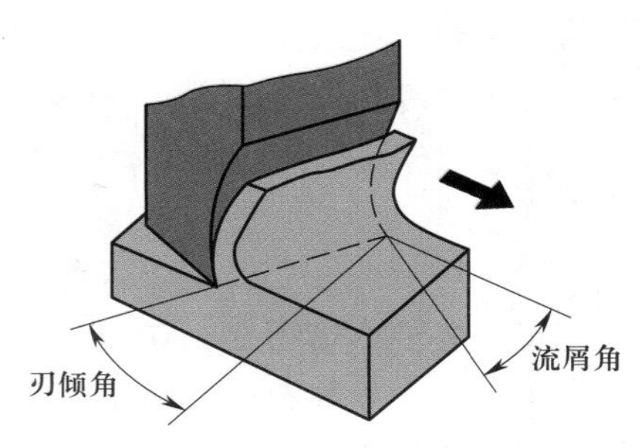

图 2–9　斜角切削

斜角切削时，切屑流出方向受刃倾角的影响发生了变化，使实际前角增大，从而改善了切削条件。切屑流出方向在前面上与切削刃的法剖面之间的夹角称为流屑角，实验证明，流屑角近似等于刃倾角。

刃倾角的存在有利于刀具锋利，有利于切削加工，所以斜角切削是应用比较普遍的一种切削方式。

六、思考与练习

1．金属切削过程中的主要现象有哪些？

2．查阅资料，了解相对滑移 ε 的计算。

3．图示说明前角变化对切屑变形的影响。

4．指出如图 2–10 所示切屑类型。

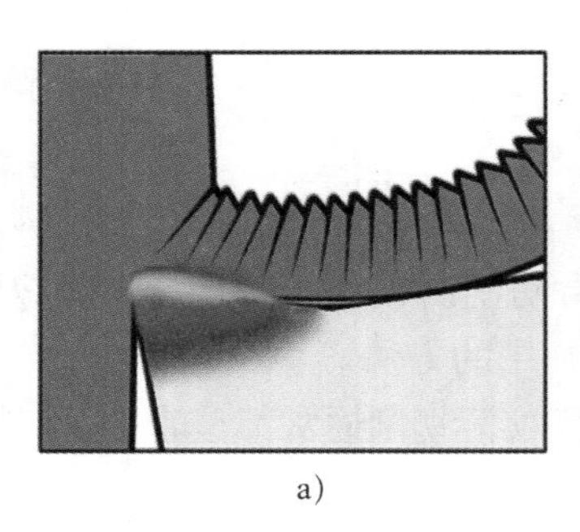

a)

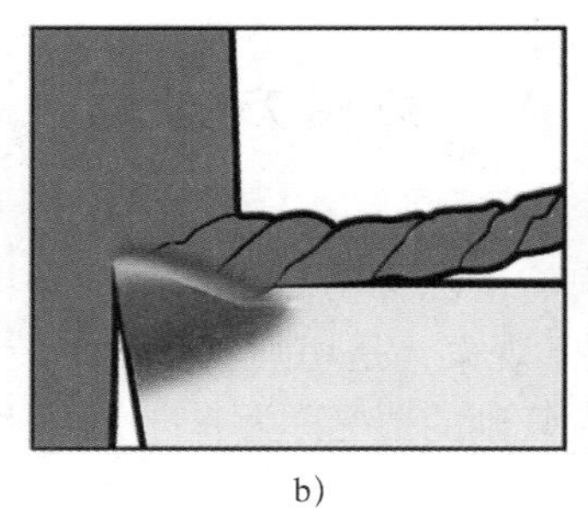

b)

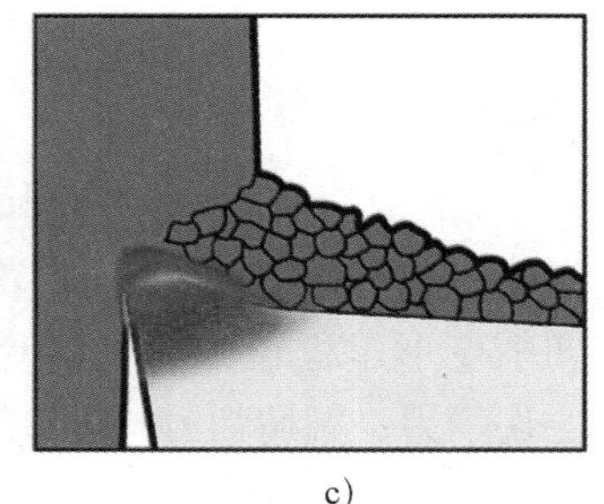

c)

图 2–10　切屑类型

任务二 切削力

知识点：

◎切削力来源。

◎切削力分解。

◎切削力的影响因素。

◎切削力及切削功率的确定。

能力点：

◎了解切削力、切削功率的确定。

一、任务提出

在切削加工中，工件材料抵抗刀具切削时产生的阻力称为切削力。切削力不仅是分析切削过程工艺质量问题的重要参考数据，而且是设计机床、夹具、刀具的重要数据。为了高质量地完成加工任务，必须认真对待切削力，并进行必要的计算。

那么，在传动效率为 80%、电动机功率为 7.5 kW 的 CA6140 型车床上，采用硬质合金车刀加工 45 钢外圆，已知待加工表面直径为 50 mm，背吃刀量为 3 mm，进给量为 0.3 mm/r，转速为 800 r/min，其主切削力为多少，电动机功率是否足够呢？

二、任务分析

切削力是衡量切削状态的重要指标之一，是切削中变形、摩擦等内部变化的外在表现。切削力与切削热（切削温度）、刀具磨损、加工精度及已加工表面质量等相互联系，并与工件、刀具和切削用量等因素有关。因此，切削力是切削加工中所有物理现象的根源，其他物理现象及其变化规律都与切削力产生原因及变化规律相关。在自动化生产和精密加工中，也常利用切削力来检测和监控刀具磨损和已加工表面质量。为此，有必要弄清切削力的来源，确定切削力的大小及影响因素。

三、知识准备

1．切削力来源

切削过程中的切削力来源于两个方面：一是变形抗力，即三个变形区内产生的弹性变形抗力和塑性变形抗力；二是摩擦力，即切屑、工件与刀具间的摩擦力。

如图 2-11 所示为直角自由切削时的情形。作用在前面上的弹、塑性变形抗力和摩擦力分别为 $F_{n\gamma}$ 和 $F_{f\gamma}$，作用在后面上的弹、塑性变形抗力和摩擦力分别为 $F_{n\alpha}$ 和 $F_{f\alpha}$，它们的合力（切削力 F）作用在前面上近切削刃处，其反作用力 F' 作用在工件上。

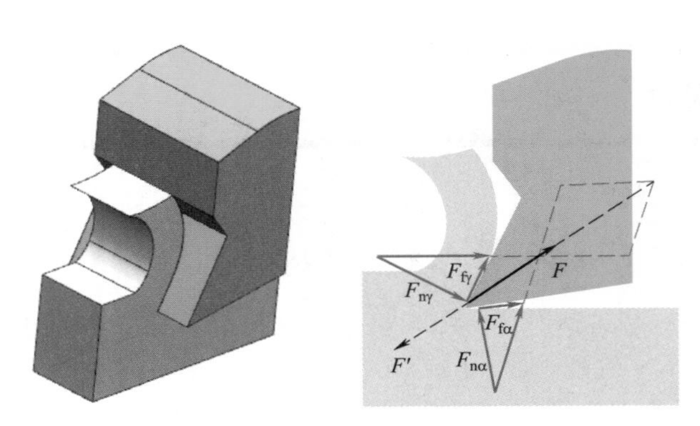

图 2–11 直角自由切削时的切削力来源

如图 2–12a 所示为直角非自由切削时的情形（以外圆车削为例），由于受到副切削刃上变形抗力和摩擦力的影响，改变了合力（切削力 F）的作用方向。

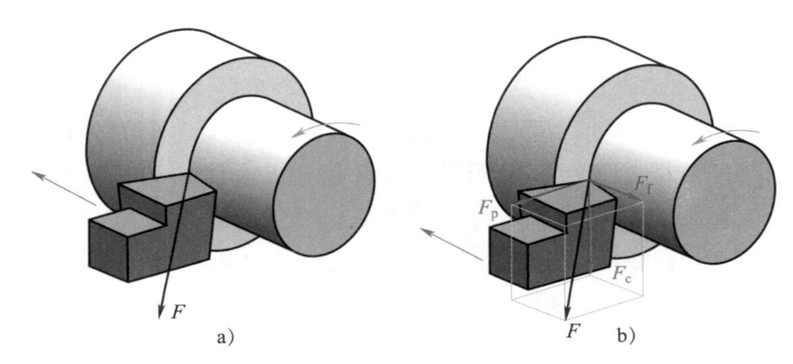

图 2–12 切削力及其分解

a）切削力 b）切削力分解

2．切削力的分解

由于切削力是一个大小、方向不易确定的空间力，为了测量、分析、计算和设计等的方便，通常将切削力在按主运动方向、切深方向和进给运动方向构建的空间直角坐标系（轴）上分解成三个分力，即主切削力 F_c、背向力 F_p 和进给力 F_f，如图 2–12b 所示。这三个分力两两相互垂直，其中主切削力 F_c 是切削力在主运动方向上的正投影，背向力 F_p 是切削力在垂直于工作平面上的分力（即背吃刀量方向的分力），进给力 F_f 是切削力在进给运动方向上的正投影。

（1）主切削力

主切削力 F_c 垂直于基面，与切削速度方向一致，所以又称切向力。在切削加工中，主切削力 F_c 所消耗的功最多，它是确定机床电动机功率、计算机床强度和刚度、设计夹具主要零部件、验算刀柄和刀片强度的主要依据。车削时，主切削力过大会造成打刀，或引起刀具弯曲变形而产生让刀，如图 2–13 所示。

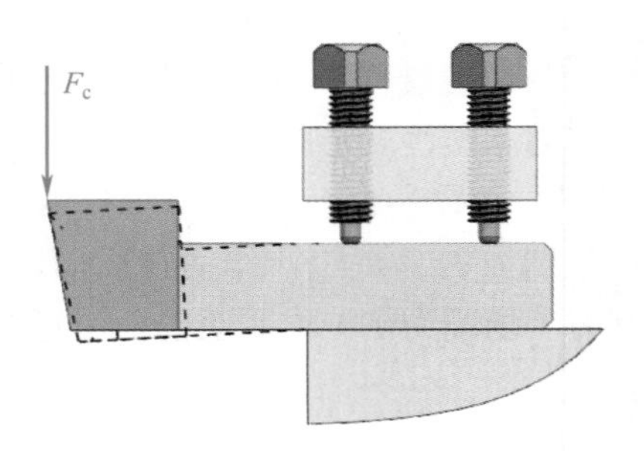

图 2–13 主切削力对加工的影响

（2）背向力

背向力 F_p 在基面内，并与进给方向垂直，也叫切深抗力。外圆车削时，背向力并不消耗功率，但它是切削时引起振动的主要因素，也是引起工件弯曲变形的主要原因，如图 2–14 所示。因此，在校验工艺系统的刚度时，要以背向力 F_p 为依据。

（3）进给力

进给力 F_f 也在基面里，它与进给方向平行，也叫进给抗力。外圆车削时，进给力消耗总功率的 5% 左右，是验算机床进给系统主要零部件强度和刚度的依据。车削时，若刀具未夹紧，会因进给力大而引起偏转，如图 2–15 所示；若工件未夹紧，会因轴向力大而将工件向卡盘方向推入。

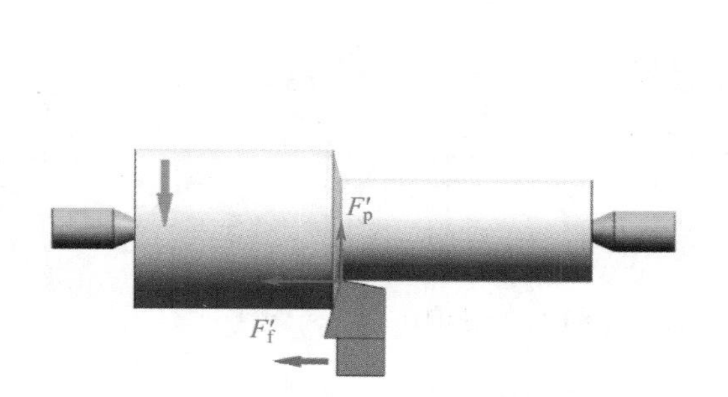

图 2–14　背向力对加工的影响

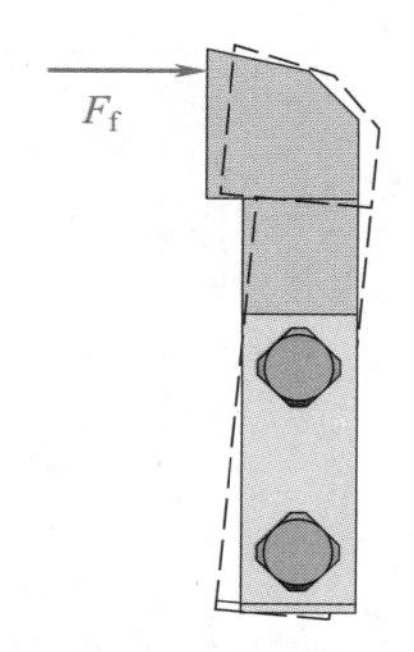

图 2–15　进给力对切削加工的影响

车削时，习惯上把主切削力 F_c、背向力 F_p、进给力 F_f 三个分力称为主切削力、径向力、轴向力。一般情况下，主切削力 F_c 最大，背向力 F_p 和进给力 F_f 小一些。随着刀具角度、刃磨质量、磨损情况和切削用量的不同，F_p、F_f 对 F_c 的比值在一定范围内变化。根据实验，当主偏角为 45°、刃倾角为 0°、前角为 15°时，主切削力 F_c、背向力 F_p、进给力 F_f 之间有以下近似关系式：$F_p=(0.4\sim0.5)F_c$，$F_f=(0.3\sim0.4)F_c$。

需要指出的是，切削力及其分力在不同切削方法中对刀具和工件的作用是不相同的，具体分析时应加以注意。甚至有些分力可能为 0，如使用直齿铣刀铣削时的背向力等。

当已知三个分力的数据后，即可计算出切削力（合力）F 的大小，即 $F=(F_c^2+F_p^2+F_f^2)^{1/2}$。

3．切削力的影响因素

凡是影响变形和摩擦的因素都影响切削力的大小，其中以工件材料为主，其次是刀具几何参数、切削用量，还有其他因素的影响。

（1）工件材料的影响

工件材料是通过材料的剪切屈服强度、塑性变形、切屑与刀具间摩擦因数等影响切削力的。

总体来说，工件材料的强度、硬度越高，变形抗力越大，切削力越大。若材料的强度、硬度相近，塑性、韧性越高，切屑越不易折断，切屑与前面摩擦力增大，故切削力越大。例如，45 钢的切削力大于 20 钢的切削力，淬火钢的切削力大于正火钢的切削力，不锈钢 1Cr18Ni9Ti 的切削力大于强度与它相近的 45 钢的切削力，钢件的切削力大于铸铁的切削力（大 0.5 ~ 1 倍），铜、铝等有色金属的切削力又比钢料的切削力小得多。

（2）刀具几何参数的影响

影响切削力的刀具几何参数主要有前角、主偏角、刀尖圆弧半径、刃倾角等。

1）前角的影响

前角增大，切削变形减小，切削力减小。但增大前角使三个分力减小的程度不同。由实验可知，用主偏角为 75° 的外圆车刀切削 45 钢时，前角每增加 1°，F_c 约降低 1%、F_p 降低 1.5% ~ 2%、F_f 降低 4% ~ 5%。

2）主偏角的影响

主偏角改变使切削面积的形状和基面中切削分力（F_D）的方向发生改变，因而使切削力也随之变化。一般来说，主偏角对 F_p 和 F_f 的比例分配影响较大（见图 2-16），为此，在车削细长轴工件时，一般取 90° 主偏角，以防止工件变形。

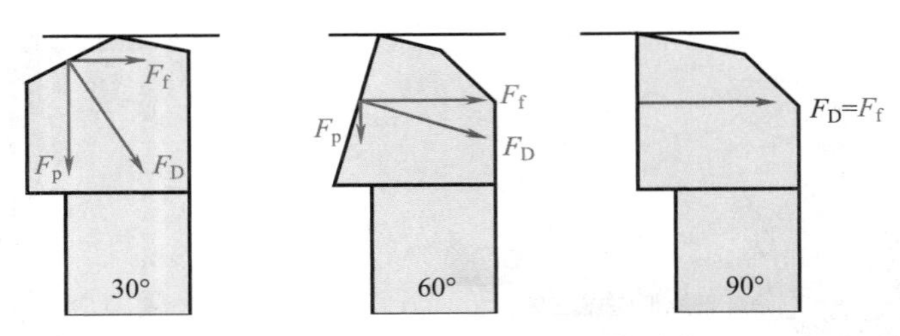

图 2-16 主偏角对 F_p 和 F_f 的影响

3）刀尖圆弧半径的影响

刀尖圆弧半径 r_ε 大时，圆弧切削刃参与切削的长度增加，切屑变形和摩擦力增大，故切削力增大。此外，由于圆弧切削刃上主偏角的变化（平均主偏角变小），使 F_p 增大。因此，当工艺系统刚度较低时，应选用小圆弧半径刀具。

4）刃倾角的影响

刃倾角 λ_s 对主切削力影响不大，对背向力 F_p 和进给力 F_f 影响显著。随着刃倾角的增大，背向力增大，进给力减小。

（3）切削用量的影响

背吃刀量和进给量决定着切削层横截面积的大小，因而是影响切削力的重要因素。它们的增大均会使切削力增大，但其影响程度各不相同。当背吃刀量增大一倍，实际切削面积也增大一倍，变形抗力和摩擦力成倍增加，故切削力成正比增大一倍。当进给量增大一倍，由于残留面积也增大，实际切削面积未成倍增大，且切削厚度增大使切屑与前面的摩擦面积不成倍增大，故切削力增大 70% ~ 80%。上述规律对指导实际生产具有重要作用。在切削加工中，如果从减小切削力和切削功率来考虑，加大进给量比加大背吃刀量有利。

切削速度对切削力的影响与工件材料、积屑瘤有关。切削塑性金属时，切削速度对切削力的影响主要取决于是否产生积屑瘤。以车削 45 钢为例，图 2-17 所示是车削时的实验曲线。当切削速度在 5 ~ 20 m/min 区域内增加时，积屑瘤高度逐渐增加，切削力随之减小；切削速度在 20 ~ 35 m/min 范围增大时，积屑瘤逐渐减小，切削力增大；切削速度大于 35 m/min 时，由于切削温度上升，摩擦因数减小，切削力也逐渐减小。

切削脆性金属时产生崩碎切屑，切屑与前面挤压和摩擦作用较小，没有积屑瘤产生，切削速度对切削力无显著影响。

（4）其他因素的影响

影响切削力的其他因素包括刀具材料、刀具倒棱、刀具磨损和切削液等。

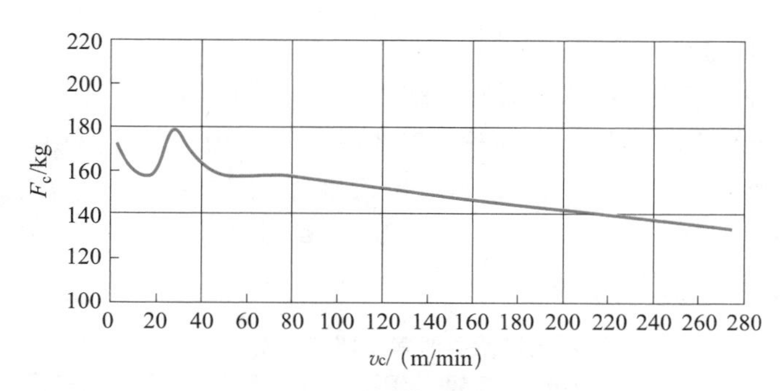

图 2–17 切削速度对切削力的影响

刀具材料通过其与工件材料之间的亲和性影响其间的摩擦，从而影响切削力。在其他条件相同的情况下，刀具材料对切削力大小影响由小到大的排列顺序为：CBN 刀具、陶瓷刀具、涂层刀具、硬质合金刀具、高速钢刀具。

刀具前面倒棱的存在，可以提高切削刃强度，但同时会使切削力明显增加。当倒棱宽度与进给量的比值不大于 0.5 时，则既可增大刀具强度，又不过分增加切削力。因此，大部分硬质合金刀具、陶瓷刀具、立方氮化硼刀具都制有倒棱。

刀具磨损会使摩擦力增大，从而使切削力增大。当后角 α_o 减小至 0°时，刀具与工件产生剧烈摩擦，切削力会成倍增大，甚至无法正常切削。

切削时浇注切削液，由于润滑作用，摩擦因数减小，切削力减小。如选用润滑效果较好的切削液，比干切削时的切削力小 10% ~ 20%。这一点对于高速钢刀具更具有实际意义。

4. 切削力的确定

在切削加工中，确定切削力具有很大的实用意义。由于切削力的理论计算较为复杂，通常利用结果较为接近的实用公式确定。

（1）指数公式

在实际生产中，切削力的大小一般采用由测力实验结果建立起来的指数型经验公式计算。测力实验的方法有单因素法和多因素法，通常采用单因素法，即固定实验条件，在切削时分别改变背吃刀量 a_p 和进给量 f，并从测力仪上读出对应测量力数值，然后经过数据整理求出它们之间的函数关系式。

通过切削力实验建立的车削力实验公式，其一般形式为：

$$F_c=C_{Fc}a_p^{F_{Fc}}f^{P_{Fc}}K_{Fc} \quad (2\text{–}2\text{–}1)$$

$$F_p=C_{Fp}a_p^{F_{Fp}}f^{P_{Fp}}K_{Fp} \quad (2\text{–}2\text{–}2)$$

$$F_f=C_{Ff}a_p^{F_{Ff}}f^{P_{Ff}}K_{Ff} \quad (2\text{–}2\text{–}3)$$

式中 C_{Fc}、C_{Fp}、C_{Ff}——影响系数，它的大小与实验条件有关；

F_{Fc}、F_{Fp}、F_{Ff}——背吃刀量对切削力影响程度指数；

P_{Fc}、P_{Fp}、P_{Ff}——进给量对切削力影响程度指数；

K_{Fc}、K_{Fp}、K_{Ff}——计算条件与实验条件不同时对切削力的修正系数。

上述影响系数、影响程度指数、修正系数可查阅有关技术手册。当需要较为精确地知道某种切削条件下的切削力时，最好进行实际测量。

（2）单位切削力（k_c）

目前，国内外许多资料中都利用单位切削力来计算切削力，这是较为实用、简便的方法。单位切削力是指切除单位切削层面积所产生的主切削力，其值可由切削手册查得。

在不同切削条件下，进给量 f 是影响单位切削力的主要因素。增大进给量，由于切削变形减小，单位切削力减小。表 2–1 所列为采用硬质合金车刀（γ_o=10°、κ_r=45°、λ_s=0°、r_ε=2 mm）车削时的单位切削力 k_c 值。

表 2–1　　不同进给量时单位切削力 k_c 值　　N/mm²

加工材料	进给量 *f*/（mm/r）										
	0.1	0.15	0.20	0.24	0.30	0.36	0.41	0.48	0.56	0.66	0.71
结构钢、铸钢	4 991	4 508	4 171	3 937	3 777	2 630	3 494	3 367	3 213	3 106	3 038
1Cr18Ni9Ti	3 571	3 226	2 898	2 817	2 701	2 597	2 509	2 410	2 299	2 222	2 174
灰铸铁	1 607	1 451	1 304	1 267	1 216	1 169	1 125	1 084	1 034	1 000	978
可锻铸铁	1 419	1 282	1 152	1 120	1 074	1 032	994	958	914	883	864

为简单起见，一般可按下列公式粗略估算：车削钢件时，F_c=1 960$a_p \times f$；车削铸铁时，F_c=980$a_p \times f$。

（3）单位切削功率（P_s）

单位切削功率 P_s 是指单位时间内切除金属层单位体积所消耗的功率，可表示为：

$$P_s=P_m/Z_w \qquad (2–2–4)$$

式中　P_s——单位时间内切除金属层单位体积所消耗的功率，kW/（$mm^3 \times s^{-1}$）；

P_m——切削功率；

Z_w——单位时间内切除的金属层体积，Z_w=1 000$a_p \times f \times v_c$，mm³/s。

切削功率 P_m 是切削时在切削区域内消耗的功率，切削功率是三个切削分力功耗的总和，即 $P_m=F_c \times v_c+F_p \times v_p+F_f \times v_f$。以车削为例，主切削力 F_c 是三个分力中最大的一个分力，消耗功率最多，约占总切削功率的 95% 以上；背向力 F_p 在纵向进给时不消耗功率（车刀沿径向无运动）；同时，由于 F_f 比 F_c 小得多，进给速度 v_f 比主运动速度 v_c 也小得多，可忽略不计。所以，P_m 的计算式为：

$$P_m=F_c \times v_c \times 10^{-4}/6 \qquad (2–2–5)$$

式中，P_m 单位为 kW，F_c 单位为 N，v_c 单位为 m/min。

综合公式（2–2–4）、（2–2–5），可得下式：

$$P_s=P_m/Z_w=k_c \times 10^{-6} \qquad (2–2–6)$$

式中，P_s 单位为 kW/（$mm^3 \times s^{-1}$）。

实际生产中，通常需根据切削功率 P_m 校核机床电动机功率 P_E，以判断是否超负荷切削。即要求 $P_E \geqslant P_m/\eta_m$。其中，η_m 为机床传动效率，一般取 0.75 ~ 0.85。若出现超负荷切削，应通过减小 F_c 或降低 v_c 的方法来解决。

四、任务实施

任务中，已知 a_p=3 mm，f=0.3 mm/r，工件材料为 45 钢，则 F_c=1 960 × 3 × 0.3=1 764 N。

切削功率的计算式为 $P_m=F_c\times v_c\times 10^{-4}/6$。

结合本任务，切削速度 v_c=（3.14×50×800/1 000）m/min=125.6 m/min，切削功率 P_m=（1 764×125.6×10^{-4}/6）kW ≈ 3.69 kW。

考虑到车床的传动效率，车床的有用功率为 7.5 kW×0.8=6 kW>3.69 kW，所以满足安全使用条件。

五、知识链接

切削热和切削温度

1．切削热

切削热是切削过程中的一个重要物理现象。切削时产生的热量除少量散逸在周围介质中，其余均传入刀具、切屑和工件中。

（1）切削热的来源

切削过程中的变形和摩擦所消耗的功将转变成热能，所以，切削热来源于三个变形区，三个变形区就是三个热源。

三个热源产生的热量比例，随工件材料和切削条件而异。切削塑性材料时，以第一、第二变形区热源为主；切削脆性材料时，以第三变形区热源为主。低速切削时，以第一变形区热源为主；高速切削时，第二、第三变形区热源的比例将增大。

热源有它传散的范围。第一变形区内的热量主要通过工件和切屑传散，第二变形区内的热量主要通过切屑和刀具传散，第三变形区内的热量主要通过工件和刀具传散。此外，有部分热量通过对流及辐射向空气中传散。当然，若用切削液，它能带走相应的热量。

一般情况下，切屑带走的热量最多。表 2–2 为不使用切削液车削和钻削时切削热由各部分传散热量的比例。

表 2–2 不使用切削液车削、钻削时切削热的传散比例

	切屑	刀具	工件	其他介质
车　削	50% ~ 86%	10% ~ 40%	3% ~ 9%	1%
钻　削	28%	14.5%	52.5%	5%

（2）切削热的不良影响

切削热传入刀具和工件后，将带来如下不良影响：刀具受热膨胀（如车刀在高温下会伸长 0.03 ~ 0.04 mm），造成切削时实际背吃刀量增加，使加工尺寸发生变化；工件受热膨胀，尺寸发生变化，切削后不能达到要求的精度，或造成测量误差；工件受热膨胀，如因不能自由伸展而发生弯曲变形，将造成形状误差；刀具过热时会加剧磨损，带来其他不利影响。

（3）切削热的利用

切削热给金属切削加工带来许多不利影响，采取措施减少和限制切削热的产生是必要的和重要的。但是，切削热有时也可以利用，如在加工淬火钢时，可采用负前角刀具并在一定的切削速度下进行切削，既加强了切削刃的强度，同时产生的大量切削热能使切削层软化，降低硬度，从而易于切削。

2. 切削温度

切削温度是切削过程中的一个重要物理现象。作为一个重要的物理量，在数控机床上，切削温度与切削力常作为传感参数，用来分析刀具磨损过程对加工质量和加工精度的影响。另外，不同刀具材料在切削各种材料时，都有一个最佳切削温度范围，此时刀具可以使用的时间最长，材料加工性最好。因此，切削温度已成为研究切削用量和切削过程最佳化的一个重要因素。

（1）切削区域温度的分布

切削温度一般是指切屑、工件和刀具接触表面上的平均温度，即切削区域的平均温度。也就是说，切削时切屑、工件和刀具上各点处的温度是不相同的。

根据测量和计算，刀具、切屑和工件的切削温度分布情况如图 2–18 所示。

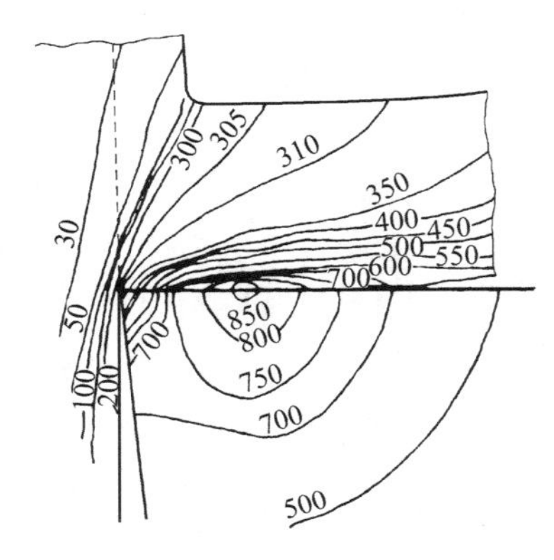

工件材料：GCr15
刀具：P20 车刀
切削用量：a_w=5.8 mm，a_c=0.35 mm；
v_c=80 m/min

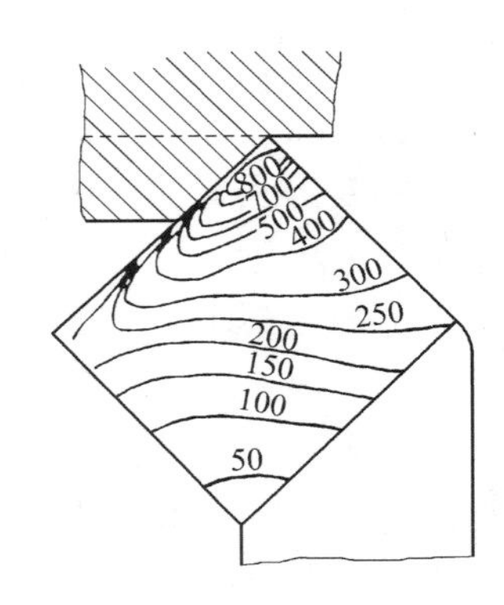

工件材料：GCr15
刀具：P20 车刀，γ_o=0°
切削用量：a_p=4.1 mm，f=0.5 mm；
v_c=80 m/min

图 2–18 刀具、切屑和工件的切削温度分布

（2）切削温度的判断

实际生产中可通过切屑的颜色变化来大体判断切削温度的高低，从而控制切削温度。由于切削温度的作用，会在切屑表层产生一层有色氧化膜，形成不同颜色的切屑。切削普通钢件时切屑颜色与切削温度的关系见表 2–3。

表 2–3 切削普通钢件时切屑颜色与切削温度的关系

切屑颜色	切削温度
银白色	500 ℃以下
淡黄色	500 ~ 550 ℃
深蓝色	650 ~ 900 ℃
淡灰色	1 000 ℃以上
紫黑色	1 300 ℃以上

六、思考与练习

1．某车床电动机功率为 6 kW，传动效率为 0.75，车削某钢件时若选择背吃刀量为 5 mm，进给量为 0.4 mm/r，求机床功率允许条件下可选择的最高转速。

2．同一种材料，由于制造方法不同，切削力是否相同？

3．车削时，基面中的切削分力（F_D）大小该如何计算？

任务三 刀具磨损

知识点：

◎刀具磨损原因及刀具磨损形态。

◎刀具磨损过程及磨钝标准。

◎刀具寿命。

能力点：

◎能合理选择刀具寿命。

一、任务提出

切削过程中的刀具（或刀片），在去除工件切削层的同时，会受到工件与切屑的作用而产生磨损，并伴有各种现象出现，如产生火花、振动、啸音等。刀具严重磨损时，会缩短刀具使用时间、恶化加工表面质量、增加刀具材料损耗，甚至发生安全事故。因此，刀具磨损是影响生产效率、加工质量和成本的一个重要因素。那么，该如何控制刀具的磨损呢？

二、任务分析

切削刀具（或刀片）经一定时间使用后因磨损会逐渐变钝，致使切削能力明显下降。刀具磨损的快慢与切削条件有关，如加工时所选的切削用量、刀具几何参数、工件材料、刀具材料，以及切削中切削液的使用情况等。所以，要控制刀具磨损，必须从刀具磨损机理或原因入手，通过刀具磨损形态的分析及切削实验，找出刀具磨损的影响因素及影响规律，制定合理的刀具磨钝标准。

三、知识准备

1．刀具磨损原因

切削时刀具的磨损是在高温、高压条件下产生的。刀具磨损与一般机械零件的磨损有明显的不同，与刀具前面接触的切屑底层，是不存在氧化膜或油膜的新鲜表面。因此，刀具磨损与机械、热和化学作用密切相关。形成刀具磨损的原因非常复杂，涉及机械、物理、化学和金相等作用。总体来说，可归纳为磨粒磨损、黏结磨损、相变磨损、扩散磨损和氧化磨损五个方面。根据切削条件和切削温度的不同，它们或单独作用，或共同作用。

（1）磨粒磨损

磨粒磨损是工件或切屑上的硬质点（如碳化物、硬夹杂物、积屑瘤碎屑）在刀具表面上刻划造成的刀面磨损，其实质是硬粒与刀具材料的硬度差所造成的机械擦伤，也称机械擦伤磨损。工件或切屑上的硬质点硬度越高、数量越多，刀具与工件的硬度比越小，则刀具越容易磨损。因此，刀具必须具有较高的硬度，较多、较细和均匀分布的硬质点，才能提高刀具的耐磨性。

磨粒磨损在各种切削速度下均存在。一般来说，单纯的机械擦伤磨损只发生在切削温度较低的情况下，它是低速情况下刀具磨损的主要原因，通常铰刀、丝锥容易出现这类磨损。

（2）黏结磨损

切削时，工件或切屑表面与刀具表面在较大的压力和适当的切削温度作用下，会产生分子之间的吸附作用。因相对运动，刀具表面局部强度较低的微粒会被切屑或工件黏结带走，由此造成的刀具磨损称为黏结磨损，也称冷焊磨损。

黏结磨损不仅与切削温度有关，而且与刀具材料及工件材料两者的化学成分有关。例如，用 P 类硬质合金刀具加工钛合金或含钛不锈钢等材料时，由于两者中钛元素的亲和力作用，使得 P 类硬质合金刀具比 K 类硬质合金刀具黏结磨损更大。

黏结磨损是硬质合金刀具在以中等偏低切削速度切削时刀具磨损的主要原因之一。通过控制切削温度、改善刀具表面质量和润滑条件可减轻黏结磨损。

（3）相变磨损

相变磨损是由于刀具上最高温度超过刀具材料相变温度时，刀具表面金相组织发生变化，如马氏体组织转变为奥氏体，使硬度下降、磨损加剧所造成的刀具磨损。

相变磨损是造成高速钢刀具急剧磨损的主要原因。合金工具钢的相变温度为 300 ~ 350 ℃，高速钢的相变温度为 550 ~ 600 ℃。

（4）扩散磨损

扩散磨损是指在高温切削时，刀具与工件之间的合金元素相互扩散置换，改变了材料原来的成分与结构，使刀具材料的物理、力学性能降低从而造成的刀具磨损。例如，切削温度在 800 ℃以上时，硬质合金中的钛（Ti）、钴（Co）、钨（W）、碳（C）等扩散到切屑底层，而切屑底层中的铁（Fe）元素扩散到硬质合金表层，使其表层组织脆化，加速磨损。

扩散磨损速度主要与切削温度、刀具材料的化学成分有关。如果在硬质合金中增加碳化钛的比例或在合金中添加碳化钽（TaC）等添加剂，都能提高刀具的耐热性和耐磨性。K 类硬质合金与钢产生扩散作用的温度为 850 ~ 900 ℃，P 类硬质合金与钢产生扩散作用的温度是 900 ~ 950 ℃。

（5）氧化磨损

氧化磨损是硬质合金中的碳化物和黏结剂被氧化造成的磨损。氧化磨损发生在高温情况下的切削刃工作边界处，如主切削刃边界处和副切削刃边界处，因为它们能接触到空气中的氧气，而其他部分由于刀具与工件或切屑紧密接触，空气难以进入。

从刀具磨损的原因分析可知，影响刀具磨损的主要因素是切削温度和机械摩擦，其中切削温度对刀具磨损具有决定性的影响。因此，控制切削温度是减少刀具磨损的重要途径。另外，对于不同的刀具材料，磨损的具体原因不同。高速钢刀具常常因为热效应产生相变磨损，硬质合金刀具则因为热效应产生黏结、扩散和氧化磨损。

2．刀具磨损形态

刀具磨损失效可分为正常磨损和非正常磨损两种。所谓正常磨损，是指切削过程中刀具前、后面在高温、高压下产生的正常磨钝现象。所谓非正常磨损，是指刀具在切削过程中突然或过早产生损坏的现象，如破损（崩刃）、卷刃、热裂、塌陷等。

由于工件材料和切削条件不同，刀具正常磨损产生的部位也不同。通常刀具在正常磨损时的磨损形态有前面磨损、后面磨损和边界磨损（侧面磨损），如图 2–19 所示。其实，边界磨损也发生在后面。

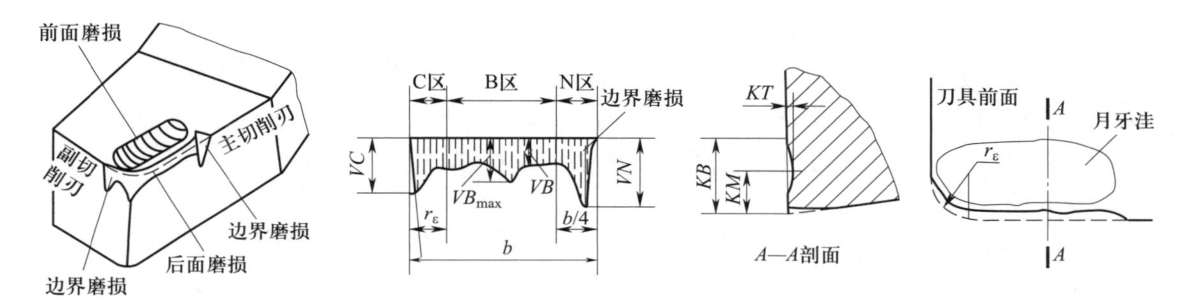

图 2–19 刀具的磨损形态及测量

（1）前面磨损

前面磨损产生部位为刀具前面，磨损面变形特征为在前面上形成月牙洼，常被称为月牙洼磨损，磨损值常以月牙洼的最大深度（*KT*）表示。

前面磨损通常在以较高的切削速度、较大的切削层厚度（h_D>0.5 mm）加工塑性材料时产生。前面磨损会削弱切削刃强度，降低加工质量。

（2）后面磨损

后面磨损产生部位为刀具后面，磨损面变形特征为在后面上形成了后角为 0° 的棱面。后面磨损往往不均匀，通常分为三个区，即靠近刀尖部分的 C 区、靠近工件外表皮处的 N 区和中间部分的 B 区。C 区由于强度较低、散热条件较差，磨损较严重，磨损宽度的最大值以 *VC* 表示；B 区的磨损比较均匀，磨损量用磨损宽度（*VB*）或最大磨损宽度（VB_{max}）表示；N 区由于毛坯表面硬皮、硬质点或上道工序加工硬化层等因素的影响，使得磨损加剧，会产生较大深沟，该区的磨损宽度以 *VN* 表示。

后面磨损通常在以较低的切削速度、较小的切削层厚度（h_D<0.1 mm）加工塑性材料时产生。后面磨损会引起切削力增大，切削温度升高，降低加工质量。

（3）边界磨损

边界磨损发生在后面的刀具、工件接触边缘处，形状通常为一狭长沟槽，因此也称为沟槽磨损。

边界磨损通常由于高温下氧化作用、工件表面硬皮或硬化层刻划、较大的应力梯度等引起。

切削脆性金属材料时，由于产生崩碎切屑，切屑与前面挤压和摩擦作用较小，因此只发生后面磨损。

3．磨损过程及磨钝标准

（1）刀具磨损过程

正常磨损情况下，刀具磨损量随切削时间增多而逐渐增大。以后面磨损为例，其典型磨损曲线如图 2–20 所示。刀具磨损过程大致分为三个阶段，即初期磨损阶段、正常磨损阶段和急剧磨损阶段。

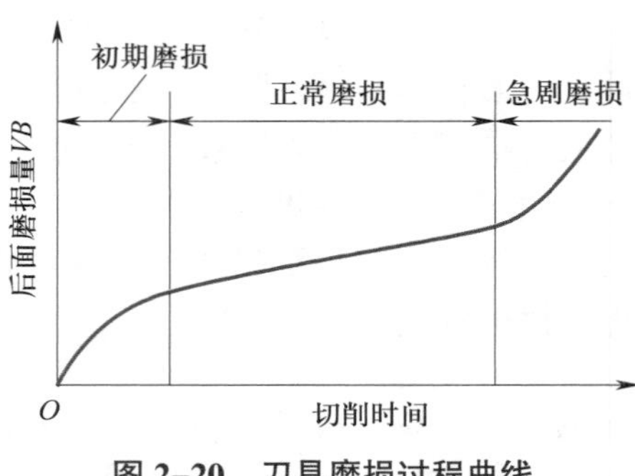

图 2–20　刀具磨损过程曲线

1）初期磨损阶段

从图中可以看出，在开始切削的短时间内，随着时间的延续，磨损量会急剧增加，达到一定程度后，磨损量增加变缓。这是由于新刃磨刀具表面相对粗糙，与工件间只有少量的高点接触，故应力很大，磨损很快。随着切削进行，刀具和工件的接触面逐渐增加，磨损趋缓。初期磨损阶段的磨损量大小与刃磨质量有关，如经过仔细研磨的刀具磨损量则较小。

2）正常磨损阶段

经过初期磨损后，刀具进入正常磨损阶段。此阶段的磨损比较缓慢均匀，磨损量随切削时间的增长而近似成比例增加。这是刀具的有效工作阶段，刀具使用不应超出这一阶段。

3）急剧磨损阶段

当刀具磨损量增加到一定限度后，摩擦加剧、切削力急剧增大、切削温度迅速升高，磨损量大幅度增大，致使切削性能急剧下降，以致失去切削能力。切削时，应避免进入这一阶段。

显然，刀具一次磨刀或更换刀片的切削时间应控制在达到急剧磨损阶段以前完成。如果超过急剧磨损阶段继续切削，就可能产生冒火花、振动、啸声等现象，甚至产生崩刃，造成刀具严重破损。

（2）刀具磨钝标准

使用刀具时，必须把握好刀具重磨或刀片更换的时机，即给刀具或刀片指定一个允许的磨损量作为判断刀具是否重磨或刀片是否更换的依据。这个刀具允许磨损量的最大值称为刀具的磨钝标准。刀具磨损值达到了规定的磨钝标准就应该重磨刀具或更换刀片；否则就会影响加工质量，加快刀具磨损，减少重磨次数，增加重磨难度，缩短刀具使用寿命。

由于切削时都会发生后面磨损，且后面磨损较容易观察和便于测量，因此，通常以后面磨损量作为磨损标准。ISO 标准规定，一般加工时，以 1/2 背吃刀量处的后面上测定的磨损带宽度 VB 作为刀具磨钝标准，如图 2–21 所示。对于自动化精加工刀具，以沿工件径向的刀具磨损尺寸作为刀具的磨钝标准，称为径向磨损量 NB。

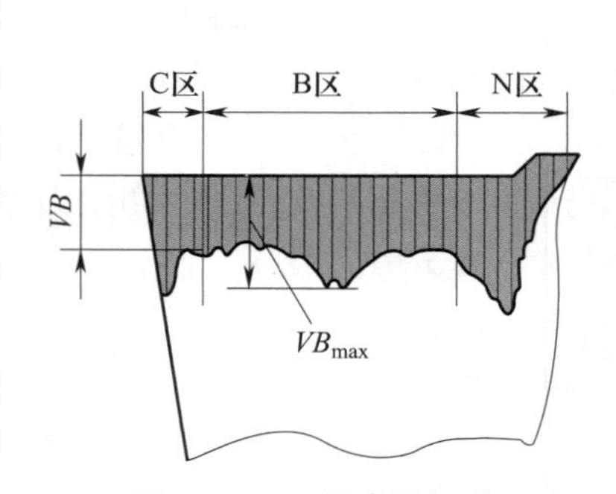

图 2–21　刀具磨钝标准

磨钝标准的制定需考虑加工对象的特点和加工条件的具体情况。磨钝标准定得过低是不经济的；而不顾刀具的磨损规律和磨损限度，一直用到刀具烧损或崩刃则会造成更大的损失和浪费。一般来说，当工艺系统（机床、刀具、工件等）的刚度较低时，磨钝标准值应取得较小，如车削细长轴时，磨钝标准就应定得小些；工件材料的塑性越高，磨钝标准值应越小；粗加工的磨钝标准值应比精加工的磨钝标准值大；切削合金钢时的磨钝标准值应定得比切削碳素钢时的磨钝标准值小一些；切削铸铁时的刀具磨钝标准可适当定得大些；加工大型工件，为避免中途更换刀具，通常取较大的磨钝标准值，并配合较小的切削速度以控制切削温度，延长正常磨损阶段的时间；采用自动化程度较高的机床加工时，因调整刀具的时间较长，故通常取较大的磨钝标准值。表 2–4 所列为硬质合金车刀的磨钝标准推荐值。

表 2–4　　硬质合金车刀的磨钝标准推荐值　　mm

加工条件	后面的磨钝标准 *VB* 推荐值
精车	0.1 ~ 0.3
粗车合金钢或低刚度工件	0.4 ~ 0.5
粗车碳素钢	0.6 ~ 0.8
粗车铸铁件	0.8 ~ 1.2
低速粗车钢或铸铁大件	1.0 ~ 1.5

（3）判断刀具磨损的常用方法

实际生产中，较少用磨钝标准值 *VB* 去判断刀具的磨损情况，而是凭借感观去判断。如通过观察工件已加工表面的粗糙度变化、切屑颜色的变化、切屑形态的变化、听噪声大小、感觉切削时产生的振动等。但在采用数控机床、自动化机床加工及进行大批量生产时，通常根据试验得到的参数（如刀具允许实施切削作业的时间）来判断刀具的磨损情况，从而考虑是否更换刀具。

4．刀具寿命

（1）刀具寿命的概念

刃磨后的刀具从开始切削直到磨损量达到磨钝标准为止的纯切削时间（不包括对刀、测量、空行程等非切削时间）的总和称为刀具寿命，即刀具两次刃磨间的纯切削时间之和，以“T”表示，单位为 min。

刀具寿命是表征刀具切削性能优劣的一个综合指标。不同的刀具材料，在相同的切削条件下，刀具寿命越高，表明刀具材料的耐磨性越好；不同的刀具几何参数，在相同的切削条件下，刀具寿命越高，表明刀具的几何参数越合理；取相同的刀具寿命，加工效率越高表明切削用量选择越合理。

（2）刀具总寿命的概念

刀具总寿命是指一把新刀从投入切削直到报废为止的总的切削时间，以“t”表示，单位为 min。对于可重磨刀具，$t=nT$（n 为刀具重磨次数）；对于不重磨的刀具，$t=T$。

（3）刀具寿命影响因素

1）切削用量的影响

刀具寿命可用指数型经验公式（泰勒公式）来表达，从公式中可以看出切削用量对刀具寿命有着比较明显的影响。式中，C_T、m、m_1、m_2 为与工件、刀具材料等有关的常数。

$$T=\frac{C_T}{v_c^{\frac{1}{m}}f^{\frac{1}{m_1}}a_p^{\frac{1}{m_2}}}$$

对于用硬质合金刀具切削碳钢（R_m=0.763 GPa）而言，刀具寿命公式表达如下：

$$T=\frac{C_T}{v_e^5 f^{2.25} a_p^{0.75}}$$

从中不难发现，切削速度 v_c 影响最大，进给量 f 影响次之，背吃刀量 a_p 影响最小。其他条件不变的情况下，切削速度提高一倍，刀具寿命降低为原来的 1/32；进给量提高一倍，刀具寿命降低为原来的 4/19；背吃刀量提高一倍，刀具寿命降低为原来的 3/5。根据切削用量对刀具寿命的影响程度可知，当确定刀具寿命合理数值后，应首先考虑增大背吃刀量，其次考虑进给量，然后根据刀具寿命、背吃刀量和进给量的值计算出切削速度。这样既能保持刀具寿命、发挥刀具切削性能，又能提高切削效率。

2）刀具材料的影响

刀具材料是影响刀具寿命的重要因素。合理选用刀具材料、应用新型刀具材料，是提高刀具寿命的有效途径。通常情况下，刀具材料的耐热性越高，其刀具寿命就越高。如图 2–22 所示为不同刀具材料寿命比较，其中包括陶瓷刀具、硬质合金刀具和高速钢刀具。从中明显看出，陶瓷刀具寿命远高于硬质合金和高速钢。换个角度看，在刀具寿命均定为 10 min 的前提下，陶瓷刀具的切削速度可达 400 m/min 以上，硬质合金则为 300 m/min，而高速钢只能达到 60 m/min。

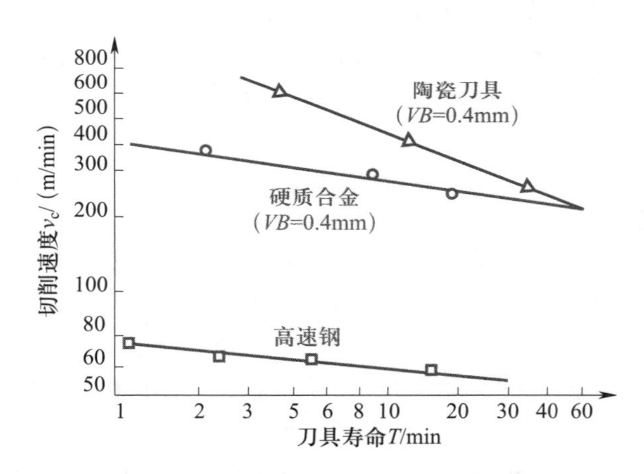

图 2–22　刀具材料对刀具寿命的影响

3）工件材料的影响

工件材料的强度、硬度越高，导热性能越差，则切削温度越高，刀具磨损越快，刀具寿命 T 下降。

4）刀具几何参数的影响

刀具几何参数对刀具寿命有显著影响。选择合理的刀具几何参数是保证刀具寿命的重要途径，改进刀具几何参数可使刀具寿命有较大幅度提高。实际生产中常用刀具寿命来衡量刀具几何参数的合理性。

前角增大，切削变形减小，摩擦减小，切削力减小，切削温度降低，刀具寿命提高。但过大的前角会使散热条件变差，降低强度，易引起刀具破损，从而使刀具寿命下降。

减小主偏角，可以增大刀具强度和改善刀具散热条件，故可提高刀具寿命。此外，适当减小副偏角和增大刀尖圆弧半径，都能提高刀尖强度和改善刀具散热条件，从而提高刀具寿命。

5）切削液的影响

使用切削液能降低切削温度，减小摩擦，因而能提高刀具寿命。

四、任务实施

控制刀具的磨损，就是要选择合理的刀具寿命（T）。刀具寿命 T 并非越高越好，要看具体的生产条件。在工件材料和刀具材料已经确定的情况下，如果刀具寿命定得过高，则势必要选用较小的切削用量，尤其要选用较低的切削速度，这样就会降低生产率、提高加工成本；反之，若刀具寿命定得过低，虽然切削速度可以选得高，从而使机动时间缩短，但因刀具磨损很快，加速了刀具的损耗，使换刀、磨刀、调整刀具等辅助时间增加，因此对加工成本和生产率同样不利。由此可见，刀具寿命应有一个合理的数值。

刀具寿命与加工成本和生产率的关系如图 2–23 所示。刀具寿命的合理数值有两种，一种为最低成本刀具寿命，其出发点是使加工成本最低；另一种为最高生产率刀具寿命，其出发点是使生产率最高。前者大于后者，因此前者允许的切削速度比后者略低一些。生产中，常用最低成本刀具寿命。当存在某些特殊情况时（如完成紧急任务等），则采用最高生产率刀具寿命。

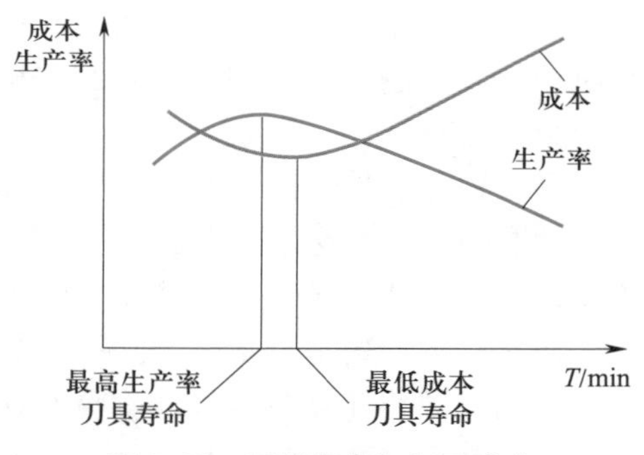

图 2–23 刀具寿命与加工成本和生产率的关系

刀具寿命的具体数值可参考表 2–5。

表 2–5 刀具寿命参考值 min

刀具类型	刀具寿命	刀具类型	刀具寿命
车、刨、镗刀	60	仿形车刀	120 ~ 180
硬质合金可转位车刀	15 ~ 45	组合钻床刀具	200 ~ 300
钻头	80 ~ 120	多轴铣床刀具	400 ~ 800
硬质合金面铣刀	90 ~ 180	组合机床、数控机床、自动线刀具	240 ~ 480
齿轮刀具	200 ~ 300		

五、知识链接

刀具破损的防治、检测与监控

刀具的正常磨损通常是一个缓慢的过程，有一定的规律或征兆。但刀具使用中有时会突然出现一种不正常的磨损即刀具破损，往往让人猝不及防。

1．刀具破损形式

对于各类工具钢刀具而言，其破损形式表现为烧刃、卷刃和折断。其中，烧刃、卷刃主要是高切削温度引起刀具材料软化、屈服强度降低所致。

对于硬质合金、陶瓷、立方氮化硼和金刚石刀具而言，其破损形式表现为崩刃、折断、剥落和热裂。

2．刀具破损防治

刀具破损的防治主要从以下方面考虑：

（1）合理选择刀具材料的种类和牌号，在断续切削或受冲击载荷时，所选刀具材料应具有良好的韧性。

（2）合理确定刀具几何参数，保证切削刃和刀尖具有一定的强度。

（3）合理选择切削用量，避免刀具超负荷切削。

（4）保证刀具焊接、刀片安装质量，保证刃磨质量，重要工序刀具应检查有无裂纹。

（5）设法减少切削加工中的冲击和振动。

3．检测与监控

最常规的方法是规定刀具切削时间，进行离线检测。例如，规定刀具切削时间为 30 min，到时便停止切削并卸下刀具，观测或检测 *VB* 或 *NB* 值大小，察看有无裂纹。显然，这种方法会影响生产效率。

另一种方法是进行切削力与切削功率的检测，根据切削力（切削功率）的变化幅值判断刀具的磨损程度。这是因为当切削力突然增大或突然减小时，表明刀具发生了破损。通过实验可以确定刀具磨损或破损阈值，并以此作为判据。

还有一种方法是声发射（也称应力波发射）检测。这是一种无损检测方法，其原理基于材料中局域源快速释放能量产生瞬态弹性波的声发射现象。切削加工时，无论是切屑剥离、工件塑性变形，还是刀具与工件之间的摩擦以及刀具破损，都会产生声发射。正常切削时，声发射信号小而连续；刀具严重磨损后，声发射信号增大；刀具破损时，声发射信号会突然增大许多，达到正常切削时的几倍。

声发射检测可以有效监测切削中的刀具磨损，尤其是刀具的破损。如图 2–24 所示为声发射钻头破损检测装置系统图，切削工作时，如果钻头发生了折断，通过声发射传感器，便能检测到声发射信号，经钻头破损检测器接收、处理后发出破损信号给机床控制器，控制机床停止钻孔，更换新钻头后继续切削工作。

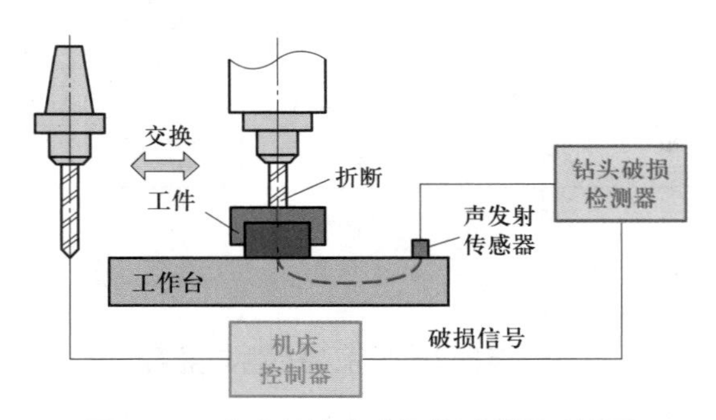

图 2–24　声发射钻头破损检测装置系统图

六、思考与练习

1．为什么不允许刀具出现过度磨损？
2．为什么刀具寿命 T 应有一个合理的数值？
3．如何选用切削用量才能提高刀具寿命？

模 块 三

切削加工质量与效率

金属切削加工质量是一个综合因素决定的结果，其中包括工件材料切削加工性好坏、切削刀具几何参数合理与否、切削用量和切削液合理与否、加工工艺合理与否、加工机床精度高低及操作者水平等。本模块将根据切削原理的基本理论，分析与解决有关切削加工生产中产生的一些工艺技术问题，如改善工件材料的切削加工性，切屑的控制，合理选择刀具几何参数、切削用量和切削液等，以保证切削加工质量，提高生产率。

任务一 工件材料的切削加工性

知识点：

◎切削加工性。

◎切削加工性评定指标。

◎切削加工性的影响因素。

能力点：

◎能进行材料切削加工性的评定。

一、任务提出

根据 ISO 标准，工件材料分为六种不同类型，即钢（ISO P）、不锈钢（ISO M）、铸铁（ISO K）、有色金属（ISO N）、高温合金（ISO S）、淬硬钢（ISO H）。根据切削加工经验，在同样的加工条件下加工不同材料的工件，其加工难易程度往往不同，无论是刀具的磨损速度，还是加工后工件的表面粗糙度等，都会存在一定的差异，有时还相去甚远。为了有效地进行切削加工，必须对工件材料被切削难易程度进行评定。那么，该如何评定材料（如1Cr18Ni9Ti 不锈钢、正火 45 钢）切削加工的难易程度呢？

二、任务分析

不同类型的材料有着不同的特性和应用。例如，钢被广泛用于众多的行业部门，不锈钢则大部分应用于石油和天然气、管件、法兰、加工工业和制药企业。

材料的切削加工难易程度即切削加工性，越是难以切削的材料，其加工性越差。切削加工性不仅是一项重要的工艺性能指标，而且是反映材料多种性能的综合评价指标，受多种因素影响。

确定工件材料的加工难易程度，可为合理选择刀具材料、刀具几何参数、切削用量等提供重要依据，意义重大。

三、知识准备

1．切削加工性的评定指标

切削加工性涉及切屑形成时刀具、工件、机床等各要素间大量的相互作用，目前还无法对其量化定义，也没有检测材料切削加工性的标准化检验方法，只能通过一定条件下多种重复试验确定，即根据切削力、切屑形状、磨损（刀具寿命）、工件已加工表面质量等因素予以评定。

良好的切削加工性一般包括：在相同切削条件下，刀具具有较高的寿命；在相同切削条件下，切削力、切削功率较小，切削温度较低；加工时，容易获得良好的表面质量；容易控制切屑的形状，容易断屑。

需要提醒的是，切削加工性的概念具有相对性。在讨论某种材料的切削加工性时，一般以 45 钢的切削加工性为基准，如称某种材料比较难加工，就是相对切削 45 钢而言。

（1）刀具寿命指标

用刀具寿命来衡量工件材料被切削的难易程度。在切削普通金属材料时，用 v_{60} 的高低来评定材料切削加工性的好坏；在切削难加工材料时，则用 v_{20} 来评定。v_{60}、v_{20} 表示刀具寿命分别达到 60 min、20 min 时允许的切削速度。在相同条件下 v_{60} 或 v_{20} 越高，材料的切削加工性越好。

此外，也可用相对加工性指标，即参照切削 45 钢（170 ~ 229HBW，R_m=0.637 GPa），刀具寿命达到 60 min 时允许的切削速度，记作 v_{c60}，其他材料的 v_{60} 与 v_{c60} 之比 K_r 称为相对加工性指标。即：

$$K_r = \frac{v_{60}}{v_{c60}}$$

当 K_r>1 时，其切削加工性比 45 钢好，如 K_r>3 的材料属易切削材料。当 K_r<1 时，其切削加工性比 45 钢差；当 $K_r \leqslant 0.5$ 时，可称为难加工材料，如高锰钢、不锈钢、钛合金、耐

热合金及淬硬钢等。

常用工件材料的相对加工性指标分为八级，见表 3–1。

表 3–1　　材料切削加工性等级

加工性等级	名称及种类		相对加工性 K_r	代表性材料
1	很容易切削材料	一般有色金属	>3	铜铅合金、铝铜合金、铝镁合金
2	容易切削材料	易切削钢	2.5 ~ 3.0	退火 15Cr，R_m=0.373 ~ 0.441 GPa 自动机钢，R_m=0.393 ~ 0.491 GPa
3		较易切削钢	1.6 ~ 2.5	正火 30 钢，R_m=0.441 ~ 0.549 GPa
4	普通材料	一般钢及铸铁	1.0 ~ 1.6	45 钢，灰铸铁
5		稍难切削材料	0.65 ~ 1.0	2Cr13 调质，R_m=0.834 GPa 85 钢，R_m=0.883 GPa
6	难切削材料	较难切削材料	0.5 ~ 0.65	45Cr 调质，R_m=1.03 GPa 65Mn 调质，R_m=0.932 ~ 0.981 GPa
7		难切削材料	0.15 ~ 0.5	50CrV 调质，1Cr18Ni9Ti，某些钛合金
8		很难切削材料	<0.15	某些钛合金，铸造镍基高温合金

（2）已加工表面质量指标

精加工时，常以已加工表面质量作为切削加工性指标。在相同的加工条件下，比较已加工表面质量的好坏。表面质量越好，切削加工性越好；反之，切削加工性差。

（3）切屑控制难易指标

在自动机或自动线上常采用该指标，即观察切削得到的切屑形状是否理想、是否容易断屑，以此来判断材料切削加工性的好坏。相同的切削条件下，越易断屑，得到的切屑形状越理想，也就是切屑越容易控制，切削加工性越好。

（4）切削温度、切削力和切削功率指标

根据切削加工时产生的切削温度的高低、切削力的大小和消耗功率的多少来判断材料的切削加工性。这些数值越大，说明材料的切削加工性越差。

2. 切削加工性的影响因素

（1）工件材料物理、力学性能的影响

1）塑性和韧性

工件材料的塑性和韧性越好，切削变形和加工硬化越严重，与刀具表面的冷焊现象也较强，易发生黏结磨损，且不易断屑，不易获得较好的已加工表面质量，切削加工性差。

2）硬度和强度

工件材料的硬度和强度越高，切削力越大，切削温度越高，刀具磨损越快，故切削加工性越差。但也不是硬度越低切削加工性就越好，如纯铁、纯铝等金属材料，硬度虽低，但塑性很好，切削加工性并不好。

实践证明，硬度适中（170 ~ 230HBW）的材料，有利于获得较好的表面质量，切削加工性好。

3）导热系数

工件材料的导热系数越大，由切屑带走的和工件本身传导的热量就多，有利于降低切削温度，切削加工性好。

金属材料导热系数大小顺序如下：纯金属、有色金属、碳素结构钢、铸铁、低合金结构钢、合金结构钢、工具钢、耐热钢、不锈钢。显而易见，不锈钢材料要比碳素结构钢材料难加工。

4）线膨胀系数

工件材料的线膨胀系数越大，加工时热胀冷缩程度越大，工件尺寸变化大，不易控制加工精度，切削加工性差。

（2）工件材料化学成分的影响

1）碳对钢的切削加工性的影响

低碳钢的塑性和韧性很高，高碳钢的强度和硬度较高，两者的切削加工性都较差。碳的质量分数为 0.35% ~ 0.45% 的中碳钢切削加工性好。

2）合金元素对钢和铸铁切削加工性的影响

在钢中加入硅（Si）、镍（Ni）、铬（Cr）、钼（Mo）、钨（W）、钒（V）等合金元素，可以改善钢的物理、力学性能。大多数合金元素对钢有强化效果，对切削加工不利。但磷（P）能使钢的强度、硬度提高，又能使塑性和韧性降低，有利于切削。

在钢中加入微量的硫（S）、铅（Pb）、硒（Se）、钙（Ca）等，会在钢中形成夹杂物，使钢脆化或起润滑作用，改善切削加工性。

在铸铁中加入硅（Si）、铝（Al）、镍（Ni）、钽（Ta）等元素，有利于促进碳的石墨化，降低铸铁的硬度，对切削加工性有利；而铬（Cr）、钒（V）、锰（Mn）、钼（Mo）、硫（S）等元素阻碍碳的石墨化，对切削加工不利。

各元素对结构钢切削加工性的影响如图 3-1 所示。

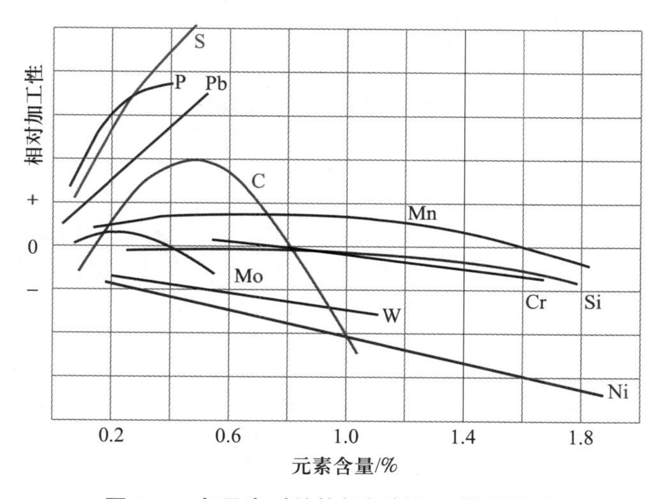

图 3-1　各元素对结构钢切削加工性的影响

（3）钢的金相组织的影响

钢的金相组织有铁素体、渗碳体、珠光体、索氏体、托氏体、奥氏体等。其中珠光体的硬度、强度和塑性都比较适中，中碳钢的金相组织是珠光体加铁素体，故切削加工性好。灰铸铁中游离石墨比冷硬铸铁多，所以加工性好。

金相组织的形状和大小对切削加工性也有直接影响。如片状珠光体硬度高，刀具磨损大，较难加工；而球状珠光体硬度低，较易加工。所以高碳钢常通过球化退火来改善切削加工性。

3．常用金属材料的切削加工性

常用金属材料包括有色金属、铸铁、碳素钢、合金工具钢。

总体来说，有色金属通常属于容易切削材料；铸铁的加工性一般比碳钢好；普通碳素钢的切削性能一般取决于碳的含量，相对而言，中碳钢的切削加工性较好；合金工具钢由于一定量合金元素（Si、Mn、Cr、Ni、Mo、W、V、Ti 等）的加入，使钢的力学性能提高，切削加工性随之变差。

四、任务实施

工件材料切削加工性可以根据不同加工条件和要求进行评定，也可以根据材料性能进行综合评定。

1．根据不同加工条件和要求进行评定

一般工件材料若用上述各项指标进行综合衡量，随着指标的不同，其切削加工性好坏也不尽相同，甚至相差很大，很难得出其切削加工性的准确结果。因此，实践中往往根据具体的加工情况和要求，以其中某一两项指标为主衡量工件材料的切削加工性。例如，粗加工时，通常采用刀具寿命和切削力为指标；精加工时，用已加工表面的表面粗糙度值作为指标；而自动化生产和深孔加工时，工件断屑的难易程度就成为主要指标。但不管哪种加工条件，都必须考虑刀具磨损，因此最常用的是刀具寿命指标。

2．材料性能综合评定法

用工件材料的物理、力学性能高低来衡量材料的切削加工性。分别根据材料的硬度 HBW（HRC）、抗拉强度 R_m、断后伸长率 A、冲击韧度 α_k、导热系数 κ 等将材料的切削加工难易程度划分成 12 等级，从易到难分别表示为 0、1、2、3、…、9、9a、9b，见表 3–2。

表 3–2　　工件材料切削加工性分级表

切削加工性		易切削			较易切削			较难切削			难切削		
等级代号		0	1	2	3	4	5	6	7	8	9	9a	9b
硬度	HBW	≤ 50	>50 ~ 100	>100 ~ 150	>150 ~ 200	>200 ~ 250	>250 ~ 300	>300 ~ 350	>350 ~ 400	>400 ~ 480	>480 ~ 635	>635	
	HRC					>14 ~ 24.8	>24.8 ~ 32.3	>32.3 ~ 38.1	>38.1 ~ 43	>43 ~ 50	>50 ~ 60	>60	
抗拉强度 R_m（GPa）		≤ 0.196	>0.196 ~ 0.441	>0.441 ~ 0.588	>0.588 ~ 0.784	>0.784 ~ 0.98	>0.98 ~ 1.176	>1.176 ~ 1.372	>1.372 ~ 1.568	>1.568 ~ 1.764	>1.764 ~ 1.96	>1.96 ~ 2.45	>2.45
断后伸长率 A（%）		≤ 10	>10 ~ 15	>15 ~ 20	>20 ~ 25	>25 ~ 30	>30 ~ 35	>35 ~ 40	>40 ~ 50	>50 ~ 60	>60 ~ 100	>100	
冲击韧度 α_k（kJ/m）		≤ 196	>196 ~ 392	>392 ~ 588	>588 ~ 784	>784 ~ 980	>980 ~ 1 372	>1 372 ~ 1 764	>1 764 ~ 1 962	>1 962 ~ 2 450	>2 450 ~ 2 940	>2 940 ~ 3 920	
导热系数 κ [W/(m·K)]		418.68 ~ 293.08	<293.08 ~ 167.47	<167.47 ~ 83.74	<83.74 ~ 62.80	<62.80 ~ 41.87	<41.87 ~ 33.5	<33.5 ~ 25.12	<25.12 ~ 16.75	<16.75 ~ 8.37	<8.37		

从切削加工性分级表中查出材料性能的加工性等级，可较直观、全面地了解材料切削加工难易程度的特点。例如，正火 45 钢的性能指标为 229HBW、R_m=0.598 GPa、A=16%、α_k=588 kJ/m^2、κ=50.24 W/m · K，表中查出各项性能的切削加工性等级代号为“4、3、2、2、4”，综合各项等级分析可知，正火 45 钢是一种较易切削的金属材料；再如，1Cr18Ni9Ti 不锈钢的性能指标为 229HBW、R_m=0.642 GPa、A=55%、α_k=2.45 MJ/m^2、κ=16.3 W/（m · K），表中查出相应的切削加工性等级代号为“4、3、8、8、8”，加工性好坏不言而喻。

五、知识链接

改善材料切削加工性的途径

研究材料切削加工性的主要目的，是为了更有效地找出各种材料特别是难加工材料便于切削加工的途径。

1. 进行适当的热处理

一般说来，将工件材料进行适当的热处理是改善材料切削加工性的主要措施。

对于硬度很低、塑性很高的低碳钢，加工时不易断屑、容易硬化，往往采用正火的方法提高其强度和硬度，从而改善其切削加工性。对于硬度很高的高碳工具钢，加工时刀具极易磨损，可以采用球化退火的方法降低其硬度，从而改善其切削加工性。

2. 改善加工条件

合理选择刀具几何参数、切削用量也是改善材料切削加工性的有效措施。

对于铝及铝合金等易切削材料，为了减小积屑瘤和加工硬化等对已加工表面质量带来的不利影响，通常选用大前角刀具和高的切削速度，并尽量把刀磨得锋利、光整。对于不锈钢材料，为了克服其容易加工硬化、导热性差、切削温度高、不易断屑等突出问题，通常选用较大的前角和小的主偏角、采用较大的进给量等。

3. 合理选用刀具材料

根据加工材料的性能和要求，应选择与之匹配的刀具材料。例如，为使含钛元素的各类难加工材料不发生亲和作用，应选用 K（YG）类硬质合金牌号刀具，其中，细晶粒或带稀有元素的牌号对提高切削效率和刀具寿命效果更显著。又如，切削不锈钢可选用 K20（YG8N）、K10（YG6A），切削高锰钢选用 P35（YT15R）、M10（YW3），切削冷硬铸铁用 K10（YG6X）等。

此外，为了适应各类高性能难加工材料的高效率切削，我国硬质合金制造厂家开发了粒度不大于 0.6 μm 的超细晶粒硬质合金，并添加 TaC，使其硬度、耐磨性和抗弯强度显著提高，其中 K10（YS8）用于高温合金、高锰钢、不锈钢和硬度大于 60HRC 的淬火钢，K10（YS10）用于切削各类高硬度铸铁。上述 K10 牌号也适用于切削高硅铝合金、白口铸铁、玻璃制品、陶瓷和花岗岩等。

再有，涂层刀具、各类超硬刀具材料对各类难加工材料切削的应用也逐渐增多。

4. 采用新技术

采用新的切削加工技术也是解决某些难加工材料切削问题的有效措施。这些新加工技术包括加热切削、低温切削、振动切削等。例如，对耐热合金、淬硬钢、不锈钢等难加工材料进行加热切削，通过切削区中材料温度的增高，降低材料的抗剪切强度，减小接触面间的摩擦因数，可减小切削力。另外，加热切削能减小冲击振动，使切削过程平稳，从而提高刀具的使用寿命。

随着科学技术的发展进步，对工程材料的使用性能要求越来越高，而高性能材料的切削加工性差，加工难度大，会造成加工成本增大和影响加工效率。为此，应不断研究材料的切削加工性，探索难加工材料的切削规律，以达到提高切削效率、降低加工成本的目的。

六、思考与练习

1. 了解材料切削加工性的目的是什么？
2. 影响工件材料切削加工性的因素有哪些？根据不锈钢材料难加工的原因给出针对性措施。
3. 如何改善工具钢的切削加工性？
4. 纯铜在切削加工时易形成积屑瘤，试提出解决措施。

任务二 切屑控制

知识点：

◎切屑形状。

◎切屑控制。

能力点：

◎能根据加工实际进行断屑处理。

一、任务提出

切屑控制又称切屑处理或断屑，是指在切削加工中采取适当的措施来控制切屑的卷曲、流出和折断，使之成为“可接受”的良好屑形，以确保切削加工正常进行和保护已加工表面。在实际加工中，往往会出现不易折断的带状切屑，例如，在某数控车床上以 0.20 mm/r 的进给量、100 m/min 的切削速度切削某中碳钢工件时，出现了连绵不断的带状切屑，严重影响加工的进行。针对这种情况，如何才能有效地控制切屑呢？

二、任务分析

切屑控制是机械加工中重要的工艺问题。衡量切屑可控性的标准包括：不妨碍正常加工，即不缠绕工件和刀具，不飞溅到机床的运动部件中，不影响操作者的安全；易于清理和运输。切削过程中切屑不能折断而引起切屑失控，会影响操作者安全及机床正常工作，导致刀具损坏，降低加工表面质量。因此，在切屑流出时，应根据加工要求可靠地控制其流向、卷曲和折断。尤其在数控加工及自动生产线上，切屑控制已成为必须解决的重要问题。

由于切屑是切削层变形的产物，因此，不同的工件材料和切削条件将造成不同的变形程度，从而产生多种多样的切屑形状。改变切削加工条件是控制切屑、实现断屑的有效途径。

三、知识准备

1．切屑流向与卷曲

（1）切屑流向

在进行内孔加工或外表面精加工时，经常需要控制切屑流向。切屑流向与加工条件有关，在直角自由切削情况下，切屑朝着正交平面方向流出；在直角非自由切削时，由于副切削刃及过渡刃参与切削对排屑的影响，切屑近似地朝着各切削刃流屑的合成方向流出，此时，切屑的流出方向与正交平面形成了一个出（流）屑角 η。影响流屑方向的主要因素有刀具刃倾角、主偏角、前角等。如图 3–2 所示，负刃倾角将使切屑流向已加工表面，正刃倾角将使切屑流向待加工表面。采用 90° 主偏角车刀切削时，切屑流向偏向已加工表面。使用负前角刀具时，由于前面的推挤作用，切屑易流向加工工件一侧。实验证明，斜角刨削时，出屑角等于刃倾角。

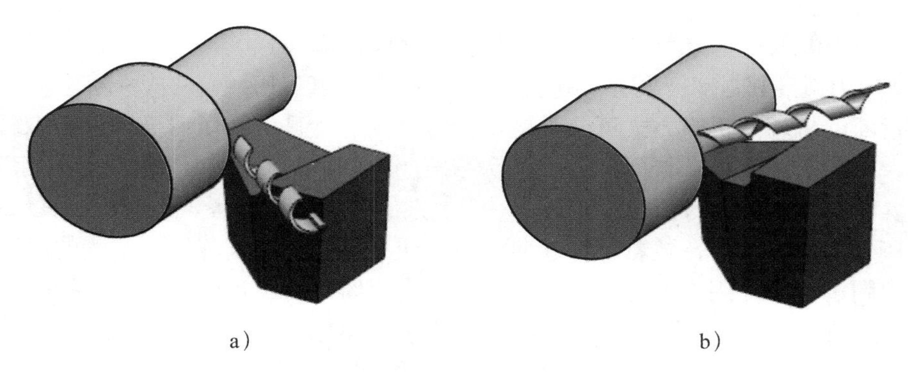

图 3–2 刃倾角对切屑流向的影响

a）正刃倾角 b）负刃倾角

另外，出屑角的大小对切屑的卷曲和折断后的屑形有着重要影响。

（2）切屑卷曲

切屑卷曲是由于切屑内部变形，或碰到前面上磨出的断屑槽、凸台、附加挡块以及其他障碍物后产生附加变形的结果，包括切屑的上向卷曲、切屑的侧向卷曲及切屑的三维卷曲。

切屑的上向卷曲是由于切屑在厚度方向上的流速差所引起。如图 3–3 所示，切屑在流出过程中，由于前面的挤压和摩擦作用，使切屑内部继续产生变形，越接近前面的切屑层外形伸长越大，越远离前面的切屑层外形伸长越小，因而沿切屑厚度方向产生变形速度差，切屑流动时就在速度差作用下产生卷曲。

切屑的侧向卷曲是由于切屑宽度方向上的流速差所引起。

另外，在切屑产生上向卷曲和侧向卷曲的同时，还常常会产生第三个方向的卷曲，即产生三维卷曲。

采用断屑槽能可靠地促使切屑卷曲。如图 3–4 所示，切屑卷曲半径与断屑槽尺寸参数、切屑厚度有关，减小断屑槽宽度、增大断屑槽深度、增大切屑厚度，能使切屑卷曲半径减小。当切屑卷曲半径小到一定程度时，就可能使切屑折断。

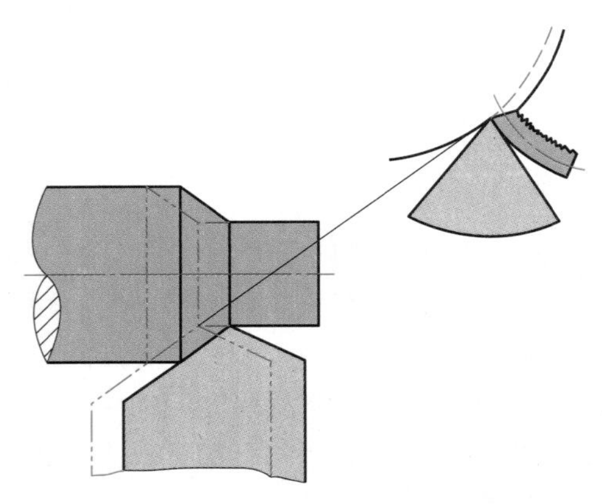

图 3–3 速度差引起的上向卷曲

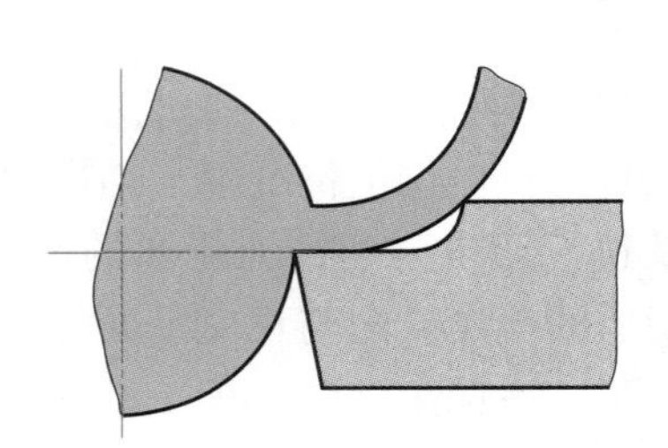

图 3–4 断屑槽对切屑卷曲影响

2. 断屑原因与屑形

（1）断屑原因

切屑断与不断的根本原因在于切屑形成过程中的变形和应力，当切屑处于不稳定的变形状态或切屑应力达到其强度极限时，就会断屑。切屑的折断经历“卷—碰—断”这三个过程。

切屑折断的机理按折断方式可分为碰断和甩断。前者是由于切屑受到外界障碍物作用，如断屑器、工件或刀具的冲击而断裂；后者是由于切屑依靠自身重量和离心力作用而折断。

需要说明的是，切屑的卷曲、折断是一个复杂的塑性变形过程。经分析计算可知，卷曲切屑内部产生的弯曲应力，随着切屑卷曲半径的减小而增大，随着切屑厚度的增大而增大。当弯曲应力超过材料许用应力时，切屑便折断；当弯曲应力不足以达到切屑折断的程度时，切屑在产生卷曲后改变流向继续运动，就有可能与工件或刀具相碰而折断。

（2）屑形

在生产中由于加工条件的不同，可以得到的切屑形状多种多样，根据连续切屑的流向、卷曲和折断规律，可归纳成几种基本形式。如图 3–5 所示为当出屑角 $\eta=0°$时的卷曲切屑，和当出屑角 $\eta \neq 0°$时的螺旋状切屑。

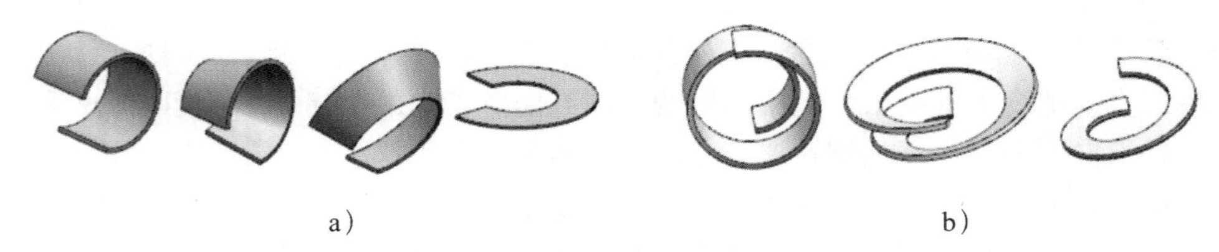

图 3–5 连续切屑的基本形式

a）卷曲切屑 b）螺旋状切屑

对车削、钻削、铣削和镗削的切屑分类，就是在上述切屑的基本形式基础上进行的。根据国家标准《单刃车削刀具寿命试验》（GB/T 16461—2016）的规定，切屑形状的分类见表 3–3。

表 3–3 切屑形状的分类

1．带状切屑	1—1 长 	1—2 短 	1—3 缠乱 
2．管状切屑	2—1 长 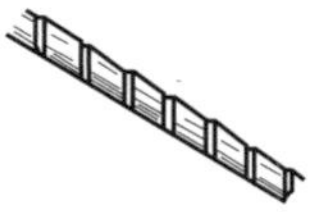	2—2 短 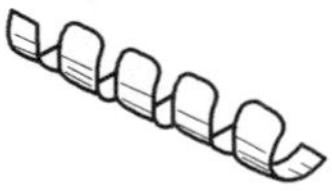	2—3 缠乱 
3．盘旋状切屑	3—1 平 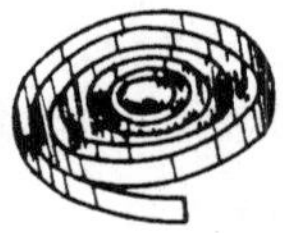	3—2 锥 	
4．环形螺旋切屑	4—1 长 	4—2 短 	4—3 缠乱 
5．锥形螺旋切屑	5—1 长 	5—2 短 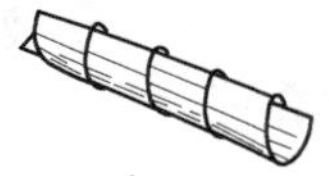	5—3 缠乱 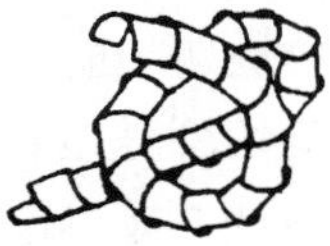
6．弧形切屑	6—1 连接 	6—2 短 	6—3 松散 
7．单元切屑			
8．针形切屑			

在生产实际中，短管状切屑（2—2）、短环形螺旋切屑（4—2）、短锥形螺旋切屑（5—2）、弧形切屑（6—2），以及带防护罩的数控机床和自动机床上得到的单元切屑和针形切屑均可列为可接受的切屑形状。较为理想的切屑形状是长度 50 mm 以下的螺旋状切屑和定向落下的弧形切屑，即“C”形或“6”字形切屑，它们不会缠绕到工件或刀具上，不产生飞溅，切削力较稳定，切屑便于清理。

一般来说，切屑与后面相碰后形成“C”形切屑或“6”字形切屑；切屑与待加工表面相碰后形成“C”形切屑；切屑与过渡表面相碰后断成弧形切屑，或形成盘状螺旋形切屑。如果切屑流出时不触碰刀具与工件，则对于卷曲半径较小的切屑，在出屑角的影响下会形成螺旋状切屑，并在超过一定长度后自行甩断；如果切屑的卷曲半径很大，则可能形成连续不断的带状切屑。

3．影响屑形的因素

在切削加工过程中，影响屑形的因素很多，并且关系错综复杂，主要包括切削用量、刀具几何参数、断屑槽开设情况，以及工件材料等。

（1）切削用量

切削用量中对屑形影响最大的是进给量，其次是背吃刀量，最后是切削速度。

就进给量而言，进给量加大，切削层厚度按比例增大，切削变形增大，切屑易折断。这是加工中经常采用的一种断屑措施。但要注意，随着进给量的增大，工件表面粗糙度值将会增大。另外，过大的进给量易产生碎屑、切屑飞散，很小的进给量则易使切屑紊乱、不规则。

就背吃刀量而言，背吃刀量对屑形的影响与出屑角有关。在多数情况下，除主切削刃外，过渡刃和副切削刃也参加切削，促使切屑近似地朝各切削刃合成方向流出。此时，切屑的流出方向与（主）正交平面形成一个出屑角 η，如图 3–6 所示。出屑角 η 的大小对切屑的卷曲和折断后的屑形有很大影响。η 很小时，易产生盘状螺旋屑；η 较大时，易产生管状螺旋屑或连续带状屑；η 适中时，切屑碰到后面或工件而折断。背吃刀量减小时，过渡刃和副切削刃参加切削的比例增大，使出屑角 η 增大。

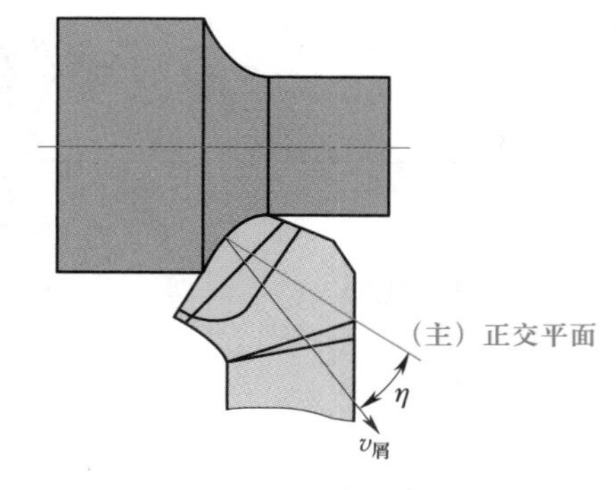

图 3–6 出屑角

就切削速度而言，当进给量与背吃刀量较小时，对屑形有明显影响。中速时，易形成短螺旋的良好屑形；高速时，易形成卷状紊乱屑。当进给量与背吃刀量过大时，切削速度对屑形则无明显影响。

（2）刀具几何参数

刀具几何参数中以主偏角、刃倾角、前角及刀尖圆弧半径对屑形的影响最明显。

就主偏角而言，在背吃刀量和进给量已选定的条件下，主偏角越大，切削层厚度越大，切屑卷曲应力越大，越易断屑；反之，切削厚度变薄，切削宽度增加，切屑难以折断。生产中 κ_r 为 75°～90°的车刀断屑性能较好。

就刃倾角而言，它是通过控制切屑流向来影响屑形的。当刃倾角为正值时，使切屑流向待加工表面或与后面相碰形成“C”形屑，也可能呈螺旋屑而被甩断；当刃倾角为负值时，切屑流向已加工表面或加工表面，容易碰断成“C”形或“6”字形切屑。总之，刃倾角的绝对值越大，切屑越易折断。

就前角而言，前角越大，排屑越顺利，切屑变形小，不易断屑；反之，易断屑。

就刀尖圆弧半径而言，其大小关系到切屑的宽度、厚度及切屑流出方向，一般适宜值为进给量的 2～3 倍。

（3）断屑槽开设情况

在车削加工中，通常采用断屑槽控制切屑，即在前面上磨制相应的沟槽，通过断屑槽对流动中的切屑施加一定的约束力，使切屑变形增大，切屑卷曲半径减小。常用的断屑槽有折线型、直线圆弧型和全圆弧型三种，它们的法剖面形状如图 3–7 所示。

三种断屑槽的槽形组成、对断屑的影响及适用范围见表 3–4。

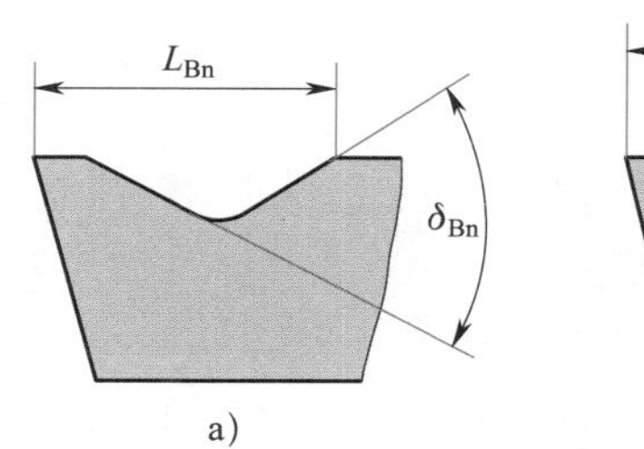

a）

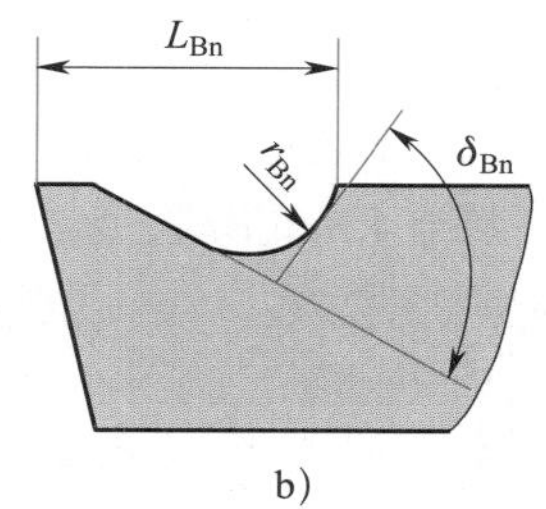

b）

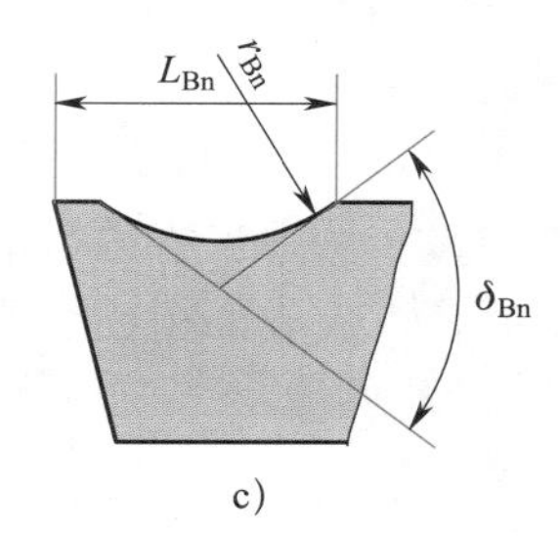

c）

图 3–7 断屑槽槽型

a）折线型 b）直线圆弧型 c）全圆弧型

表 3–4 断屑槽槽形组成、对断屑的影响及适用范围

断屑槽	槽形组成	对断屑的影响	适用范围
直线圆弧型	一段直线和一段圆弧	槽底圆半径 r_{Bn} 小，切屑卷曲半径小，变形大，易断屑	适用于切削碳素钢、合金结构钢等材料的刀具
折线型	两段直线	反屑角大，切屑卷曲半径小，变形大，易断屑	
全圆弧型	一段圆弧	圆弧半径小，切屑卷曲半径小，变形大，易断屑	适用于切削纯铜、不锈钢等高塑性材料的刀具

另外，工件材料的塑性越好，变形能力越大，所形成的切屑韧性越好，越不易折断。

需要说明的是，生产中为控制切屑，需要综合考虑上述各因素间的主次关系。一般规律是：根据工件材料和已选定的刀具几何参数和切削用量，确定断屑槽的尺寸参数；只有当不受其他条件限制时，才辅以改变主偏角、刃倾角和进给量等参数。

随着切屑控制研究的深入，新的切屑控制技术不断被开发，出现了诸如激光辅助切屑控制技术、利用高压切削液优化切屑控制技术等。目前，采用可转位刀片断屑槽断屑已成为断屑技术发展的主要趋势。

四、任务实施

任务实例中，带状切屑不易折断的原因在于其弯曲变形不足、应力过小。为了有效断屑，可以考虑采用以下方法。

1．减小前角、增大主偏角

前角和主偏角是对断屑影响较大的刀具几何角度。增大前角，切屑变形小，不易断屑；减小前角，加剧切屑变形，易于断屑。由于将前角磨小会增大切削力，限制了切削用量的提高，严重时会损坏刀具，甚至“闷车”，一般不单纯采用减小前角来断屑。

增大主偏角，可增大切削厚度，易于断屑。例如，同样条件下 90° 刀就比 45° 刀容易断屑。另外，增大主偏角，有利于减小加工中的振动。所以，增大主偏角是一种行之有效的断屑方法。

2．减小切削速度、增大进给量

改变切削用量是断屑的另一措施。增大切削速度，切屑底层金属变软且切屑变形不充分，不利于断屑；减小切削速度，反而容易断屑。因此，在车削时，可通过降低主轴转速、减小切削速度来断屑。

增大进给量，可增大切屑厚度，易于断屑。这是加工中经常采用的一种断屑手段，简单易行。例如，本例中当将进给量提高到 0.4 mm/r 时，就实现了断屑。不过应当注意，随着进给量的增大，工件表面粗糙度值将会明显增大。

3．开设断屑槽

适当调整切削用量或改变刀具几何角度确实能解决断屑问题，但这样做有时会影响到切削用量和刀具角度的合理性，从而造成加工效率和刀具寿命的明显降低。当前，普遍采用在刀具上磨制断屑槽的方法强制断屑。

需要指出的是，只有处理好断屑槽与切削用量的关系，方能起到良好的断屑效果。粗车时，背吃刀量大，进给速度大，断屑槽要磨得宽、浅一点；精车时，背吃刀量小，进给速度小，切削速度大，断屑槽要磨得窄、深一点。

五、知识链接

断屑槽斜角

断屑槽斜角 τ 是指在基面投影中断屑槽侧边与主切削刃之间的夹角，一般在 5°~ 15°范围内选取。断屑槽斜角有外斜式、平行式、内斜式三种形式，如图 3–8 所示。

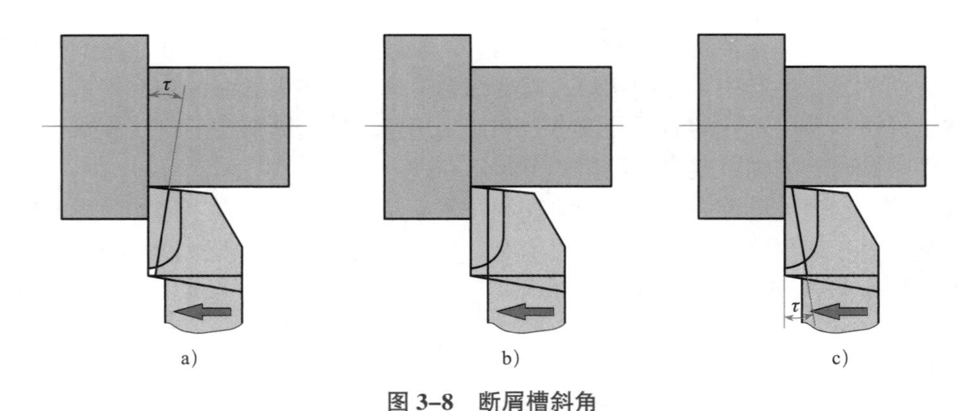

图 3–8　断屑槽斜角

a）外斜式　b）平行式　c）内斜式

1．外斜式断屑槽

外斜式断屑槽的结构特点是断屑槽前宽后窄、前深后浅，在靠近工件外圆表面处的切削速度最高而槽最窄，切屑最先卷曲，且卷曲半径小、变形大，切屑容易翻到刀具后面上碰断，形成“C”形或“6”字形屑。切削中碳钢时一般 τ 取 8°~ 10°；切削合金钢时，为增大切削变形，τ 可取 10°~ 15°。

在中等背吃刀量时，用外斜式断屑槽断屑效果较好。但在背吃刀量较大时，由于靠近工件外圆表面处断屑槽较窄，切屑易堵塞，甚至挤坏切削刃，所以一般采用平行式。

2．平行式断屑槽

平行式断屑槽的结构特点是断屑槽前后等宽、等深，切屑变形不如外斜式大，切屑大多是碰到工件加工表面折断。切削中碳钢时，平行式断屑槽的断屑效果与外斜式基本相同，但进给量略大些效果会更好。

3．内斜式断屑槽

内斜式断屑槽的结构特点与外斜式断屑槽相反，断屑槽在工件外圆表面处最宽，而在刀尖处最窄。所以切屑在刀尖处的卷曲半径较小，在工件外圆表面处的卷曲半径较大。当刃倾角 λ_s 为 3°～5°时，切屑容易形成卷得较紧的长螺卷形，到一定长度后靠自身重量和旋转摔断，是一种较为理想的切屑形状。一般内斜式断屑槽的 τ 为 −8°～−10°，但内斜式断屑槽形成长紧螺卷形切屑的切削用量范围较小，主要适用于半精车和精车。

六、思考与练习

1．为什么不可忽视塑性材料切削时的断屑问题？

2．减小刀具前角是合理的断屑手段吗？为什么？

3．试判断如图 3–9 所示 90°外圆车刀断屑槽斜角形式。

图 3–9　90°外圆车刀

任务三　已加工表面质量

知识点：

◎表面质量及其影响。

◎表面粗糙度及其影响因素。

◎加工硬化及其影响因素。

◎残余应力及其影响因素。

能力点：

◎能提出改进表面质量的措施。

一、任务提出

工件的切削加工质量不仅指加工精度，而且包括加工表面质量。表面质量是指工件加工后的表面层状态。机械切削方法所获得的加工表面都不可能是绝对理想的表面，它们总存在着微观几何形状误差和物理力学性能的变化，在某些情况下还发生化学性质的变化。这些变化直接影响到产品质量和产品的使用性能，必须给予足够的重视。那么，实际加工中，可采取哪些措施来改善已加工表面质量呢？

二、任务分析

切削加工后的工件表面，虽然只有几微米到几十微米的极薄一层，但它们存在着不同程度的缺陷，如表面粗糙不平、表面硬化、表面裂纹等，严重影响产品的使用性能和使用寿命。衡量已加工表面质量的指标，主要包括表面粗糙度、表面残余应力、表面加工硬化、表面金相显微组织和表面微观裂纹等项目。

以挤压和摩擦为特征的第二、第三变形区，决定着工件已加工表面质量的好坏。本任务重点介绍表面粗糙度、表面加工硬化和表面残余应力的成因及变化规律，并提出改善表面质量的措施。

三、知识准备

1．表面质量对零件使用性能的影响

（1）表面粗糙度的影响

表面粗糙度的影响主要表现在对零件的耐磨性、对装配零件的配合性质、对零件的疲劳强度、对零件的耐腐蚀性等方面的影响，具体见表 3–5。

表 3–5　表面质量对零件使用性能的影响

表现方面	相关说明
对耐磨性的影响	当两个零件表面接触时，只是表面凸峰相接触。表面越粗糙，实际接触面积越小，压强越大，磨损越严重。但也不是表面粗糙度值越小越好，当表面粗糙度值过小时，由于不利于润滑油的贮存，两表面分子之间的亲和力加强，也使磨损加剧。因此，表面粗糙度 *Ra* 值在 1.25 ~ 0.32 μm 为最佳
对配合性质的影响	由于表面粗糙度的存在，使实际的有效过盈量或有效间隙值发生改变。间隙配合时，由于波峰很快磨损使间隙增大，降低配合精度；过盈配合时，由于表面凸峰被挤平，减小了实际过盈量而降低了连接强度，影响配合的可靠性
对疲劳强度的影响	在交变载荷作用下，零件表面粗糙度、划痕及裂纹等缺陷容易引起应力集中，并扩展疲劳裂纹，造成疲劳损坏。实验证明，减小表面粗糙度值，可提高零件的疲劳强度
对耐腐蚀性的影响	零件在潮湿的环境中或在腐蚀性介质中工作时，会对金属表层产生腐蚀作用。表面粗糙的凹谷，容易沉积磨损性介质而产生化学腐蚀和电化学腐蚀。减小表面粗糙度值，可提高零件表面的耐腐蚀性

（2）加工硬化的影响

加工硬化可提高零件的耐腐蚀性及疲劳强度，但过度的加工硬化则会引起金属组织表层变脆、易剥落，产生疲劳裂纹，降低耐磨性。而且加工硬化也给后道工序的加工增加困难，使刀具磨损严重。

（3）残余应力的影响

表面层残余应力会引起零件变形，使零件丧失形状精度和尺寸精度。此外，残余拉应力易使工件表层产生疲劳裂纹，降低疲劳强度；相反，残余压应力则能延缓疲劳裂纹的产生和扩展，有助于提高零件的疲劳强度。

2. 表面粗糙度

表面粗糙度是指已加工表面微观不平程度的平均值，是一种微观几何形状误差。国家标准规定，表面粗糙度等级用轮廓算术平均偏差 *Ra* 或轮廓最大高度 *Rz* 的数值大小表示，并要求优先采用轮廓算术平均偏差 *Ra*。

经切削加工形成的已加工表面粗糙度，基本上由理论粗糙度和不稳定因素产生的粗糙度叠加而成。

（1）理论粗糙度

理论粗糙度是指由刀具几何形状和切削运动引起的表面不平度，主要取决于已加工表面残留层高度。该高度与刀具的主偏角、副偏角、刀尖圆弧半径以及进给量等有关。主偏角、副偏角、进给量越小，残留高度越小，表面粗糙度值越小；刀尖圆弧半径越大，表面粗糙度值越小。

如图 3–10 所示，用尖头刀加工时，残留层的最大高度 R_{max} 为：

$$R_{max}=\frac{f}{\cot\kappa_r+\cot\kappa_r'}$$

相应的轮廓算术平均偏差 *Ra* 为：

$$Ra=R_{max}/4$$

用圆头刀加工时，残留层的最大高度 R_{max} 为：

$$R_{max}\approx\frac{f^2}{8r}$$

相应的轮廓算术平均偏差 *Ra* 为：

$$Ra=R_{max}/4$$

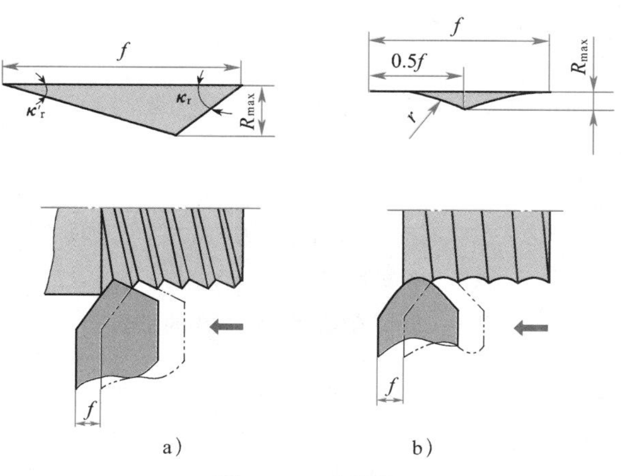

图 3–10 残留层

a）尖头刀 b）圆头刀

生产中，如果条件比较理想，加工后表面实际粗糙度接近于理论粗糙度。

（2）不稳定因素产生的粗糙度

不稳定因素产生的粗糙度是指切削过程中出现的非正常因素产生的表面不平度。这些因素主要包括积屑瘤、鳞刺、加工振动等，此外还有一些其他因素，如刀具后面磨损引起的挤压和摩擦痕迹、切削过程中的变形、刀具的边界磨损、切削刃与工件相对位置变动、切屑划伤、拉毛等。

1）积屑瘤

积屑瘤是堆积在前面上近切削刃处的一个楔块，其硬度为金属母体的 2 ~ 3 倍。关于积屑瘤的形成有多种解释，通常认为是由于切屑在前面上黏结造成。当在一定的加工条件下，随着切屑与前面间温度和应力的增加，摩擦力也增大，使近前面处切屑中塑性变形层流速减慢，产生“滞流”现象。越贴近前面处的金属层流速越低。当温度和应力达到一定程度，滞流层中底层与前面产生黏结。当切屑底层中剪应力超过金属的剪切屈服强度时，底层金属流速为零而被剪断，并黏结在前面上。该黏结层经过剧烈塑性变形使硬度提高。在继续切削过程中，硬的黏结层又剪断软的金属层。如此层层堆积，高度逐渐增加，形成了积屑瘤，如图 3–11 所示。长高了的积屑瘤并不稳定，在切削过程中可能发生局部断裂或脱落。

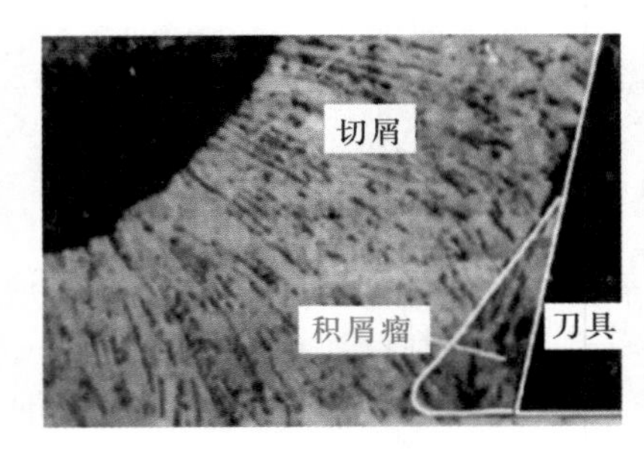

图 3–11　积屑瘤

形成积屑瘤的条件主要取决于切削温度。在中温区，如切削中碳钢的温度在 300 ~ 380 ℃时，切削底层材料软化，黏结严重，摩擦因数最大，产生的积屑瘤高度很大。而在切削温度较低时，切屑与前面间呈点接触，摩擦因数较小，不易形成黏结。另外，在温度很高时，接触面间切屑底层金属呈微熔状态，起润滑作用，摩擦因数也较小，积屑瘤也不易形成。以切削 45 钢为例，从如图 3–12（加工条件：材料抗拉强度 0.65 GPa、背吃刀量 4.5 mm、进给量 0.67 mm/r）所示的实验曲线可知，低速（$v_c \leq 5$ m/min）切削和较高速（v_c>60 m/min）切削时，均不易形成积屑瘤；中速（v_c 为 20 m/min 左右）切削时，积屑瘤高度达最大值。

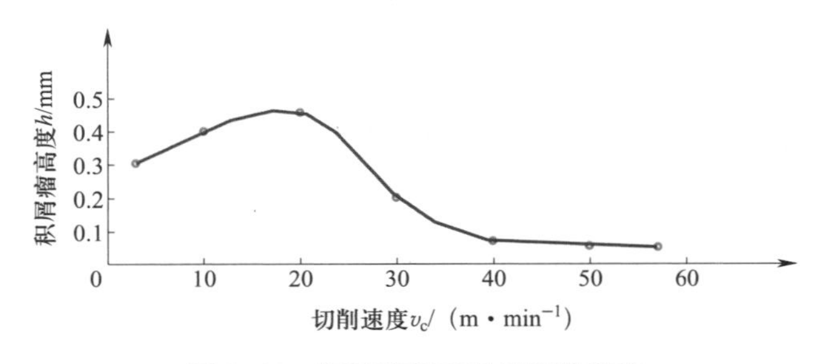

图 3–12　切削速度对积屑瘤的影响

由于积屑瘤会引起加工中的过切，或在加工表面上划出犁沟，或脱落后附着在加工表面上形成毛刺，或形成的毛刺被刀具挤平后形成硬质点，这样便加剧了加工表面的粗糙程度。所以，生产中的许多中速加工工序，如钻孔、攻螺纹、铰孔、拉孔等，如同其他精加工工序，为了提高表面质量，应尽量不采用中速加工，否则应配合其他改善措施。

2）鳞刺

鳞刺是指切削加工后残留在已加工表面上的鳞片状毛刺，在垂直于切削速度方向呈鳞片状分布。通常采用较低速度对塑性材料进行车削、刨削、拉削、攻螺纹和滚齿加工时均可能出现。研究表明，鳞刺的形成过程大致经历抹拭、导裂、层积、刮成四个阶段，如图 3–13 所示。

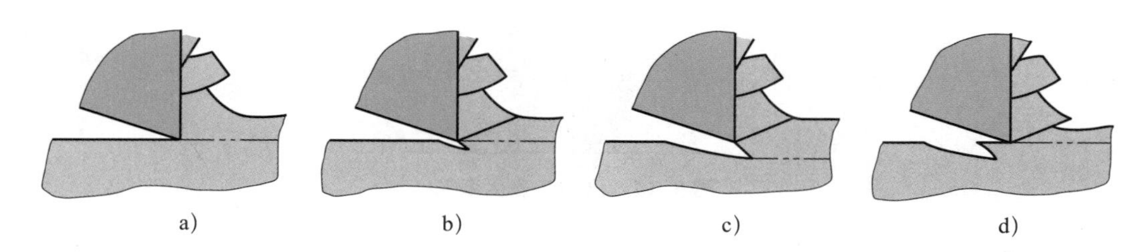

图 3–13 鳞刺形成过程

a）抹拭 b）导裂 c）层积 d）刮成

在抹拭阶段，切屑从前面流出时，将前面上具有润滑作用的吸附膜抹净，使摩擦因数最大；在导裂阶段，由于剧烈的摩擦作用，切屑黏结在前面上，并代替前面挤压切削层，使剪切面的变形加剧，在切削刃前下方的切屑与加工表面交界处出现了导裂；在层积阶段，黏结在前面上的切屑继续挤压金属层，使切屑逐渐堆积、切削厚度增加、切削力增大；在刮成阶段，当切屑流出的分力超过切屑与前面间的黏结力时，切屑又流动，切削刃刮顶而过，形成了鳞刺。

需要指出的是，鳞刺与积屑瘤的形成原因不同。在形成积屑瘤时，由于积屑瘤对切削层的挤压作用，也会形成鳞刺，这时已加工表面将更为粗糙不平。

3）振动

切削过程中的振动会使加工表面出现振纹，不仅恶化了加工表面质量，而且对机床精度、刀具磨损会产生很大的影响。振动有强迫振动和自激振动两大类。强迫振动是由外界周期性作用力所引起，其特点是工艺系统的振动频率与外界激振力的频率相一致。造成强迫振动的原因有机械运动不平稳、液压传动的压力脉动与冲击、传动带接头不平、工件材质不均匀、断续切削、加工余量不均匀、附近其他设备振动传入等。自激振动又称颤振，是由于切削过程中切削力的变动而引起的，当工艺系统刚度不足时，往往容易引起自激振动，在细长轴车削或深孔镗削时要特别注意。

3. 表面加工硬化

（1）已加工表面变形

工件已加工表面，是由一定形状切削部分的刀具与被加工工件，通过一定形式的切削运动而形成，是工艺系统共同作用的结果。如图 3–14 所示，由于任何切削刀具的刃口都不可能绝对锋利，总存在着钝圆半径为 r_β 的圆弧刃口，其大小与刃磨质量、刀具前角、刀具后角及刀具材料的刃磨性能有关。

切削时，圆弧刃口以 A 点为分界，A 点以上部分起切削作用，使切削层转变成切屑，从刀具前面流出；A 点以下 AC、CE、EF 三部分构成了后面上的总接触长度，其接触情况对已加工表面质量有很大影响。切削时，圆弧刃口 AC 的切削层 Δh_D 被挤压后留在已加工表面上，并且还受到近切削刃后面上小棱面 CE 部分的摩擦；另外，由弹性恢复层 Δh 引起的接触面 EF 所造成的挤压与摩擦，使已加工表面层的变形更为剧烈。

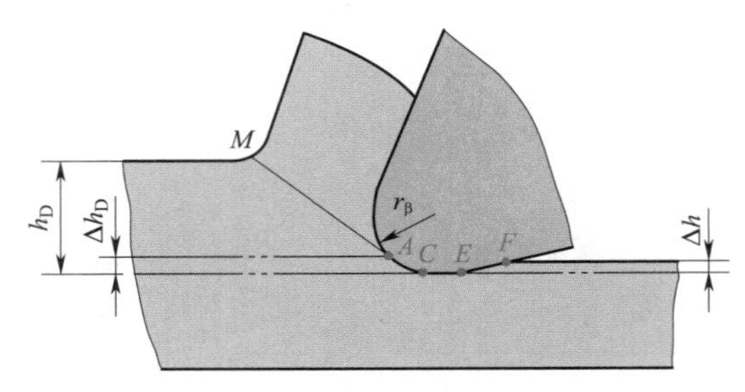

图 3–14 已加工表面变形

（2）加工硬化

加工硬化是由于上述刀具挤压、摩擦造成的已加工表面组织硬度增高的现象。表面层塑性变形越大，硬度越高、硬化层越深，硬化越严重。加工硬化的程度通常用加工后与加工前表面层显微硬度的比值 N 和硬化层深度 h_y 来表示。例如，不锈钢材料 1Cr18Ni9Ti 的硬化值 N 为 1.4 ~ 2.2，硬化深度可达 1/3 背吃刀量。

在硬化层的表面上通常会出现细微裂纹，因此，加工硬化降低了加工表面质量和材料的疲劳强度，增加了后续工序的加工难度，并加速了刀具磨损。切削加工时，一般应设法避免或减轻加工硬化现象。

4．表面残余应力

当切削力的作用取消后，工件表面保持平衡而存在的应力称为残余应力。残余应力有压应力和拉应力之分，压应力有时可提高零件的疲劳强度，但拉应力则会产生裂纹，使疲劳强度下降。另外，应力分布不均匀会使零件产生变形，从而影响零件精度，对精密零件的正常工作极为不利。

产生表面残余应力的主要原因有冷塑性变形效应、热塑性变形效应和金相组织变化。

（1）冷塑性变形效应

切削加工后，切削力消失，原先处于弹性变形的里层金属趋向恢复，但受到已产生强烈塑性变形的表层金属的牵制，因而在表层金属与里层金属之间产生残余应力。一般表层金属受后面挤压和摩擦，引起伸长塑性变形，产生残余压应力，里层金属产生残余拉应力。

（2）热塑性变形效应

工件表层金属在切削热作用下产生高温，此时里层金属温度较低。切削完毕，温度下降到室温，表层金属收缩较多，里层金属收缩较少，表层金属的收缩受到里层金属的限制，表层金属产生残余拉应力，里层金属产生残余压应力。温度越高，变形越大，残余拉应力也越大，有时甚至产生裂纹。

（3）金相组织变化

切削加工，尤其是磨削加工时产生的高温，会引起工件表层金相组织变化。不同的金相组织体积不同，因此导致残余应力的产生。例如加工钢件时，当切削温度超过相变温度，金相组织将发生变化，表层金属高温时形成奥氏体、冷却后变为马氏体，马氏体使金属膨胀，但受到里层金属的阻碍，使表层金属产生压应力、里层金属产生拉应力。

已加工表面的残余应力是上述诸因素综合作用的结果，加工后表面产生残余拉应力还是残余压应力，要看其中哪个因素起主导作用。为提高零件的疲劳强度，有时采用表面强化工艺，如滚压、挤压、喷丸等，使零件表面产生残余压应力。

四、任务实施

改善已加工表面质量的措施

产品的工作性能，尤其是可靠性、耐久性等，在很大程度上取决于主要零件的表面质量，提高表面质量是生产中的重要问题，通常可采取以下措施。

1. 合理选择刀具几何参数

在保证切削刃强度的前提下，增大前角、减小刃口圆弧半径，可减小变形，有利于减小表面粗糙度值；适当减小副偏角或加磨修光刃、过渡刃，可减小残留面积高度；选择合适的主偏角，可减小径向力，避免振动。

2. 合理选择刀具材料

刀具材料是影响切削质量的一个基本要素，应根据工件材料的性能和要求，选择与之匹配的刀具材料，提高刀具寿命，有利于提高表面质量。

3. 改善工件材料的切削加工性

可通过适当的热处理来改善材料的切削加工性，以利于获得好的表面质量。

4. 合理选择切削用量

提高切削速度可减小变形，降低切削力。高速切削产生热量多，切削温度较高，积屑瘤和鳞刺会减小甚至消失。精加工时，应选用小的背吃刀量和进给量，以利于保证表面质量。

5. 其他方面

选择合适的加工方法、正确选用切削液、提高设备的运动精度及刚度、提高刀具刃磨质量等，均可提高表面质量。

五、知识链接

减小表面粗糙度值实例

生产中往往由于各种因素的影响，已加工表面粗糙度不能达到预定要求。为解决这类工艺问题，首先应仔细分析产生已加工表面粗糙现象的原因，找出影响表面粗糙度的主要因素，进而提出改善表面粗糙度的途径，最后经切削实践逐步解决。从切削原理与刀具方面减小表面粗糙度值的一般规律为：变化前角、副偏角、刀尖圆弧半径，调整切削速度、进给量，提高刀具刃磨质量，选用效果良好的切削液等，以降低残留层高度、防止振动、消除积屑瘤和鳞刺。

例如，在精加工大尺寸轴类件和平面时，面对缺乏大型高精度设备的条件，常选用宽切削刃刀具进行精车和精刨，不仅能保证加工后达到低的表面粗糙度值，还能代替磨削和刮削加工。如图 3-15 所示为加工铸铁（或钢）用宽切削刃精刨刀，在刀具几何参数和切削用量方面采取了如下措施：增大前角（25°~30°），减小切削力；使用开槽弹性刀柄，防止扎刀和振动；若工艺系统刚度足够，可考虑采用负前角（-15°）避免扎刀；增大刃倾角（25°左右），使刃口锋利，并能达到平稳切入、切出的效果；选用较小的主、副偏角（1° 30′）或磨制圆弧切削刃，减小残留层；采用低速（10 m/min 左右）、小背吃刀量（0.05 ~ 0.08 mm），最后光刀 1 ~ 2 次；根据加工表面宽度和工艺系统刚度确定刀具切削刃宽度，当刀具切削刃宽度小于加工表面宽度时，取切削刃宽度的 1/3 ~ 1/2 作为进给量值；根据工件材料选用切削液，加工铸铁用煤油、加工钢用煤油加白漆。

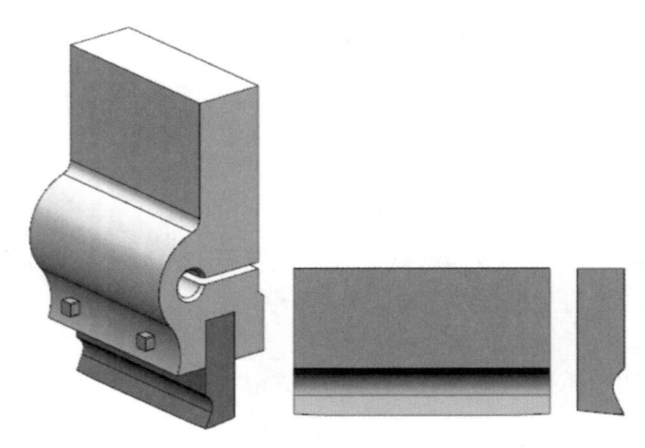

图 3–15 宽切削刃精刨刀

另外，应保证刀具刃磨质量及安装精度，并采用具有较高精度和刚度、运动平稳的机床。

六、思考与练习

1．用一把尖头车刀（κ_r=75°，κ_r' =10°）和一把圆头车刀（r_ε=1 mm），以同样的进给量 f（0.2 mm/r）车削外圆，分别求出工件上残留层的高度，并比较 Ra 值。

2．积屑瘤能否有效利用？为什么？试举例说明。

3．加工硬化是否存在有利面？为什么？试举例说明。

任务四 刀具几何参数的合理选择

知识点：

◎刀具几何角度的功用。

◎刀具几何角度的选择原则。

能力点：

◎能根据需要合理选择刀具几何角度。

一、任务提出

刀具几何参数主要包括刀具角度、刀面型式、切削刃及刃口形状等。合理几何参数是指在达到加工质量和刀具寿命的前提下，能使生产率提高、生产成本降低的几何参数。生产中由于切削条件的差异，决定了刀具几何参数效果的不同。

强力车削是适合于粗加工和半精加工的高效车削方法。它的主要特点是在加工过程中采用较大的背吃刀量和进给量，从而达到高的金属切除率。由于切削力大大提高，一般的车刀是难以胜任强力车削的。那么，强力车刀（见图 3–16）是怎样通过参数的合理选择来胜任强力车削任务的呢？

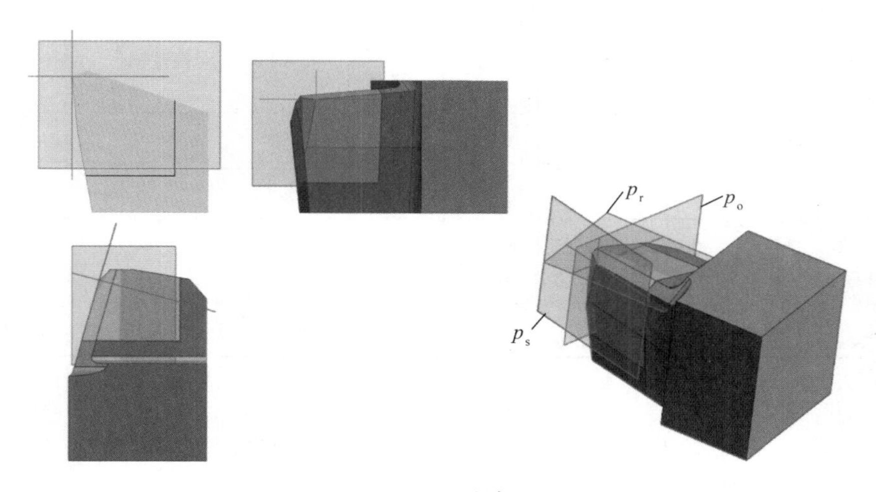

图 3–16 强力车刀

二、任务分析

在切削加工中，不仅可以通过客观条件（环境、选材等）解决切削问题，也可以通过主观因素来控制切削质量。强力车刀就是这样一个例子，即通过选择合适的前角、刃倾角、主偏角、副偏角，以及适当修磨修光刃来满足加工的需要。本任务涉及对刀具几何参数的功用及选择原则的灵活运用，要求从实际出发，综合分析加工要求以及在加工过程中可能出现的问题，通过合理选择和搭配刀具几何参数，使切削加工变得更加轻松有效，使切出的工件质量更高。

三、知识准备

1. 前角的功用及其选择原则

（1）前角的功用

前角是一个很重要的角度。前角的大小影响切削过程中的变形和摩擦，影响刀头和切削刃的强度。增大前角，可使刀具锋利、切削变形和切削力减小，从而使切削轻快、切削温度降低，加工表面质量提高。但如果前角过大，则刀具强度变弱，刀头散热条件变差，且不利于断屑，容易崩刃，刀具寿命降低。

（2）前角的选择原则

选择合理的前角是刀具使用的重要问题。“锐字当头，锐中求固”，即在刀具强度允许的情况下尽量采用大前角，这是选择前角的总原则。前角的数值往往由工件材料、刀具材料和加工工艺要求决定。

1）根据被加工材料选择

工件材料的强度和硬度低时，可取较大的前角；反之，应取较小的前角。加工塑性材料，尤其是加工硬化严重的材料，应取较大的前角；加工脆性材料，应取较小的前角。表 3–6 为加工不同材料时硬质合金刀具的前角推荐值。

表 3–6　　硬质合金刀具的前角推荐值　　（°）

工件材料	碳钢 R_m/GPa				40Cr	调质 40Cr	不锈钢	高锰钢	钛和钛合金
	≤ 0.445	≤ 0.558	≤ 0.784	≤ 0.98					
前角	25 ~ 30	15 ~ 20	12 ~ 15	10	13 ~ 18	10 ~ 15	15 ~ 30	3 ~ −3	5 ~ 10

工件材料	淬硬钢					灰铸铁		铜			铝和铝合金
	38 ~ 41 HRC	44 ~ 47 HRC	50 ~ 52 HRC	54 ~ 58 HRC	60 ~ 65 HRC	≤ 220 HBW	>220 HBW	纯铜	黄铜	青铜	
前角	0	−3	−5	−7	−10	12	8	25 ~ 30	15 ~ 25	5 ~ 15	25 ~ 30

2）根据加工要求选择

粗加工，特别是断续切削时，为保证切削刃的强度，应选用较小的前角；精加工时，前角可选大些；对于成形刀具，为了减小刀具截形误差，前角应小些，甚至为 0°。

3）根据刀具材料选择

高速钢刀具材料的抗弯强度和冲击韧度高，可选取较大的前角；硬质合金刀具材料的抗弯强度较高速钢低，故前角应较小（小 5°~ 10°）；陶瓷刀具的抗弯强度更低，仅为高速钢的 1/3 ~ 1/2，故前角应更小（比硬质合金刀具前角小 5°左右）。

2．后角的功用及其选择原则

（1）后角的功用

后角的大小影响后面与加工表面间的摩擦和刀具强度及刀具的锋利性。减小后角，后面与加工表面间的摩擦加剧，使工件表面质量变差，加工硬化程度增加，刀具磨损加快。但较小的后角可增强刀具强度、改善散热条件。另外，在磨钝标准 *VB*、*NB* 相同的条件下，后角小的刀具经重磨后材料损耗率小。如图 3–17 所示为后角大小对刀具磨损体积的影响。

（2）后角的选择原则

选择后角的总原则是，在摩擦不严重的情况下，选取较小值。具体选择时，应考虑加工条件。

1）粗加工时，为保证刀具强度，后角取较小值（4°~ 8°）；精加工时，为减小摩擦，保证加工表面质量，后角取较大值（8°~ 12°）。

2）加工塑性较大或加工硬化倾向严重的材料时，应选大后角；加工脆性材料或硬度、强度较大的材料时，应减小刀具后角。

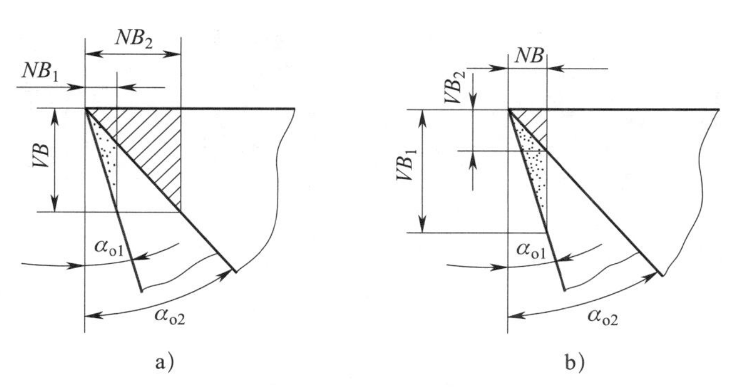

图 3–17 后角大小对刀具磨损体积的影响

a）*VB* 不变 b）*NB* 不变

3）工艺系统刚度不高，如切断、高速车削螺纹和车削细长轴时，容易出现振动，应选取较小的后角，甚至磨制消振倒棱。倒棱宽度一般取 0.1 ~ 0.3 mm，负后角一般取 –5°~ –10°。

副后角的选择与后角类似。为便于制造和刃磨，车刀、刨刀、面铣刀及可转位刀具刀片的副后角通常等于后角；切断刀、车槽刀、锯片铣刀、三面刃铣刀等的副后角，由于受刀头强度的限制，只能取较小的数值，通常取 1°~ 2°。

3．主偏角、副偏角的功用及其选择原则

（1）功用

主偏角影响切削层宽度、切削层厚度的大小，影响背向力、进给力的大小，影响刀具强度，影响断屑等。增大主偏角，有利于减小加工振动，有利于断屑，但刀具强度下降、散热性能变差。副偏角影响表面粗糙度和刀具强度，通常在工艺系统刚度许可时选择较小的角度。

（2）选择原则

主偏角的选择原则如下：

1）在加工高硬度、高强度工件材料时，为提高刀具强度与寿命，应选取较小的主偏角。

2）当工艺系统刚度不足时（如车削细长轴），为减小径向力，应选取较大的主偏角。

3）应根据工件的形状选取。如车削阶梯轴时取 90°，镗通孔时选锐角，镗盲孔时取钝角。

副偏角主要影响表面粗糙度和刀具强度，通常在不影响摩擦和振动的前提下，应选择较小值。

主偏角、副偏角的选用参考值见表 3–7。

4．刃倾角的功用及其选择原则

（1）刃倾角的功用

刃倾角影响切屑流出方向，影响切削刃锋利程度，影响切削部分强度和散热，影响切削力大小和方向。刃倾角为正值时切屑流向待加工表面，刃倾角为负值时切屑流向已加工表面。刃倾角绝对值越大，刀具越锋利。当刃倾角为负值时，可增强刀尖强度及断续切削时的抗冲击能力。如图 3–18 所示为刨削时刃倾角对切削刃冲击位置的影响。

表 3–7　主偏角、副偏角的选用参考值　（°）

加工情况		偏角数值	
		主偏角 κ_r	副偏角 κ_r'
粗车，无中间切入	工艺系统刚度高	45、60、75	5 ~ 10
	工艺系统刚度低	60、75、90	10 ~ 15
车削细长轴、薄壁件		90、93	6 ~ 10
精车，无中间切入	工艺系统刚度高	45	0 ~ 5
	工艺系统刚度低	60、75	0 ~ 5
车削冷硬铸铁、淬火钢		10 ~ 30	4 ~ 10
从工件中间切入		45 ~ 60	30 ~ 45
切断刀、车槽刀		60 ~ 90	1 ~ 2

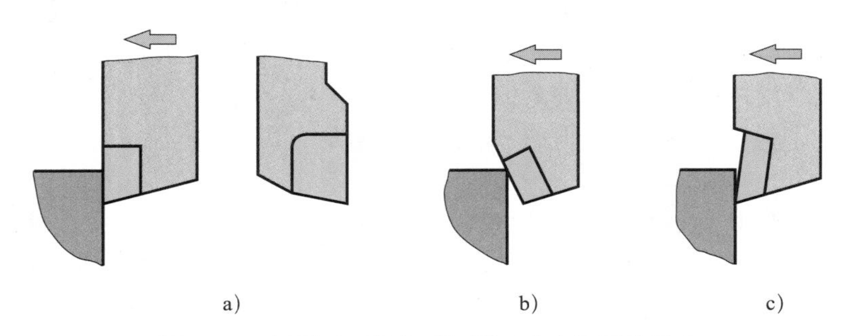

图 3–18　刨削时刃倾角对切削刃冲击位置的影响

a）刃倾角为 0°　b）刃倾角为负值　c）刃倾角为正值

（2）刃倾角的选择原则

刃倾角的选择原则是，主要根据刀具强度、流屑方向和加工条件而定。粗加工、断续表面加工、有冲击振动切削、淬硬材料切削，采用负值；精加工、工艺系统刚度低时，采用正值。具体选择时可参考表 3–8。

表 3–8　刃倾角选用参考值　（°）

λ_s	0 ~ +5	+5 ~ +10	0 ~ –5	–5 ~ –10	–10 ~ –15	–10 ~ –45	–45 ~ –75
应用范围	精车钢、车细长轴	精车有色金属	粗车钢和灰铸铁	粗车余量不均匀钢	断续车削钢和灰铸铁	带冲击切削淬硬钢	大刃倾角刀具薄切削

5．过渡刃和修光刃

（1）过渡刃

如图 3–19 所示，过渡刃有直线和圆弧两种形式，它是调节主偏角、副偏角作用的一个结构参数。许多刀具如车刀、可转位面铣刀和钻头等，都可能有减小主、副偏角而使切削力增大，加大主、副偏角而使加工表面粗糙的弊端。如果选择合适的过渡刃尺寸参数，就能改善上述弊端，起到粗加工时提高刀具强度、精加工时降低表面粗糙度值的作用。

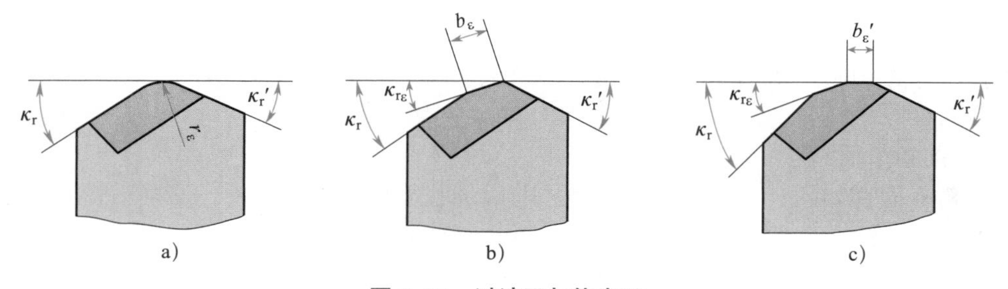

图 3–19 过渡刃与修光刃

a）圆弧型过渡刃 b）直线型过渡刃 c）修光刃

普通切削刀具常采用较小圆弧过渡刃，随着工件强度和硬度提高、切削用量增大，过渡刃尺寸可相应加大。一般可取过渡刃偏角 $\kappa_{r\varepsilon}=\kappa_r/2$、宽度 b_ε=0.5 ~ 2 mm 或圆弧半径 r_ε= 0.5 ~ 3 mm。

精加工时，可根据要求的 *Ra* 值，由计算或试验确定过渡刃偏角或圆弧半径。

（2）修光刃

当过渡刃与进给方向平行，即偏角 $\kappa_{r\varepsilon}$=0°时，该过渡刃称为修光刃，如图 3–19c 所示。修光刃的长度一般取 b_ε' =（1.2 ~ 1.5）f。

具有修光刃的刀具，如果切削刃平直，安装精确，工艺系统刚度足够，即便在大进给量切削条件下，仍能获得很低的加工表面粗糙度值。

四、任务实施

1. 强力车削带来的问题

强力切削采用了大切削用量，主要带来以下问题：切削力大、易振动，工件表面粗糙度值增大。

2. 解决问题的措施

针对上述问题，可以在刀具上采取如下措施。

（1）减小切削力的措施

如图 3–16 所示，强力车刀采用 20°~ 25°大前角，使切削力明显下降。

考虑到大前角会削弱刀具强度，又采取了如下强化措施：

1）选取较小的后角（6°）。

2）选取负的刃倾角（–6°~ –4°）。

3）在前面上修磨出负倒棱（宽度 0.5f，角度 –25°~ –20°）。

（2）减小振动的措施

通过大前角和 75°主偏角的搭配，使背向力减小，不易产生振动，并使刀具有较高的寿命。

（3）降低表面粗糙度值的措施

采用小的副偏角，磨出 1.5f 长的修光刃，大大降低残留层高度。

五、知识链接

前面型式

根据需要，切削刀具前面往往采用不同型式，如正前角平面型、正前角带倒棱型、负前角型、曲面型等。

1．正前角平面型

正前角平面型如图 3–20a 所示。该型式前面形状简单，刃磨方便，切削刃锋利，但强度较低、散热较差，主要用于精加工用车刀及形状复杂的成形刀具。

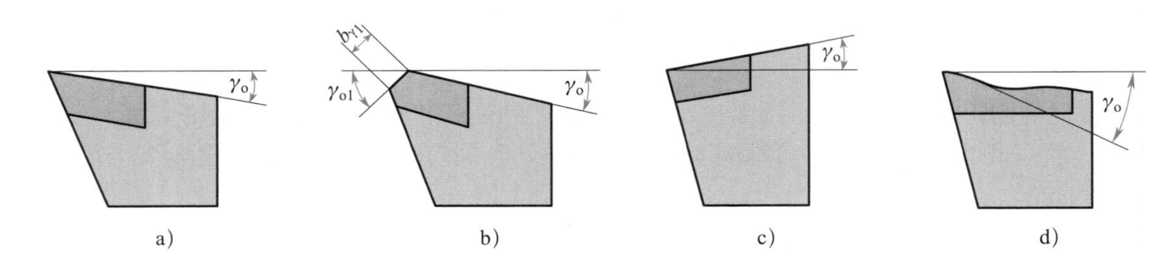

图 3–20　前面型式

a）正前角平面型　b）正前角带倒棱型　c）负前角型　d）曲面型

2．正前角带倒棱型

正前角带倒棱型如图 3–20b 所示。该型式前面上具有宽度为 $b_{\gamma1}$、前角为 γ_{o1} 的倒棱，以提高切削刃强度、改善散热条件。由于倒棱宽度较小，故不影响前角的功用。硬质合金刀具、陶瓷刀具在粗加工或半精加工及制有断屑槽的车刀上，常采用这种型式。通常 $b_{\gamma1}$=0.1 ~ 0.6 mm，γ_{o1}=−5° ~ −25°。

3．负前角型

负前角型如图 3–20c 所示。该型式前面可制成单面型或双面型。负前角的切削刃强度高、散热条件好，切削时刀片受压，改善了刀具的受力条件；但负前角会增大变形，使切削力增大，易引起振动。负前角型常用于受冲击载荷刀具和加工高强度材料刀具。

4．曲面型

曲面型如图 3–20d 所示。该型式前面便于排屑、卷屑、断屑，适用于加工韧性大、不易断屑的材料。

六、思考与练习

1．75°强力车刀有什么特点？

2．加工细长轴（长径比大于 25）钢件时，工件几何形状、尺寸精度、表面粗糙度不易达到较高的要求，试分析原因并提出相应的措施。

3．试分析在相同磨钝标准 *VB* 条件下，不同大小后角重磨后对加工精度的影响。

4．试完成图 3–21 所示强力车刀主要角度及结构尺寸（参数）的标注。

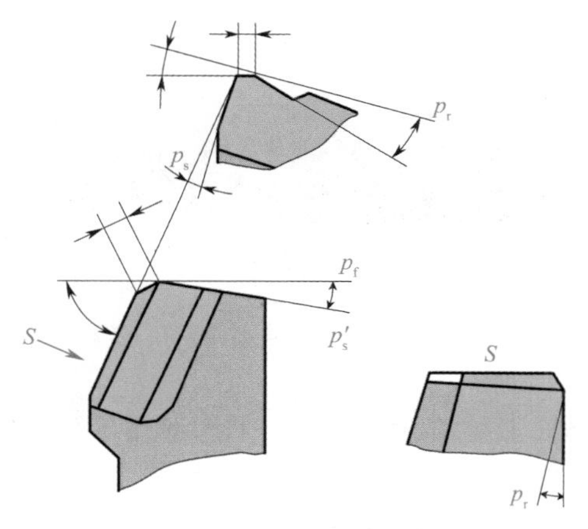

图 3–21 强力车刀

任务五 切削用量的合理选择

知识点：

◎合理的切削用量。

◎切削用量选择原则。

◎粗加工切削用量选择方法。

◎精加工切削用量选择方法。

能力点：

◎能进行生产效率高低的衡量。

一、任务提出

在相同的条件下，选用不同的切削用量，会产生不同的切削效果。能否选择合理的切削用量进行切削，是衡量操作者技能水平高低的一个重要方面。在大批量生产，自动、半自动化机床、自动线和数控机床加工中，合理选择切削用量的意义就更显重要。那么，当采用刀柄尺寸 16 mm × 25 mm、刀片厚度 4 mm 的焊接式硬质合金车刀，在 CA6140 型车床上，采用一顶一夹方式，批量车削如图 3–22 所示调质 45 钢（0.735 GPa）工件时，该如何进行粗车切削用量的合理选择呢?

二、任务分析

所谓合理的切削用量，是指充分利用刀具切削性能和机床动力性能（功率、扭矩），在保证加工质量的前提下，获得高的生产率和低的加工成本的切削用量。

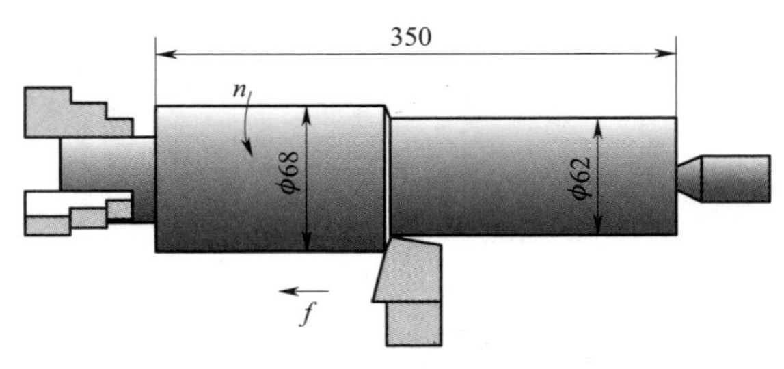

图 3–22 车削工件

根据不同的加工条件和加工要求，考虑到切削用量各参数对切削过程的不同影响，切削用量参数增大的次序和程度应有所区别。为此，可以从切削加工生产效率、刀具寿命、机床功率、表面质量等方面考虑，并根据粗、精加工的具体要求对切削用量进行合理选择。

三、知识准备

1. 切削用量选择原则

（1）生产效率原则

切削加工中的生产效率与单位时间内金属材料的切除率密不可分。从金属切除率的角度发现，切削用量三要素与金属材料切除率均呈线性关系，以车削加工为例，其单位时间内的金属材料切除率 Q_Z（单位为 mm^3/s）$=1\,000v_c \times f \times a_p$。

从公式可知，提高切削用量三要素中的任何一个，均可提高生产效率。但实际上在提高切削用量时，会受到诸如切削力、刀具寿命、工件已加工表面质量和工艺系统刚度等因素的限制。例如，从刀具寿命角度，某一要素的增加会使另外两个要素必须减小。所以，合理的切削用量，应该是三个要素的有机组合。

在切削用量三要素中，背吃刀量 a_p 主要取决于本次加工余量的大小，当加工余量一定时，减小背吃刀量后，会使走刀次数增多，切削时间成倍增加，生产效率降低。因此，从生产效率的角度考虑，一般情况下应该优先选择大的背吃刀量，以求一次走刀全部切除加工余量。

（2）刀具寿命原则

在切削用量三要素中，对刀具寿命影响最大的是切削速度 v_c，进给量 f 次之，背吃刀量 a_p 影响最小。另外，采用过高的切削速度和进给量，会由于频繁磨刀、换刀（刀片）而增加费用、提高加工成本。所以，从刀具寿命角度考虑，优先增大背吃刀量不仅能达到高的生产效率，相对于增大切削速度和进给量来说，对发挥刀具切削性能、降低加工成本也更有利。

（3）机床功率原则

从机床功率计算公式不难看出，切削用量对机床功率的影响是由于使切削力和切削速度发生变化所造成。当背吃刀量 a_p 和切削速度 v_c 增大时均能使切削功率成正比增加，而增大进给量 f 使切削力及功率消耗增加较少。所以，在粗加工时，从机床功率考虑，尽量选用大进给量 f 相对比较合理。

（4）表面质量原则

这是半精加工、精加工时确定切削用量应考虑的主要原则。从切削力及切削表面残留层高度计算公式不难看出，增大背吃刀量 a_p 会使切削力成正比增大，增大进给量 f 会使表面残留层高度增大，都会使工件表面质量变差。而提高切削速度 v_c 能使切削变形和切削力有所减小，并可减小或避免积屑瘤，有利于提高加工精度和表面质量。

综上所述，可以得出合理选择切削用量的指导性原则：首先，根据工件加工余量选择一个尽量大的背吃刀量 a_p；然后，根据机床动力和刚度限制或工件已加工表面粗糙度要求，选择一个比较大的进给量 f；最后，根据已确定的背吃刀量 a_p 和进给量 f，在刀具寿命和机床功率允许的条件下，选择一个最佳的切削速度 v_c。

需要指出的是，随着数控机床广泛使用，促进了高性能刀具材料和数控刀具的发展，为实现高速切削、大进给切削创造了有利条件，使生产效率、加工质量和经济效益得到进一步提高。据切削加工的经济分析，刀具成本在零件制造成本中所占比例为 3% ~ 5%。若刀具成本降低 30%，企业也只能节省约 1% 的零件制造成本；若采用性能优良的刀具，通过提高加工效率，能节省约 15% 的零件制造成本。因此，对于切削用量的选择原则有了改变，即由原来的先选背吃刀量 a_p，再选进给量 f，最后选择切削速度 v_c，改变为先选高的切削速度 v_c 及进给量 f，然后选用较小的背吃刀量 a_p。

2. 切削用量选择方法

考虑到加工过程中不同的加工要求及选择切削用量的原则，粗加工的切削用量，一般以提高生产效率为主，但也应考虑经济性和加工成本；半精加工和精加工的切削用量，应以保证加工质量为前提，并兼顾切削效率、经济性和加工成本。

（1）粗车切削用量选择

1）背吃刀量 a_p

背吃刀量 a_p 应根据加工余量来确定，除留出半精车、精车余量外，其余的粗车余量应尽可能一次切除，以使走刀次数最少。当粗车余量太大（一次走刀会使切削力太大，造成机床功率不足或刀具强度不够）、加工的工艺系统刚度较低或余量极不均匀（易引起振动及大的变形）、断续切削（容易造成打刀）时，则加工余量应分两次或多次切除。若采用两次切除时，通常使第一次走刀的背吃刀量 a_p 选得大些（加工余量的 2/3 ~ 3/4），第二次走刀的背吃刀量 a_p 选得小些（加工余量的 1/4 ~ 1/3）。

2）进给量 f

选用大的进给量可以明显提高生产效率，但进给量的提高受到切削力的限制。所以，粗车时进给量的选择，应该使切削力在工艺系统所能承受的范围内，即在不损坏刀具的刀片（进给量小于刀片强度允许的进给量）和刀柄、不超出机床进给机构强度、不顶弯工件、不产生振动等条件下，选取一个最大的进给量 f 值；或者利用确定的背吃刀量 a_p 和进给量 f 求出主切削力来校验刀片和刀柄强度，根据计算得出的切深抗力来检验工件的刚度，根据计算得出的走刀抗力来检验进给机构薄弱环节的强度等。

根据上述原则，可利用查阅手册资料或计算的方法来确定进给量 f 的值。工艺系统刚度较高时，可选用较大的进给量，一般取 f=0.3 ~ 0.9 mm/r。表 3–9 所列为硬质合金及高速钢车刀粗车外圆和端面时的进给量参考值。

3）切削速度 v_c

在背吃刀量 a_p 和进给量 f 确定后，再根据合理规定的刀具寿命值，结合刀具寿命公式，就可确定切削速度 v_c。

表 3–9 硬质合金及高速钢车刀粗车外圆和端面时的进给量参考值

工件材料	刀杆截面尺寸 $B \times H$/mm	工件直径 d_w/mm	背吃刀量 a_p/mm				
			≤3	>3 ~ 5	>5 ~ 8	>8 ~ 12	12 以上
			进给量 f/（mm · r^{-1}）				
碳素结构钢和合金结构钢	16 × 25	20	0.3 ~ 0.4	—	—	—	—
		40	0.4 ~ 0.5	0.3 ~ 0.4	—	—	—
		60	0.5 ~ 0.7	0.4 ~ 0.6	0.3 ~ 0.5	—	—
		100	0.6 ~ 0.9	0.5 ~ 0.7	0.5 ~ 0.6	0.4 ~ 0.5	—
		400	0.8 ~ 1.2	0.7 ~ 1.0	0.6 ~ 0.8	0.5 ~ 0.6	—
	20 × 30 25 × 25	20	0.3 ~ 0.4	—	—	—	—
		40	0.4 ~ 0.5	0.3 ~ 0.4	—	—	—
		60	0.6 ~ 0.7	0.5 ~ 0.7	0.4 ~ 0.6	—	—
		100	0.8 ~ 1.0	0.7 ~ 0.9	0.5 ~ 0.7	0.4 ~ 0.7	—
		600	1.2 ~ 1.4	1.0 ~ 1.2	0.8 ~ 1.0	0.6 ~ 0.9	0.4 ~ 0.6

注：1. 加工断续表面及带冲击的工件时，表内的进给量应乘以系数 0.75 ~ 0.85。

2. 加工耐热钢及其合金时，不采用大于 1.0 mm/r 的进给量。

3. 加工淬硬钢时，表内进给量应乘以系数 0.8（当材料硬度为 44 ~ 56HRC 时）或 0.5（当硬度为 57 ~ 62HRC 时）。

除采用计算方法外，生产中往往根据实践经验和手册资料选取切削速度。当使用条件改变时，应进行相应的修正。

4）校验机床功率

在粗车时，切削用量还受到机床功率的限制。因此，在确定了切削用量后，还应检验机床功率是否满足要求。

（2）半精车、精车切削用量选择

1）背吃刀量

根据切削用量选择的指导性原则，首先应该确定背吃刀量。半精加工、精加工的背吃刀量，因为是预留余量，原则上应一次切除。

当使用硬质合金车刀精车时，由于刀具的刃磨性能较差，锋利程度受到限制。考虑到刀尖圆弧半径与刃口圆弧半径的挤压与摩擦作用，背吃刀量不宜过小，一般应取 0.3 ~ 0.5 mm。

2）进给量

半精车、精车的背吃刀量较小，产生的切削力不大，增大进给量对工艺系统的强度和刚度影响较小，但表面粗糙度值会明显增大，故增大进给量主要受到表面粗糙度的限制。为此，应选择能满足表面粗糙度要求的进给量。通常，可根据手册资料或计算的方法确定进给量。普通硬质合金外圆车刀精车、半精车时的进给量选取可参考表 3–10。

从表中选用进给量时，应预先假设一个切削速度和刀尖圆弧半径。通常切削速度高时的进给量较切削速度低时的进给量更大些。

3）切削速度

半精车、精车时的背吃刀量和进给量较小，可忽略切削力对工艺系统强度和刚度的影响，且此时选用大的切削速度不至于使得机床功率不能满足加工需要，故切削速度主要受刀具寿命的限制。所以，切削速度也不能过大。同样，可根据手册资料或计算的方法确定切削速度。

表 3–10　普通硬质合金外圆车刀精车、半精车时的进给量

工件材料	表面粗糙度 Ra/μm	切削速度范围 /（m · min^{-1}）	刀尖圆弧半径 r_ε/mm		
			0.5	1.0	2.0
			进给量 f/（mm·r^{-1}）		
铸铁、青铜、铝合金	6.3	不限	0.25 ~ 0.40	0.40 ~ 0.50	0.50 ~ 0.60
	3.2		0.15 ~ 0.25	0.25 ~ 0.40	0.40 ~ 0.60
	1.6		0.10 ~ 0.15	0.15 ~ 0.20	0.20 ~ 0.35
碳钢、合金钢	6.3	<50	0.30 ~ 0.50	0.45 ~ 0.60	0.55 ~ 0.70
		≥50	0.40 ~ 0.55	0.55 ~ 0.65	0.65 ~ 0.70
	3.2	<50	0.20 ~ 0.25	0.25 ~ 0.30	0.30 ~ 0.40
		≥50	0.25 ~ 0.30	0.30 ~ 0.35	0.35 ~ 0.40
	1.6	<50	0.10	0.11 ~ 0.15	0.15 ~ 0.22
		50 ~ 100	0.11 ~ 0.16	0.16 ~ 0.25	0.25 ~ 0.35
		>100	0.16 ~ 0.20	0.20 ~ 0.25	0.25 ~ 0.35

通常，在保证刀具寿命的前提下，硬质合金刀具应选用较高的切削速度（大于 70 m/min），而高速钢刀具则应选用较低的切削速度（小于 5 m/min），以尽量减小和避免积屑瘤的产生。

四、任务实施

1．相关说明

该工件车削后尺寸为 ϕ60 mm × 350 mm，表面粗糙度值 Ra 为 5 ~ 2.5 μm。毛坯尺寸为 ϕ68 mm × 350 mm。

根据工序安排，该工件粗加工车刀采用带倒棱（宽度 0.3 mm、前角 –10°）曲面型前面，并磨制宽度 5 mm、圆弧半径 3.5 mm、斜角 6° 的外斜式直线圆弧断屑槽。根据加工材料，刀具前角 10°、后角和副后角均为 6°、主偏角 75°、副偏角 10°、刃倾角 0°。为提高刀具强度，取 0.5 ~ 1 mm 的刀尖圆弧半径。另外，刀具寿命确定为 60 min。

2．粗车切削用量选择

（1）背吃刀量

该工件总加工余量为（68–60）mm/2=4 mm，根据工序安排，粗车后留 1 mm 余量，故取粗车背吃刀量 a_p=3 mm，且一次走刀切除。

（2）进给量

由表 3–9 查得进给量 f 为 0.5 ~ 0.7 mm/r。根据机床说明书，取 f=0.51 mm/r。

1）检验刀片强度

由硬质合金刀片强度允许的进给量（见表 3–11）可知，当背吃刀量 a_p=3 mm、刀片

厚度 C=4 mm时，刀片强度允许进给量为1.3 mm/r×0.5=0.65 mm/r>0.51 mm/r，刀片强度足够。

表 3–11　　硬质合金刀片强度允许的进给量

背吃刀量 a_p/mm	刀片厚度 C/mm				材料不同对进给量修正系数			
	4	6	8	10	钢（抗拉强度 R_m/GPa）			铸铁
	进给量 f/（mm·r^{-1}）				0.47～0.627	0.637～0.852	0.852～1.147	
≤4	1.3	2.6	4.2	6.1	1.2	1.0	0.85	1.6
>4～7	1.1	2.2	3.6	5.1	主偏角不同对进给量修正系数			
>7～13	0.9	1.8	3.0	4.2	33°	45°	60°	90°
>13～22	0.8	1.5	2.5	3.6	1.4	1.0	0.6	0.4

注：有冲击时，进给量应减小 20%。

2）检验机床进给机构强度

由机床说明书查得机床进给机构允许抗力为3 528 N。经查阅手册资料，调质45钢单位切削力为2 305 N/mm^2，故粗车时主切削力为（2 305×3×0.51）N ≈ 3 527 N。考虑到走刀抗力远小于主切削力，所以，机床进给机构强度足够。

（3）切削速度

根据工件材料抗拉强度0.735 GPa、背吃刀量3 mm、进给量0.51 mm/r、刀具寿命60 min，查阅手册资料并经修正得切削速度为83 m/min（过程略）。

经计算得车床主轴转速 n=（318×83/68）r/min ≈ 388 r/min。根据机床说明书选定转速为400 r/min，此时实际切削速度 v_c=（68×400/318）m/min ≈ 86 m/min。

（4）检验机床功率

粗车加工时，切削用量为 a_p=3 mm、f=0.51 mm/r、v_c=86 m/min，切削功率约为（2 305×3×0.51×86×10^{-3}/60）kW ≈ 5 kW。车床输出功率为7.5 kW×0.75 ≈ 5.6 kW，故机床功率允许。

五、知识链接

切削用量的优化

实际生产中，由于加工工件、使用设备、刀具和机床夹具等具体条件不同，切削用量选用的理论依据与实际加工情况往往存在一定的差异，因此，很难从手册资料或凭借经验来确定出一组最合理的切削用量。对工艺人员来说，应当在现有加工条件（如机床、刀具、夹具的技术性能和工件的技术要求等）限制下，根据产品质量要求来最有效地限制切削用量，以达到最优化的技术经济指标，这就是切削用量的优化。

切削用量的优化方法很多，常用的有以下三种方法。

1．直觉优化法

工艺人员根据加工条件的具体要求和生产条件，凭借生产经验和直觉知识，提出有限的几组切削用量方案进行比较，从中选出最佳的一种方案。

2．试验优化法

当加工新材料时，如对其加工性能不了解，可以通过试验，找出切削用量与其各种指标间的关系，从而找出最优的切削用量方案。

3．数学模型优化法

随着科学技术的发展，借助计算机技术，根据不同的实际要求，对切削用量进行优化。采用该方法时，首先确定切削用量最优的目标，并找出达到该目标的数学模型，再考虑生产中各项约束条件，通过计算机找出满足约束条件和达到目标函数的优化方案，并进行切削用量的优化运算。在确定切削用量最优目标时，可以采用以下几种评定标准。

（1）最高生产率标准评定

根据加工一个工件所花费的时间最少为目标来建立函数关系式。

（2）最低成本标准评定

根据加工一个工件所花费的成本最低为目标来建立函数关系式。

（3）最大利润率标准评定

根据加工时单位时间内赢得最高利润，用单件利润与生产率的乘积来建立函数关系式。

六、思考与练习

1．为什么选择切削用量的次序是先选背吃刀量，再选进给量，最后才选切削速度？

2．钻削时材料切除率如何确定？

任务六 切削液的选用

知识点：

◎切削液的作用。

◎切削液添加剂及切削液种类。

◎切削液的选用原则。

能力点：

◎能合理选用切削液。

一、任务提出

切削液是大部分切削加工下必须采用的辅助材料，它不仅能冷却及润滑工件和刀具，而且还能起清洗、排屑和防锈作用。那么，实际加工中该如何合理选择切削液呢？

二、任务分析

合理选用切削液能有效地减小切削力，降低切削温度，从而提高刀具寿命，防止工件热变形和改善已加工表面质量。此外，选用高性能切削液还有利于改善难加工材料的切削加工性。

三、知识准备

1. 切削液的作用

（1）冷却作用

切削液能通过热传导、对流、汽化等方式吸收并带走切削区域大量的热量，起到降低切削温度、延长刀具寿命的作用，并能减小工件因热变形而产生的尺寸误差，也为提高生产率创造有利条件。

（2）润滑作用

切削液能渗透到工件加工表面、刀具和切屑之间，在刀具与工件加工表面、刀具与切屑的微小间隙中形成一层很薄的物理性吸附膜，可以减小工件、刀具、切屑间的摩擦，降低切削力和切削热，减少刀具磨损，使排屑顺利，并提高工件的表面质量。因此，对于精加工，润滑作用就更显重要。

（3）清洗与排屑作用

当金属切削加工中产生碎屑或粉末时，要求切削液具有良好的冲洗作用。切削液冲走碎屑粉末，可起到防止研伤工件加工表面和机床导轨面的作用。在钻削、磨削、自动生产线和深孔加工中，加入一定压力和流量的切削液，可起到排屑或引导切屑流向的作用。

（4）防锈作用

切削液还能减轻工件、机床、刀具受周围介质（空气、水分等）的腐蚀作用。

实践证明，选用合适的切削液，能降低切削温度 60 ~ 150 ℃，降低表面粗糙度值 1 ~ 2 级，减小切削力 15% ~ 30%，能成倍提高刀具的使用寿命，并能把切屑和杂质从切削区冲走，从而提高生产效率和产品质量。故切削液在金属切削加工中应用极为广泛。

2. 切削液添加剂及切削液种类

（1）切削液添加剂

现用的切削液大都是以水或油为基体加入适量的添加剂而制成的。添加剂的作用是提高切削液的性能。常用切削液添加剂见表 3–12。

表 3–12 常用切削液添加剂

名称	说　明
油性添加剂	单纯的矿物油与金属的吸附能力差，润滑效果不好，在矿物油中加入油性添加剂能改善其润滑性能。例如，动植物油和脂肪酸、皂类、胺类等，由于其分子具有极性基，与金属吸附能力强，形成的物理吸附油膜较牢固，是较理想的油性添加剂。因此，一般的切削油都是在矿物油中加入油性添加剂的混合油。但物理吸附油膜在切削温度升高时便失去吸附能力，因此混合油只适宜在 200 ℃以下使用

续表

名称	说　明
极压添加剂	极压添加剂具有一定的活性，在高温下能快速与金属发生反应，生成氯化铁、硫化铁等化学吸附膜，这些生成物能起到固体润滑剂的作用，因而能减轻刀具与工件材料间的摩擦。由于化学吸附膜与金属的结合较牢固，在 400 ~ 800 ℃的高温时仍能起润滑作用。目前使用的极压添加剂有氯、硫和磷的化合物（氯化物不如硫化物反应快，若同时添加效果更佳），但含硫和氯的极压切削油分别对有色金属和钢铁有腐蚀作用，应注意合理选用
乳化剂	乳化剂（如石油磺酸钠、磺化蓖麻油等）是一种表面活性剂，它的分子是由极性基团和非极性基团两部分组成。前者亲水，可溶于水；后者亲油，可溶于油。把油在水中搅拌成细粒时，乳化剂分子能定向地排列吸附在油水两界面上，把油和水连接起来，使分离的细粒不再因凝聚而浮游在水中，成为浮浊液

另外，还可根据需要选用防锈添加剂、抗泡沫添加剂、防霉添加剂等。

（2）切削液种类

生产中常用的切削液有水溶液、乳化液和切削油三大类，其配方也有许多种。无论采用哪种切削液，都应满足不污染环境，对人体无害和使用经济等要求。

1）水溶液

水溶液的主要成分是水，冷却性能好。常加入一定的添加剂（如亚硝酸钠、硅酸钠、皂类等），使其具有良好的防锈性能和一定的润滑性能。常用的水溶液有电解质水溶液和表面活性水溶液，其配方见表 3–13。电解质水溶液是在水中加入电解质作为防锈剂，主要用于磨削、钻孔和粗车等加工；表面活性水溶液中是加入了皂类、硫化蓖麻油等表面活性物质，以增加水溶液的润滑作用，主要用于精车、精铣和铰孔等。

表 3–13　　常用水溶液配方

电解质水溶液			表面活性水溶液		
水	碳酸钠	亚硝酸钠	水	肥皂	无水碳酸钠
99%	0.7% ~ 0.8%	0.25%	94.5%	4%	1.5%

2）乳化液

乳化液是用矿物油、乳化剂及添加剂预先配制好的乳化油加水稀释而成。因为油不溶于水，为了使两者混合，所以必须加入乳化剂。质量分数低（如质量分数为 3% ~ 5%）的乳化液，冷却和清洗作用较好，适于粗加工和磨削；质量分数高（如质量分数为 10% ~ 20%）的乳化液润滑作用较好，适于精加工（如拉削和铰孔等）。为了进一步提高乳化液的润滑性能，还可加入一定量的氯、硫、磷等极压添加剂，配制成极压乳化液。乳化液具有一定的润滑性、冷却性、清洗性和防锈性，因此是目前生产中使用最广泛的一种切削液。表 3–14 为加工普通碳钢时的乳化液质量分数表，供使用时参考。

表 3–14　　加工普通碳钢时的乳化液质量分数表

加工方法	粗车	切断	粗铣	铰孔	拉削	齿轮加工
乳化液质量分数 /%	3 ~ 5	10 ~ 20	5	10 ~ 15	10 ~ 20	15 ~ 20

3）切削油

切削油主要起润滑作用。一类是以矿物油为基体加入油性添加剂的混合油；另一类是极压切削油，它是在矿物油或混合油中加入极压添加剂而制成。常用的有 10 号、20 号机械油，轻柴油，煤油等。由于切削油的热导性能较低，故冷却效果不如水溶液和乳化液。

机械油的润滑效果较好，普通车削、车螺纹可选用机械油；煤油的浸润性和冲洗作用较好，当精加工有色金属、灰铸铁及用高速钢铰刀铰孔时，可选用煤油；镗孔或深孔加工，可选用煤油或煤油与机械油的混合油；自动机床上可选用黏度小、流动性好的轻柴油。

3．切削液的选用原则

切削液应根据加工性质、工件材料、刀具材料和工艺要求等具体情况合理选用，选用的一般原则如下。

（1）根据加工性质选用

1）粗加工时，加工余量和切削用量较大，产生大量的切削热，因而会使刀具磨损加快，这时使用切削液的目的是降低切削温度，所以应选用以冷却为主的乳化液或水溶液，以降低切削温度，提高刀具寿命。

2）精加工时，主要为了保证工件的精度和表面质量，延长刀具的使用寿命，最好选用以润滑为主的切削油或质量分数较高的极压乳化液。

3）钻削、铰削和深孔加工时，因刀具在半封闭状态下工作，排屑困难，切削热不易传散，容易使切削刃烧伤并严重影响工件表面质量。这时应选用黏度较小的乳化液或切削油，并应增大压力和流量，一方面进行冷却、润滑，另一方面将切屑冲刷出来。

4）磨削加工时，虽然磨削用量较小，切削力不大，但由于切削速度比较高（30 ~ 80 m/s），因此切削温度很高（可达 800 ~ 1 000 ℃），容易引起工件局部烧伤、变形，甚至产生裂纹。另外，磨削产生的大量细碎切屑和沙粒粉末也会破坏工件表面质量。故磨削时的切削液既要求具有较好的冷却性能和清洗性能，又要求具有一定的润滑性能。磨削中常用的切削液为乳化液，但选用极压型合成切削液和多效型合成切削液效果更好。

（2）根据工件材料选用

1）钢件粗加工一般用乳化液，精加工用极压切削油。

2）切削铸铁等脆性材料时，由于切屑碎末会堵塞冷却系统，容易使机床导轨磨损，一般不使用切削液。但精加工时为了得到较高的表面质量，可采用黏度较小的乳化液或煤油。

3）切削铜及其合金时，不能用含硫的切削液，以免发生腐蚀。

4）镁与水作用会产生氢气，为了防止在切削高温中燃烧甚至爆炸，切削镁合金时不能用水溶液和乳化液，一般可用矿物油。

（3）根据刀具材料选用

1）硬质合金刀具

一般不加切削液。但在加工某些硬度高、强度高、导热性差的特种材料和细长轴工件时，可选用以冷却为主的切削液。

2）高速钢刀具

粗加工时用极压乳化液。对钢料精加工时，用极压乳化液或极压切削油。

3）陶瓷刀具

由于热裂很敏感，一般不用切削液。

需要提醒的是，油状乳化液必须用软化水稀释后才能使用；切削液必须浇注在切削区域；使用时，必须控制好切削液的流量；硬质合金刀具切削时，若要加切削液，则必须一开始就使用，并应连续、充分地浇注。

四、任务实施

切削液种类繁多，性能各异，应根据工件材料、刀具材料、加工性质和加工方法等具体情况合理选用，若选择不当则达不到应有的效果。常用切削液的选用见表 3–15。

表 3–15　常用切削液的选用

<table>
<tr><th rowspan="3" colspan="2">加工种类</th><th colspan="7">工件材料</th></tr>
<tr><th>碳钢</th><th>合金钢</th><th>不锈钢及耐热钢</th><th>铸铁与黄铜</th><th>青铜</th><th>纯铜</th><th>铝合金</th></tr>
<tr><th colspan="7">切削液</th></tr>
<tr><td rowspan="2">车、铣、镗孔、扩孔</td><td>粗加工</td><td>3%～5%乳化液</td><td>1）5%～15%乳化液
2）5%石墨化或硫化乳化液
3）5%氧化石蜡油制的乳化液</td><td>1）10%～30%乳化液
2）10%硫化乳化液</td><td>1）一般不用
2）3%～5%乳化液</td><td>一般不用</td><td>1）3%～5%乳化液
2）煤油</td><td>1）一般不用
2）中性或含游离酸小于 4 mg 弱酸性乳化液</td></tr>
<tr><td>精加工</td><td colspan="2">1）石墨化或硫化乳化液
2）低速用 10%～15%乳化液，高速用 5%乳化液</td><td>1）氧化煤油
2）煤油 75%，油酸或植物油 25%
3）煤油 60%，松节油 20%，油酸 20%</td><td>1）黄铜一般不用
2）铸铁用煤油</td><td>7%～10%乳化液</td><td>1）煤油
2）煤油与矿物油的混合物</td><td>1）煤油
2）松节油
3）煤油与矿物油的混合物
4）加工硬铝一般不用切削液</td></tr>
<tr><td colspan="2">钻孔与镗孔</td><td colspan="2">1）3%～5%乳化液
2）5%～10%极压乳化液</td><td>1）3%肥皂、2%亚麻油水溶液（不锈钢钻孔）
2）硫化切削油（不锈钢镗孔）
3）19%～20%极压乳化液</td><td colspan="2">1）一般不用
2）煤油（铸铁）
3）菜籽油（黄铜）
4）3%～5%乳化液（青铜）</td><td>1）3%～5%乳化液
2）煤油
3）煤油与矿物油的混合物</td><td>1）一般不用
2）煤油
3）煤油与菜籽油的混合物</td></tr>
<tr><td colspan="2">磨削</td><td colspan="3">1）苏打水 $NaCO_3$ 0.7%，$NaNO_2$ 0.25%；其余为水
2）豆油＋硫黄粉
3）乳化液</td><td colspan="2">3%～5%乳化液</td><td>—</td><td>磺化蓖麻油 1.5%，30%～40%的 NaOH 加至微碱性，煤油 9%，其余为水</td></tr>
</table>

续表

<table>
<tr><th rowspan="3">加工种类</th><th colspan="7">工件材料</th></tr>
<tr><th>碳钢</th><th>合金钢</th><th>不锈钢及耐热钢</th><th>铸铁与黄铜</th><th>青铜</th><th>纯铜</th><th>铝合金</th></tr>
<tr><th colspan="7">切削液</th></tr>
<tr><td>车螺纹</td><td colspan="2">1）硫化乳化液
2）氧化煤油
3）煤油 75%，油酸或植物油 25%
4）硫化切削油
5）变压器油 70%，氯化石蜡 30%</td><td>1）氧化煤油
2）硫化切削油
3）煤油 60%，松节油 20%，油酸 20%
4）硫化油 60%，煤油 25%，油酸 15%
5）四氯化碳 90%，猪油或菜籽油等
6）19% ~ 20% 极压乳化液</td><td colspan="2">1）一般不用
2）煤油（铸铁）
3）菜籽油（黄铜、青铜）</td><td>—</td><td>1）硫化油 30%，煤油 15%，2 号或 3 号锭子油 55%
2）硫化油 30%，煤油 15%，油酸 30%，2 号或 3 号锭子油 25%</td></tr>
<tr><td>拉、铰、攻螺纹</td><td colspan="2">1）10% ~ 20% 极压乳化液
2）含硫、氯的切削油
3）含硫化棉籽油的切削油
4）含硫、氯、磷的切削油</td><td>1）15% ~ 20% 极压乳化液
2）含氯的切削油
3）含氯、硫的切削油
4）含硫、氯、磷的切削液</td><td rowspan="2">1）不用切削液（黄铜）
2）粗加工铸铁用 10% ~ 15% 乳化液或 10% ~ 20% 极压乳化液
3）精加工铸铁用煤油或煤油与矿物油混合物</td><td rowspan="2">1）10% ~ 20% 乳化液
2）10% ~ 15% 极压乳化液
3）含氯的切削油</td><td>—</td><td rowspan="2">1）10% ~ 25% 乳化液
2）10% ~ 20% 极压乳化液
3）煤油
4）煤油与矿物油的混合物</td></tr>
<tr><td>滚齿、插齿</td><td colspan="3">1）20% ~ 25% 极压乳化液
2）含氯的切削油
3）含硫化棉籽油的切削油
4）含硫、氯的切削油
5）含硫、氯、磷的切削油</td><td>1）10% ~ 20% 乳化液
2）10% ~ 15% 极压乳化液
3）煤油
4）煤油与矿物油的混合物</td></tr>
</table>

五、知识链接

干 切 削

在切削过程中，浇注切削液有利于延长刀具寿命、提高加工表面质量，并能改善切削热对工艺系统的影响。但是，切削液使用后所排放出的有害物质，不利于操作人员的身体健康，并会污染生态环境。另外，切削液的使用会增加生产成本费用。为此，根据“降低成本，绿色工程”的要求，发展了“干切削”的先进加工技术。

1. 干切削的主要条件

（1）选用高性能硬质合金刀具及新型涂层刀具

目前，生产实际中常采用增加含钴量的超细晶粒硬质合金刀具，并在其表面涂覆 TiN+TiAlN 或 TiN+TiCN+TiAlN，以提高刀具基体强度、韧性以及表面组织的耐热性和耐磨性。此外，由于 TiAlN 涂层的低热导率抑制了热量的传散，有利于在表面形成氧化物，减少了粘屑。这类刀具在高速干切削时具有很好的切削效果，适用于普通钻头、深孔钻头（l=7 ~ 8 d）和铣刀上。

据资料介绍，美国 Gleason 公司使用硬质合金涂层 TiAlN 齿轮刀具，可以 350 m/min 的切削速度干切削锥齿轮。此外，陶瓷刀具、CBN、PCD 刀具均可在适用范围内进行高速干切削，例如，采用陶瓷刀片高速干切削汽车发动机缸体，采用 CBN 刀具高速干切削 40 ~ 50HRC 模具钢等。

（2）合理选择刀具几何参数

干切削时，通常增大刀具前角，减小流屑阻力，使排屑更为通畅。另外，通过改变刀尖圆弧半径、采用负刃倾角、减小偏角和负倒棱，以利于热量传散，提高刀具强度。

（3）采用“绿色冷却”

在机床上安装管道，或通过主轴与刀具内孔传递高压空气、冷空气、冷却水雾等起排屑与冷却作用。

采用固态润滑剂对刀具涂覆。固态润滑剂中使用最多的是二硫化钼（MoS_2），由 MoS_2 形成的润滑膜具有很小的摩擦因数（0.05 ~ 0.09）和高熔点（1 185 ℃），因此，高温也不易改变它的润滑性能，且具有很高的抗压性能（3.1 GPa）和牢固的附着能力。使用时，可将 MoS_2 涂刷在刀面上。使用 MoS_2 能有效防止和抑制积屑瘤的产生，减小切削力，显著提高刀具寿命，减小加工表面粗糙度值。

2. 干切削的主要效果

切削实验表明：高速切削时采用干切削，刀具寿命不低于湿切削，这是因为浇注切削液会产生不均匀性及不易渗入切削区。用硬质合金钻头、镗刀等在提高速度、减小进给量情况下，加工表面质量与湿切削相同；涂覆的硬质合金钻头、拉刀产生的力和力矩与湿切削相等。

六、思考与练习

1. 浇注切削液起什么作用？
2. 切削液有哪几类？各适用什么场合？
3. 干切削时，原先切削液所起的作用如何实现？

模块四

车　　刀

车刀是车床上使用的结构简单、应用最广泛的一种加工回转体表面的刀具。从结构上来看，车刀有整体式、焊接式、机械夹固式三种类型，其中，机械夹固式又有重磨式和可转位式之分。

从应用场合上来看，整体式车刀适用于小型车床、加工有色金属、成形车刀；焊接式车刀适用于各类车刀，特别是小刀具；机夹重磨式车刀适用于各类车刀；机夹可转位式车刀特别适用于数控车床。

另外，从加工表面特征上来看，车刀有普通车刀和成形车刀之分，主要包括外圆车刀、端面车刀、切断（车槽）刀、内孔车刀、成形车刀、螺纹车刀等。

常用车刀的结构形式见AR资源“车刀（一）”“车刀（二）”。

任务一　焊接式车刀

知识点：

◎焊接式车刀的特点。

◎硬质合金焊接刀片型号。

◎刀柄槽的形式。

能力点：

◎能进行焊接式车刀的选用。

一、任务提出

如图 4–1 所示为球头手柄工件，材料为 45 钢，单件生产。拟采用硬质合金焊接式车刀进行加工，试确定刀片型号及刀柄槽形式。

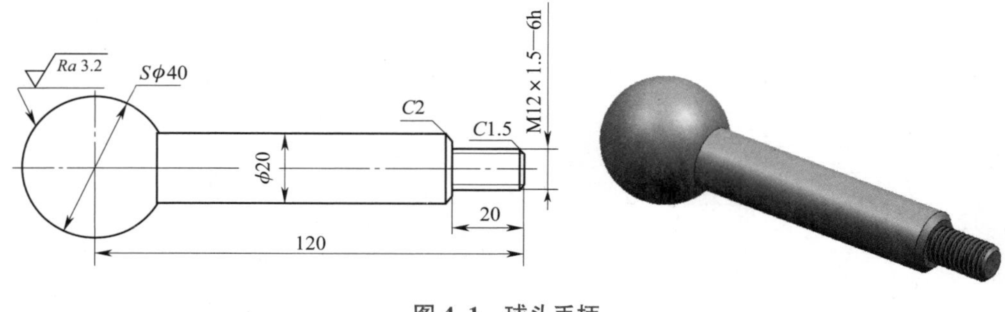

图 4–1 球头手柄

二、任务分析

焊接式车刀是由一定形状的刀片和刀柄通过焊接方式连接而成的。刀片一般选用不同牌号的硬质合金材料，刀柄材料常选用 45 钢，使用时根据具体需要进行刃磨。焊接式车刀的质量好坏及使用是否合理，与硬质合金的牌号、刀片的型号、刀具的几何参数、刀槽的形状和尺寸、焊接工艺及刃磨质量等有着密切的关系。

三、知识准备

1. 焊接式车刀的特点

焊接式车刀的特点如下：

（1）结构简单，制造方便，刀具刚度高。

（2）使用灵活，可根据使用要求随意刃磨。

（3）刀片利用较充分。

（4）切削性能较差。刀片经过高温焊接，切削性能有所下降。另外，由于硬质合金刀片与刀柄材料的线膨胀系数差别较大，刀片经焊接和刃磨的高温作用，因热应力的影响导致刀片产生微裂纹，容易造成崩刃。

（5）使用时辅助时间长。焊接式车刀换刀和对刀的时间较长，不适合自动机床、数控机床等自动化程度高的机床使用。

（6）刀具切削性能主要取决于刃磨的技术水平，与现代化生产不相适应。

（7）刀柄不能重复使用，刀柄材料消耗较大。

鉴于其不可替代的优点，焊接式车刀目前仍在使用。

2. 硬质合金焊接刀片型号及选择

（1）型号

焊接式车刀的硬质合金刀片型号（形状和尺寸）已标准化，制造企业按《硬质合金焊接车刀片》（YS/T 253—1994）和《硬质合金焊接刀片》（YS/T 79—2018）生产。使用时，应根据不同用途，选用合适的硬质合金牌号和刀片型号。表 4–1 所列为部分常用硬质合金焊接刀片的形式。

表 4–1 常用硬质合金焊接刀片的形式

型号	刀片简图	主要尺寸 /mm	主要用途
A1	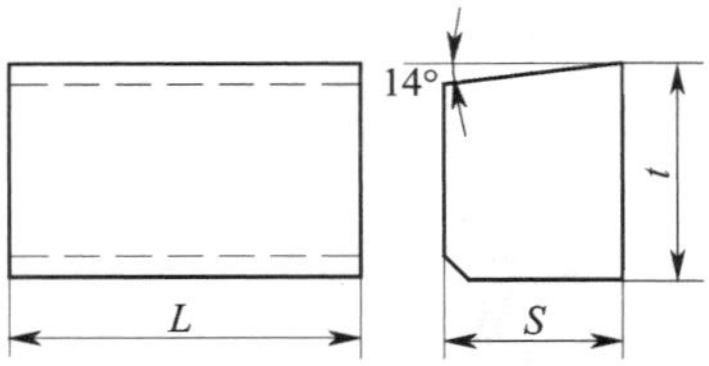 14° L S t	L=6 ~ 70	κ_r<90°外圆车刀和内孔车刀、宽刃刀
A2	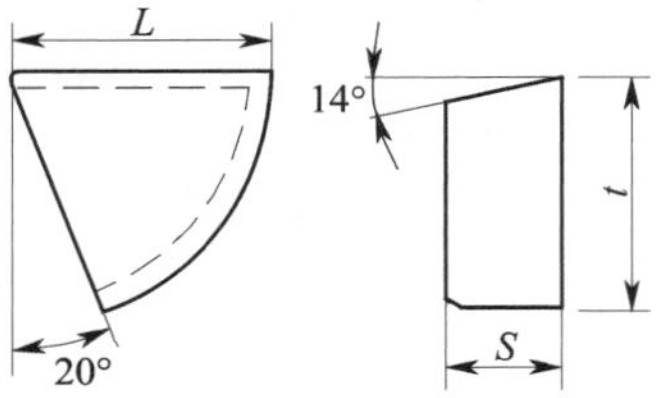 L 14° t 20° S	L=8 ~ 25	端面车刀、盲孔车刀
A3	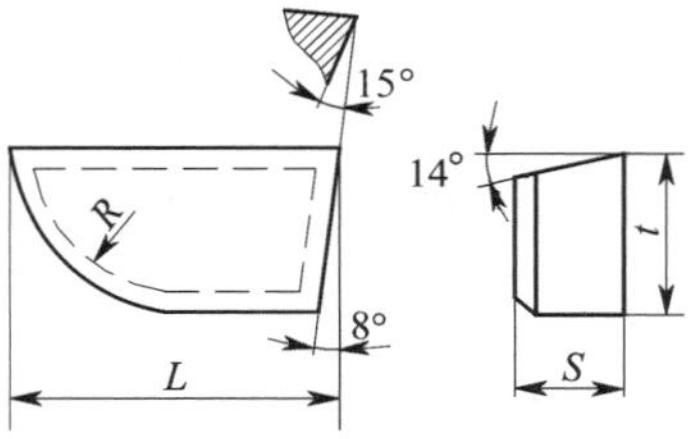 15° 14° R t 8° L S	L=10 ~ 40	90°外圆车刀、端面车刀
A4	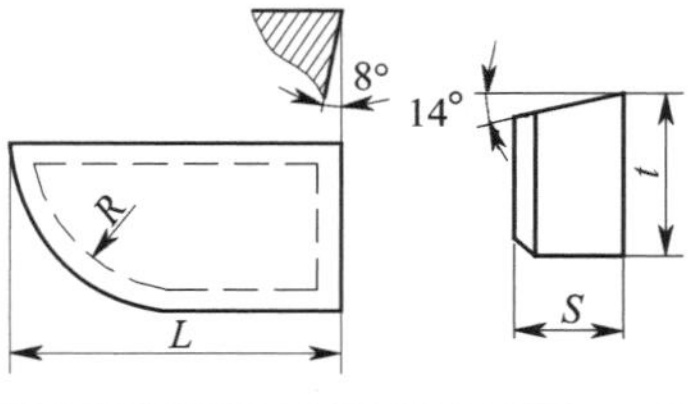 8° 14° R t L S	L=6 ~ 50	端面车刀、直头外圆车刀、内孔车刀
C1	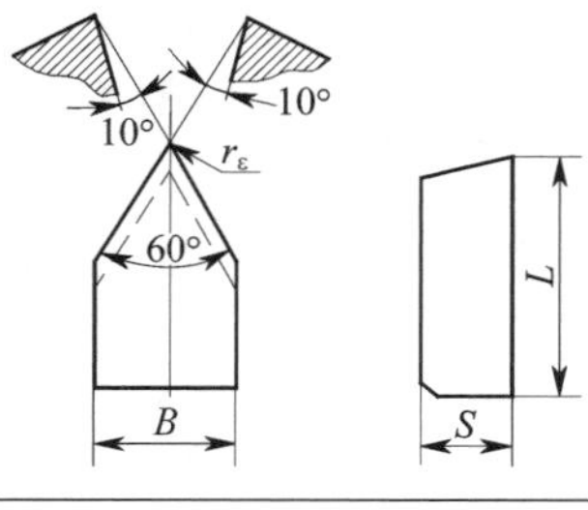 10° 10° r_ε 60° L B S	B=4 ~ 12	螺纹车刀
C3	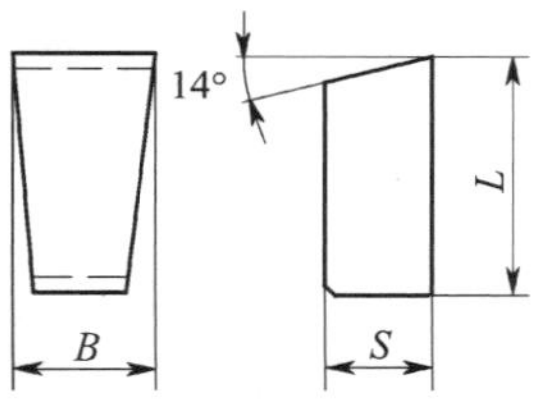 14° L B S	B=3.5 ~ 16.5	车槽、切断刀

焊接刀片型号由表示焊接刀片形式的大写英文字母和表示形状的数字代号与长度参数的两位整数（不足两位整数时前面加0）组成，例如A320表示A3型刀片，长度为20 mm。当焊接刀片长度参数相同，其他参数如宽度、厚度不同时，则在型号后面分别加A、B以示区别；当刀片分左、右向切削时，在型号后面用Z表示左向切削，不加Z则表示右向切削，例如A320Z为左向切削刀片。

（2）选择

选择刀片型号时，应根据车刀用途和主偏角来选择刀片形状，刀片长度一般为切削刃工作长度的1.6～2倍。车槽刀的宽度应根据工件槽宽来决定。切断刀的刃宽 B 可按 $B=0.6\sqrt{d}$ 估算（d 为工件直径）。刀片厚度 s 可根据切削力的大小来确定。工件材料强度越高，切削层公称横截面积越大时，则 s 应越大。

3．刀柄槽的形式及尺寸

（1）形式

焊接式车刀刀柄应根据刀片的形状和尺寸开出刀片安装槽，即刀柄槽。刀柄槽的形式主要有开口式、半封闭式、封闭式和切口式，如图4–2所示。

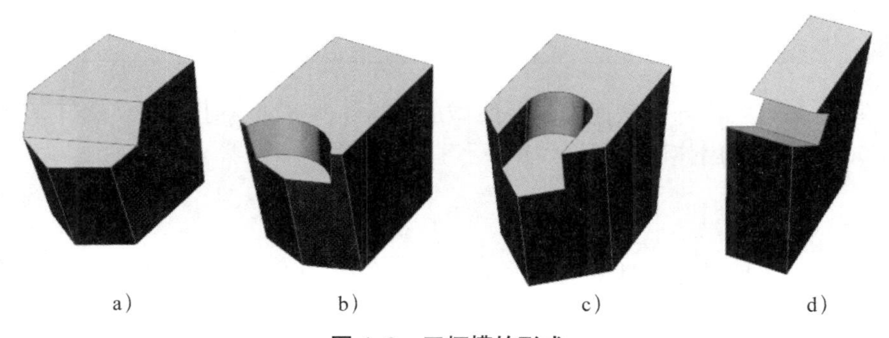

图4–2 刀柄槽的形式

a）开口式 b）半封闭式 c）封闭式 d）切口式

开口式刀柄槽制造简单，焊接面最小，焊接应力较小，适用于A1、C3型刀片等。

半封闭式刀柄槽焊接面大，刀片焊接牢靠，适用于A2、A3、A4型等带圆弧的刀片。

封闭式刀柄槽焊接面积大，强度高，但焊接应力大，适用于C1、C3型等底面积相对较小的刀片。

对于底面积较小的刀片，刀柄槽可以采用切口槽形式，如嵌入槽、V形槽、燕尾槽形式等，以增大焊接面积，提高结合强度。

（2）尺寸

刀槽尺寸可通过计算求得，通常可按刀片配制。为了便于刃磨，应使刀片露出刀槽0.5～1 mm。一般取刀槽前角 $\gamma_{og}=\gamma_o+$（5°～10°），以减少刃磨前面的工作量；刀柄后角 $\alpha_{og}=\alpha_o+$（2°～4°），以便于刃磨刀片，提高刃磨质量。刀片在刀槽中的安放位置如图4–3所示。

4．刀柄截面形状和尺寸

刀柄截面形状有矩形、正方形和圆形三种，其中以矩形截面应用最多。刀柄长度一般取其高度的6倍。切断刀工作部分的长度需大于工件半径。刀柄高度按机床中心高来选择。常用车刀刀柄截面尺寸见表4–2。

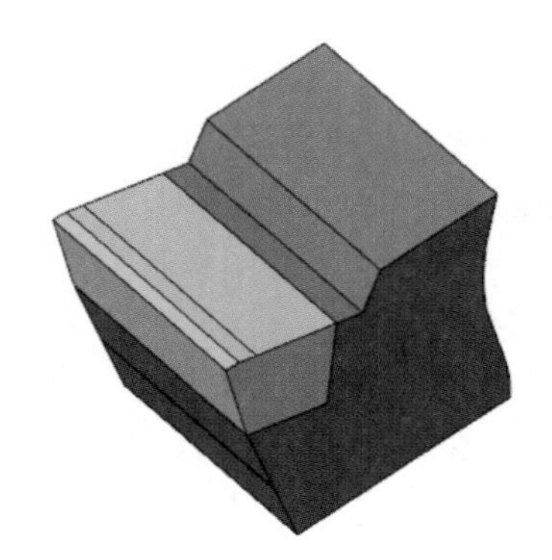

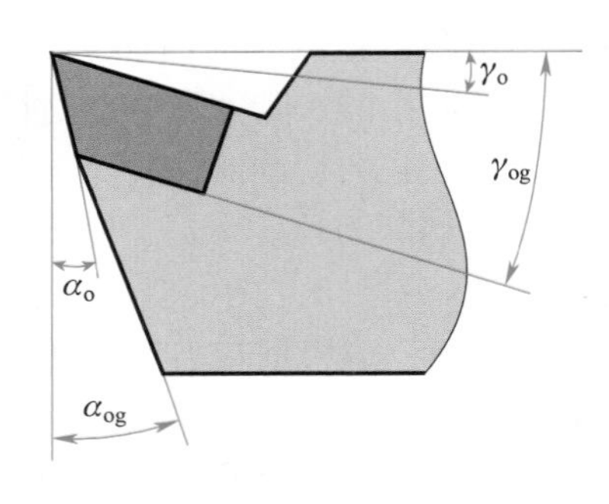

图 4–3 刀片在刀槽中的安放位置

表 4–2 常用车刀刀柄截面尺寸 mm

机床中心高	150	180 ~ 200	260 ~ 300	350 ~ 400
正方形截面 H^2	16^2	20^2	25^2	30^2
矩形截面 $B \times H$	12×20	16×25	20×30	25×40

另外，内孔车刀工作部分截面形状一般做成圆形，其长度大于孔深。蜗杆车刀和圆弧车刀的切削刃较长，可选用弹性刀柄，以防止切削时扎刀。

四、任务实施

如图 4–1 所示为回转体零件，需要加工的表面有球、外圆、外螺纹和倒角，适合用车削完成全部表面的加工。

由于只需加工 1 件，且精度要求不高，所以不分粗、精车刀。毛坯材料为 45 钢，考虑生产率和刀具成本，选用硬质合金焊接式车刀，牌号为 P 类。车刀种类根据工件表面形状选择，不同的表面采用不同的车刀（见表 4–3）。

表 4–3 刀具选用表

序号	工件表面	车刀名称	刀片型号	刀柄槽
1	球	圆头刀	B208	切口式
2	外圆	外圆车刀	A340（粗、精车）	半封闭式
3	外螺纹	普通螺纹车刀	C108（粗、精车）	封闭式
4	倒角	45°弯头刀	A116	开口式

结合前面所学刀具知识，可以选定外圆车刀几何角度。前角 γ_o=10°，主后角 α_o=8°，副后角 α_o'=8°，主偏角 κ_r=90°，副偏角 κ_r'=8°，刃倾角 λ_s=0°；并且刃磨圆弧型断屑槽，及时断屑，保证车削顺利进行。

五、知识链接

刀片钎焊工艺简介

硬质合金刀片的焊接多采用钎焊工艺，其工艺过程是将焊接件和钎料加热到高于钎料熔点而低于母材熔点的温度，利用熔化后的钎料扩散渗透到焊接件，冷却后将焊接件牢固地连接在一起。

1．钎料

焊接硬质合金刀具常用的钎料主要有以下几种。

（1）铜镍合金或纯铜

熔点为 1 000 ~ 1 200 ℃，允许的切削温度为 700 ~ 900 ℃，可用于大负荷切削的刀具焊接。

（2）铜锌合金或 105 钎料

熔点为 900 ~ 950 ℃，允许的切削温度为 500 ~ 600 ℃，可用于中等负荷切削的刀具焊接。

（3）银铜合金或 106、107 钎料

熔点为 670 ~ 820 ℃，允许的切削温度不超过 400 ℃，适用于低钴高钛合金刀具的焊接。

2．焊剂

焊接时还需用焊剂清除待焊表面的氧化物，改善润湿性，并保护焊层不受氧化。常用的焊剂是工业硼砂。

3．焊接后处理

刀片焊接后应进行保温处理，以减小热应力的影响。通常将刀具置于 280 ~ 320 ℃的保温炉中保温 3 h，然后随炉或放入石灰粉中缓慢冷却。

六、思考与练习

1．试说出如图 4–4 所示车刀的结构类型。

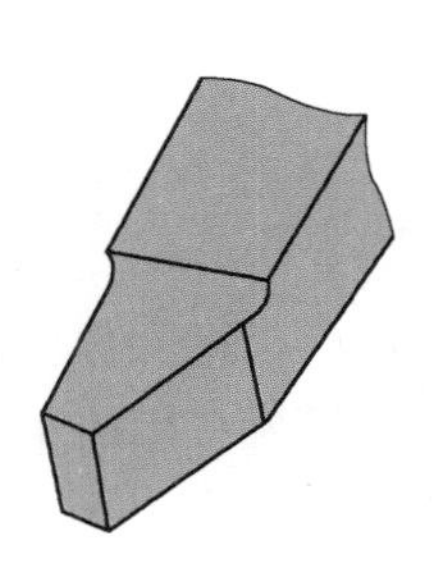
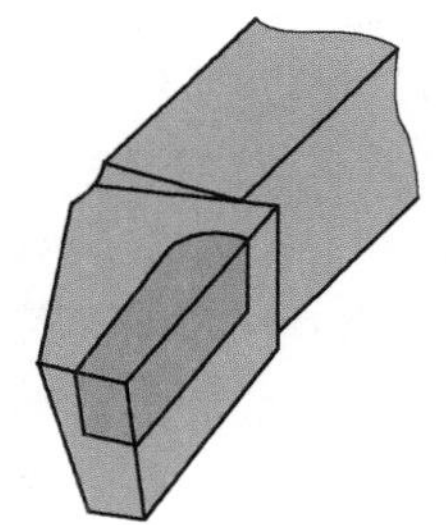
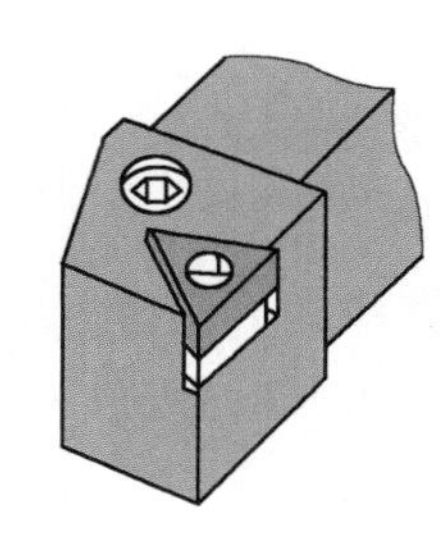

图 4–4　思考与练习 1

2．试说出如图 4–5 所示车刀的名称。

3．切断刀应采用什么类型的硬质合金焊接刀片？

4．内孔车刀应采用什么类型的硬质合金焊接刀片？

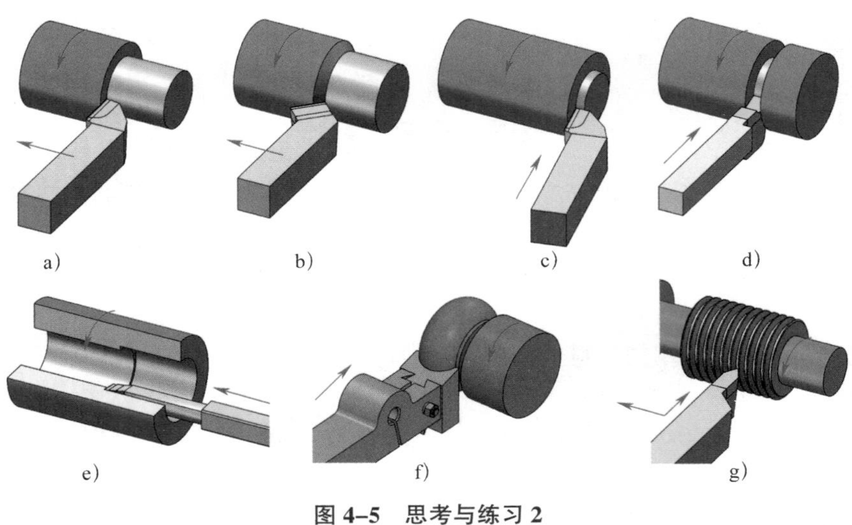

图 4–5 思考与练习 2

任务二 可转位车刀

知识点：

◎可转位车刀的组成。

◎可转位车刀的优点。

◎可转位刀片型号和断屑槽型及槽宽。

◎可转位车刀刀片的夹紧形式。

能力点：

◎能识别可转位刀片型号并能正确使用可转位刀片。

一、任务提出

在生产实践中，人们摸索出了合理的刀具几何参数，并将这些合理参数压制在硬质合金刀片上，用机械夹固的方法，将刀片固定在标准刀柄上，这就是机械夹固式车刀。图 4–6 所示为用在机夹可转位式车刀上的硬质合金刀片。要想充分发挥机械夹固式车刀的作用，首先必须熟悉可转位硬质合金刀片型号（如 TPGN150308EN）的含义，其次要正确地使用可转位刀片。

二、任务分析

机械夹固式车刀使用方便高效，并能克服焊接式车刀存在的诸如在焊接和刃磨时常常产

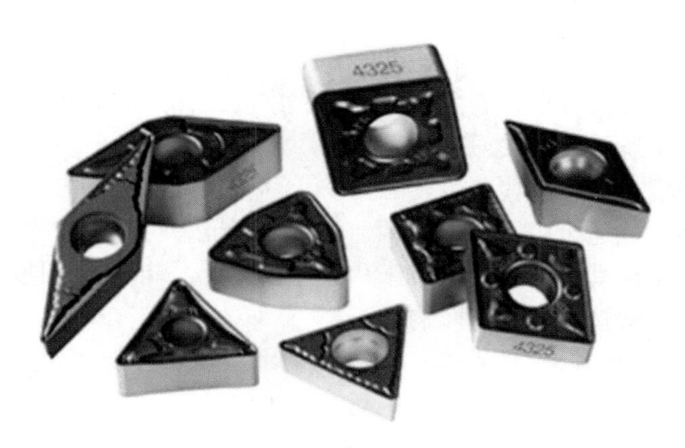

图 4–6 可转位硬质合金刀片

生内应力，极易导致裂纹而造成工作时产生崩刃或打刀，刀柄不能重复使用等缺点。因此，在加工自动线上，尤其在数控机床上广泛使用机械夹固式车刀，特别是其中的可转位式车刀，对提高劳动生产率意义重大。可转位刀片切削刃和刀片槽型的设计，对于金属切削工艺中的切屑形成过程、刀具寿命和进给率数据而言至关重要。

三、知识准备

1. 可转位车刀的组成

可转位车刀是使用可转位刀片的机夹车刀，由刀柄、夹紧装置、刀片及刀垫组成，如图 4–7 所示。刀片用钝后无须重磨，只需松开夹紧装置，将刀片转位换刃，重新夹紧后便可用新的切削刃继续进行切削，待全部切削刃都用钝后才更换新刀片。

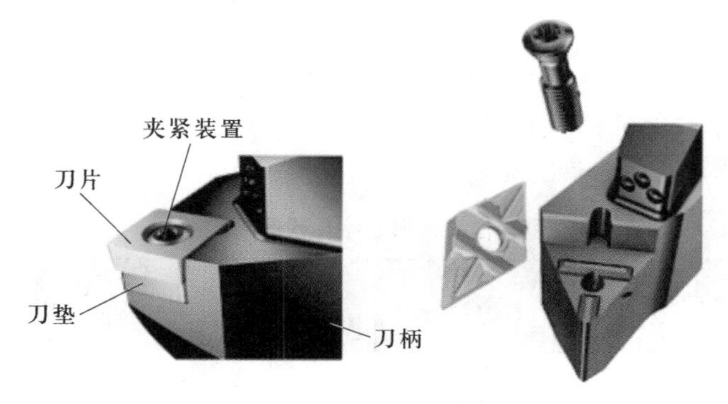

图 4–7 可转位车刀的组成

2. 可转位车刀的优点

与焊接式车刀相比较，可转位车刀具有下列主要优点。

（1）刀具寿命高

可转位车刀避免了焊接、刃磨过程产生的热应力影响，硬质合金原有的切削性能不变，刀具寿命比焊接车刀高一倍左右。

（2）生产效率高

刀片转位、更换方便，缩短了换刀、磨刀和调整刀具的时间。

（3）有利于新材料、新技术的研制、推广和应用

可转位车刀减少了焊接环节，避免了焊接过程中高温作用的影响，为新型硬质合金的研制、开发和应用创造了条件，涂层刀片也得到了广泛应用。

（4）切削性能稳定，适合现代化生产的要求

可转位车刀几何参数完全由刀片和刀柄上的刀槽保证，可有针对性地设计制造出较佳的刀具几何参数，应用于自动化程度高的机床和数控机床上，能获得较佳的切削效果和较高的切削效率，且不受操作者技术水平的影响。

（5）节省刀柄材料，降低刀具成本

焊接车刀一把刀柄只能焊接一次刀片，而一把可转位车刀的刀柄可使用几十片刀片，可节约大量的刀柄材料。

鉴于上述优点，可转位刀具已成为刀具发展的一个重要方向，并得到广泛的应用。

3．可转位刀片型号和断屑槽型与槽宽

（1）可转位刀片型号

国家标准《切削刀具用可转位刀片型号表示规则》（GB/T 2076—2021）中规定，用九个代号表征刀片的尺寸及其他特性，代号由字母或数字按一定顺序排列组成。可转位刀片型号的表示规则及含义见表4–4。

表4–4 可转位刀片型号的表示规则及含义

代号	1	2	3	4	5	6	7	8	9
表达特性	刀片形状	刀片法后角	允许偏差等级	夹固形式及有无断屑槽	刀片长度	刀片厚度	刀尖形状	切削刃截面形状	切削方向
说明	字母	字母	字母	字母	数字	数字	数字	字母	字母

1）刀片形状

刀片形状包括五种类别，即等边等角、等边不等角、不等边不等角、等角不等边、圆形。表示刀片形状的字母代号规定见表4–5。

表4–5 可转位刀片形状字母代号规定

刀片形状类别	代号	形状说明	刀尖角	示意图	刀片形状类别	代号	形状说明	刀尖角	示意图
等边等角	H	正六边形	120°	120°	等边不等角	C	菱形	80°	80°
	O	正八边形	135°	135°		D		55°	55°
	P	正五边形	108°	108°		E		75°	75°

续表

刀片形状类别	代号	形状说明	刀尖角	示意图	刀片形状类别	代号	形状说明	刀尖角	示意图
等边等角	S	正方形	90°	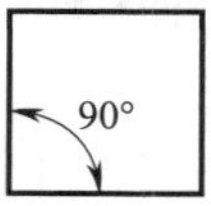 90°	等边不等角	M	菱形	86°	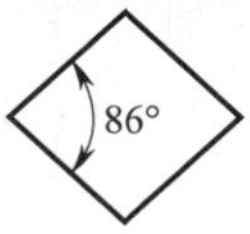 86°
	T	正三角形	60°	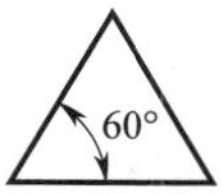 60°		V		35°	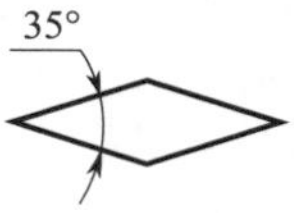 35°
不等边不等角	A	平行四边形	85°	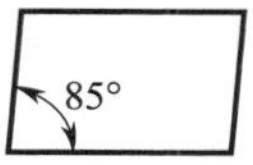 85°		W	等边不等角六边形	80°	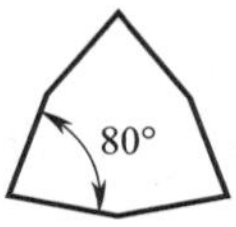 80°
	B		82°	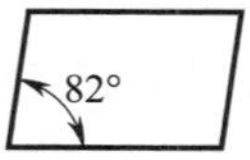 82°	等角不等边	L	矩形	90°	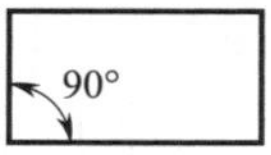 90°
	K		55°	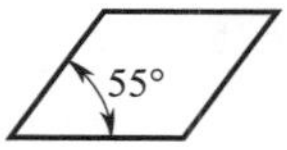 55°	圆形	R	圆形	—	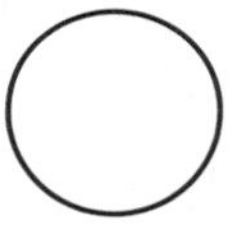

刀片边数多，则刀尖角大、强度高、散热条件好，同时切削刃也多，刀片利用率高。选用刀片时应根据不同的使用要求进行。例如，一般外圆车削常用 80°等边不等角六边形刀片和 80°菱形刀片，仿形加工常用 55°、35°菱形刀片或圆形刀片。在机床刚度、功率允许的条件下，大余量、粗加工应选择刀尖角较大的刀片；反之，选择刀尖角较小的刀片。

2）刀片法后角

表示刀片法后角大小的字母代号应符合表 4–6 的规定。

表 4–6　　可转位车刀刀片法后角

示意图	代号	法后角
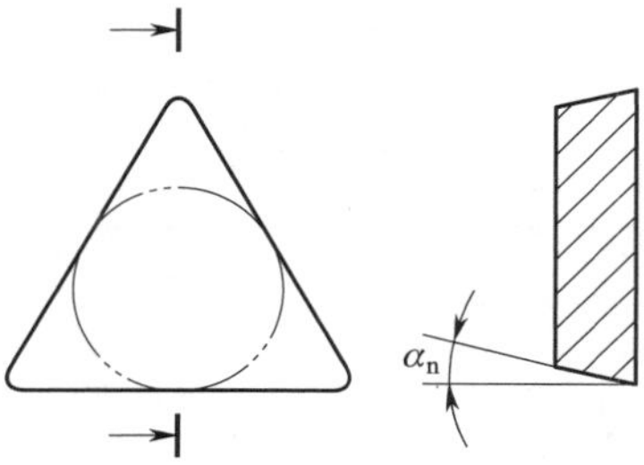 α_n	A	3°
	B	5°
	C	7°
	D	15°
	E	20°
	F	25°
	G	30°
	N	0°
	P	11°
	O	其他需专门说明的法后角

刀具后角靠刀片的倾斜安装形成。最常用的是 N 型刀片（α_n=0°），0°法后角一般用于粗车、半精车，5°、7°、11°法后角一般用于半精车、精车、仿形加工及内孔加工。

需要指出的是，如果所有的切削刃都用作主切削刃，不管法后角是否相同，则用较长一段切削刃的法后角来选择法后角表示代号。这段切削刃即作为主切削刃，表示刀片长度。

3）允许偏差等级

刀片主要尺寸包括 d（刀片内切圆直径）、s（刀片厚度）和 m（刀尖位置尺寸）。需要注意的是，不同情况下的刀尖位置尺寸 m 值有所不同，如图 4–8 所示。

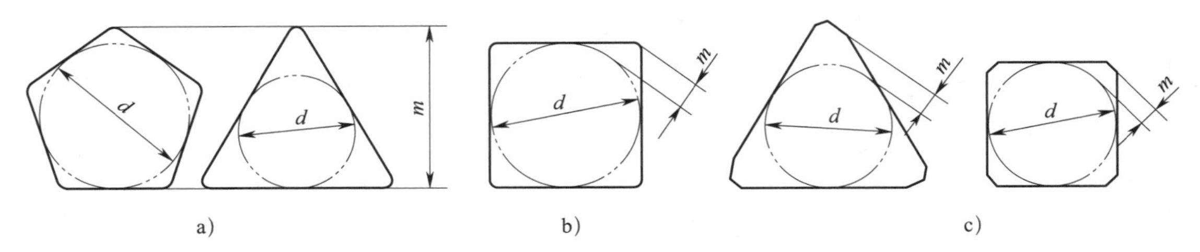

图 4–8　不同情况下的刀尖位置尺寸 m

a）刀片边为奇数，刀尖为圆角　b）刀片边为偶数，刀尖为圆角　c）带修光刃的刀片

可转位刀片主要尺寸允许偏差分为 12 个等级，代号分别为 A、F、C、H、E、G、J、K、L、M、N、U，相关内容可查阅 GB/T 2076—2021。其中 U 级为普通级，J、K、L、M、N 级为中等级，A、F、C、H、E、G 级为精密级；M 级使用较多。

普通车床粗加工、半精加工用 U 级，对刀尖位置要求较高的或数控车床用 M 级，要求更高级的用 G 级。

4）夹固形式及有无断屑槽

根据夹固形式及有无断屑槽，刀片类型共有 15 种，见表 4–7。

表 4–7　可转位车刀刀片类型及代号（刀片夹固形式及有无断屑槽）

代号	固定方式	断屑槽	示意图
N	无固定孔	无断屑槽	
R		单面有断屑槽	
F		双面有断屑槽	
A	有圆形固定孔	无断屑槽	
M		单面有断屑槽	
G		双面有断屑槽	

续表

代号	固定方式	断屑槽	示意图
W	单面有 40° ~ 60° 固定沉孔	无断屑槽	
T		单面有断屑槽	
Q	双面有 40° ~ 60° 固定沉孔	无断屑槽	
U		双面有断屑槽	
B	单面有 70° ~ 90° 固定沉孔	无断屑槽	
H		单面有断屑槽	
C	双面有 70° ~ 90° 固定沉孔	无断屑槽	
J		双面有断屑槽	
X	其他固定方式和断屑槽形式，需附图形或加以说明		—

刀片夹固形式的选择实际上就是对车刀刀片夹固结构的选择。带孔刀片一般利用孔来夹紧，无孔刀片则采用上压式夹紧，如图 4–9 所示。

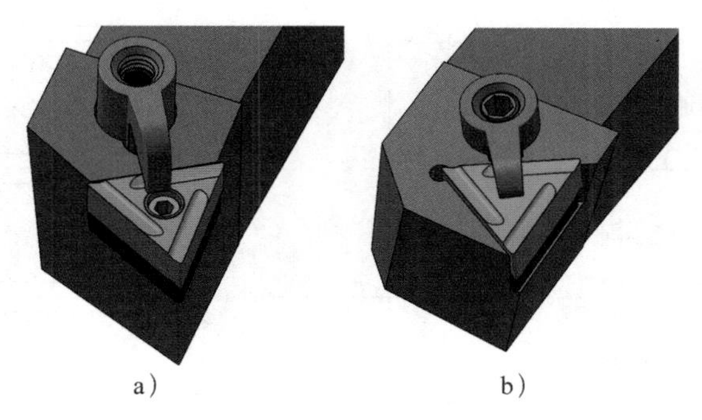

a） b）

图 4–9 带孔刀片和无孔刀片的夹紧示意图

a）带孔刀片 b）无孔刀片

5）刀片长度

刀片长度用两位数字表示，选取舍去小数部分的刀片切削刃长度或较长边的尺寸值作为代号，如切削刃长度为 16.5 mm，则数字代号为 16。若舍去小数部分后只剩下一位数字，则必须在数字前加“0”，如切削刃长度为 9.525 mm，则数字代号为 09。

刀片长度应根据背吃刀量进行选择，一般开口式刀片切削刃长度应不小于 $1.5a_p$，封闭式刀片切削刃长度应不小于 $2a_p$。

6）刀片厚度

刀片厚度是指刀尖切削面与对应的刀片支撑面之间的距离。刀片厚度用两位数字表示，选取舍去小数部分的刀片厚度值表示。若舍去小数部分后只剩下一位数字，则必须在数字前加“0”。如刀片厚度为 3.18 mm，则代号为 03。

刀片厚度的选用原则是使刀片有足够的强度来承受切削力，通常是根据工件材料的强度、背吃刀量和进给量的大小来选用，即根据切削力的大小确定。当切削力较大时刀片厚度相应大些。

7）刀尖形状

刀尖形状用两位数字表示，即用省去小数点的圆弧半径毫米数表示。如刀尖圆弧半径为 0.3 mm，则代号为 03；刀尖圆弧半径为 1.2 mm，则代号为 12；若为尖角或圆形刀片，则代号为 00。

粗车时只要刚度允许，应尽可能采用较大的刀尖圆弧半径；精车时一般用较小的刀尖圆弧半径，不过当刚度允许时也应选取较大值。常用的压制成形的刀尖圆弧半径有 0.4 mm、0.8 mm、1.2 mm、2.4 mm 等。

8）切削刃截面形状

可转位刀片切削刃截面形状反映了刀具刃口形状，它是前面和后面之间的过渡段，影响着切削刃的强度和锋利性，决定着刀具的寿命。表示刀片切削刃截面形状的字母代号应符合表 4–8 的规定。

表 4–8 可转位刀片切削刃截面形状的字母代号

代号	刀片切削刃截面形状	示意图
F	尖锐切削刃	
E	倒圆切削刃	
T	倒棱切削刃	
S	既倒棱又倒圆切削刃	
Q	双倒棱切削刃	
P	既双倒棱又倒圆切削刃	

对于不同用途应采用不同的切削刃截面形状。尖锐切削刃（F）切削力最小，强度最低，常用于切削塑性材料及精整加工；倒圆切削刃（E）刀具材料表面薄涂层后保护切削刃，常用于有中断钢件的切削；倒棱切削刃（T）具有较大稳定性，能承受较大切削力，可用于切削淬火钢和硬铸件等，如陶瓷系列可转位刀片都采用倒棱切削刃，多数可转位铣刀刀片也采用倒棱切削刃；既倒棱刀又倒圆切削刃（S）加工安全性最高，但提高了切削力、切削温度和振颤痕产生的可能性，可用于疑难切削。

9）切削方向

可转位刀片的切削方向决定着刀具的走刀方向和具体应用，包括右切（R）、左切（L）和双向（N）三种。

（2）断屑槽型与槽宽

在国家标准规定的九位代号之后，加一短横线，再用一个字母和一位数字来表示刀片断屑槽型与槽宽，例如 A2 等。断屑槽直接影响切屑的卷曲和折断。刀片断屑槽型与槽宽种类较多（见表 4–9），各种断屑槽型及槽宽刀片的使用情况不尽相同。

表 4–9 可转位刀片断屑槽型与槽宽的表示

代号	断屑槽类型举例	代号	断屑槽类型举例	代号	断屑槽类型举例	代号	断屑槽类型举例	备注
A		Y		K		H	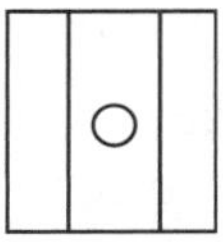	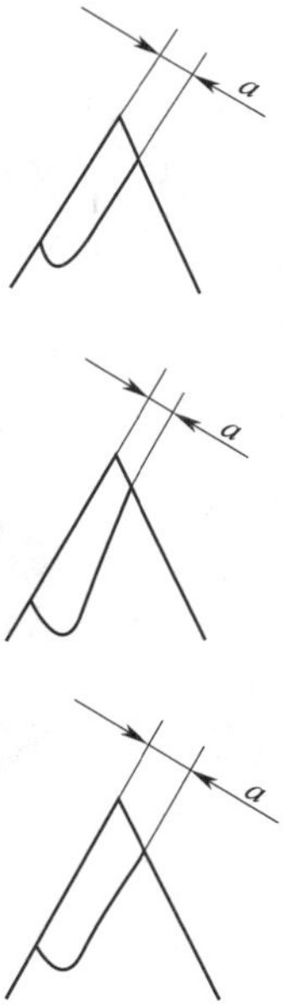 a=1，2，3，4，5，6，7
J	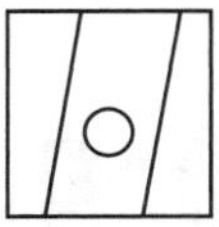	U		Z	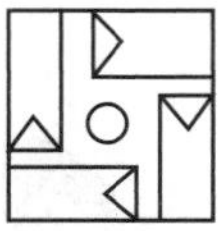	V	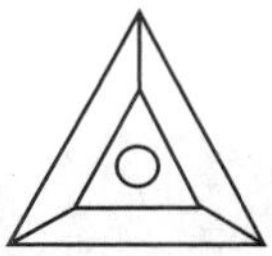	
M		W		G	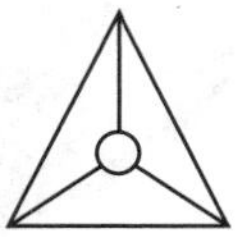	P		
B		O	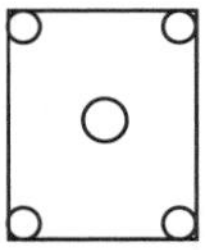	D		C		

根据结构特点，断屑槽可分为开口式和封闭式两大类。其中 A、Y、K、H 为开口槽型，主要特点是断屑槽一端或两端开通，保证主切削刃获得较大前角，但刀尖强度较低，断屑范围较窄，多用于切削用量变化不大的场合，且左切、右切两种刀片不能混用。V、M、W、G 等为封闭槽型，其主要特点是断屑槽不开通，刀尖强度高，左、右切削刃角度相等，断屑范

围宽，但切削力较大，要求机床精度高。

根据断屑槽截面形状和几何角度特点，断屑槽又可分为三种类型，其特点见表 4–10。

表 4–10　三种断屑槽槽型

槽型	代号	特点
正前角、0° 刃倾角	A、Y、K、V、M、W 型等	切削刃上各点前角相同，槽型简单，为常用槽型
正前角、正刃倾角	C 型	刀片制出 6° 刃倾角，减小了径向切削力
变截面	U、P、B 型等	切削刃上各点槽深、槽宽、刃倾角不同，槽型复杂，但断屑稳定，切屑不飞溅，应用范围较广

目前，国内外对刀片断屑槽型的研究十分重视，开发了许多适应性好、断屑性能可靠的断屑槽型以供用户选用。限于篇幅，在此不再赘述。

4. 可转位车刀刀片的夹紧系统

（1）对夹紧系统的要求

1）夹紧可靠，不允许刀片在切削时产生松动。

2）定位精确，刀片转位或更换时，刀尖位置的变化在工作精度允许的范围内。

3）结构简单，操作方便，以减少转位或更换刀片的时间。

4）夹紧元件不应妨碍切屑流出及切屑流出时不会擦坏夹紧元件。

（2）刀片夹紧系统

为适应不同的应用范围，人们设计了各种不同的夹紧系统。以山特维克（Sandvic）公司的产品为例，它提供了刚性夹紧系统、杠杆式夹紧系统和螺钉夹紧系统等，如图 4–10 所示。

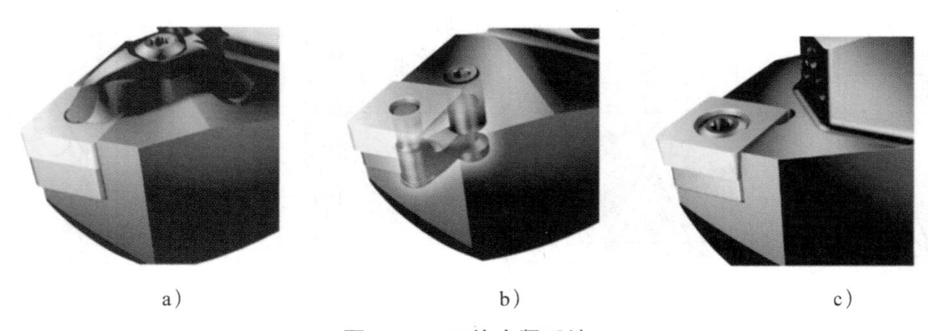

a）　b）　c）

图 4–10　刀片夹紧系统

a）刚性夹紧系统　b）杠杆式夹紧系统　c）螺钉夹紧系统

就刀片采用的夹紧机构而言，常见的有偏心式、杠杆式、杠销式、楔块式和上压式等。详细内容可查阅相关资料，限于篇幅，在此不再赘述。

四、任务实施

根据国家标准《切削刀具用可转位刀片型号表示规则》（GB/T 2076—2021）中规定，刀片型号 TPGN150308EN 的含义见表 4–11。

表 4–11 刀片型号 TPGN150308EN 的含义

型号	T	P	G	N	15	03	08	E	N
含义	正三角形	11°	精密级	无固定孔 无断屑槽	15.5 mm	3.18 mm	刀尖圆弧 半径 0.8 mm	倒圆 切削刃	双向 切削

正确使用刀片应注意如下事项：

1．正确装夹刀片

安装刀片时应使刀片底面与刀垫接触良好，否则，切削时刀片因受力不均而容易碎裂。另外，由于夹紧机构设计时都考虑了切削力对夹紧的作用，因此，夹紧刀片时夹紧力不必太大，否则会将刀片夹碎裂并损坏夹紧元件。

2．合理选择切削用量

可转位刀片的几何参数是根据一定的切削用量设计制造的，使用时应注意满足刀片的使用条件，以达到最佳的切削效果和断屑效果。

3．合理修研切削刃和刀尖

可转位刀片通常不重磨，但使用时可根据刀片状况、切削条件等对切削刃和刀尖进行适当修研，以保证切削效果和提高刀具寿命。

五、知识链接

可转位车刀刀柄

类似于可转位车刀刀片，其刀柄的型号也有 10 个号位，同样由代表一定意义的字母和数字按一定顺序排列而成，见表 4–12。

表 4–12 刀柄型号

号位	1	2	3	4	5	6	7	8	9	10
表达特性	夹紧方式	刀片形状	车刀头部形式	刀片法后角	切削方向	车刀高度	刀柄宽度	刀柄长度	刀片边长	精密级车刀的测量基准
说明	字母	字母	字母	字母	字母	数字	数字	字母	数字	字母
示例	C	T	G	N	R	32	25	M	16	Q

刀柄型号的第二号位、第四号位、第五号位、第九号位与刀片型号中有关代号意义相同。第一号位用一个字母表示车刀或刀夹上刀片的夹紧方式，见表 4–13。

表 4–13 夹紧方式及代号

代号	夹紧方式
C	装无孔刀片，利用压板从刀片上方将刀片夹紧
M	装圆孔刀片，从刀片上方并利用刀片孔将刀片夹紧
P	装圆孔刀片，利用刀片孔将刀片夹紧
S	装沉孔刀片，用螺钉直接穿过刀片孔将刀片夹紧

第三号位用一个字母表示车刀或刀夹的头部形式，共 20 种，见表 4–14。

表 4–14　车刀或刀夹的头部形式

代号	头部形式	代号	头部形式	代号	头部形式	代号	头部形式
A	90°直头侧切	F	90°偏头端切	L	95°偏头侧切及端切	T	60°偏头侧切
B	75°直头侧切	G	90°偏头侧切	M	50°直头侧切	U	93°偏头端切
C	90°直头端切	H	107.5°偏头侧切	N	63°直头侧切	V	72.5°直头侧切
D	45°直头侧切	J	93°偏头侧切	R	75°偏头侧切	W	60°偏头端切
E	60°直头侧切	K	75°偏头端切	S	45°偏头侧切	Y	85°偏头端切

第六号位、第七号位均由两位数分别表示车刀高度和刀柄宽度，如果数值不足两位数，则在该数前加“0”。

第八号位用一个字母表示刀柄长度，共 23 种，见表 4–15。

表 4–15　刀柄长度　mm

代号	A	B	C	D	E	F	G	H	J	K	L	M
长度	32	40	50	60	70	80	90	100	110	125	140	150
代号	N	P	Q	R	S	T	U	V	W	X		Y
长度	160	170	180	200	250	300	350	400	450	特殊尺寸		500

第十号位用一个字母表示不同测量基准的精密级车刀，共 3 种，见表 4–16。

表 4–16　不同测量基准的精密级车刀代号

代号	Q	F	B
测量基准	外侧面和后端面	内侧面和后端面	内、外侧面和后端面
图示			

六、思考与练习

1. 可转位车刀是如何实现断屑的？
2. 为什么不能任意选择硬质合金可转位车刀刀片的法后角？
3. 试说出如图 4–11 所示刀片形状字母代号。
4. 试说出如图 4–12 所示刀片夹紧系统。

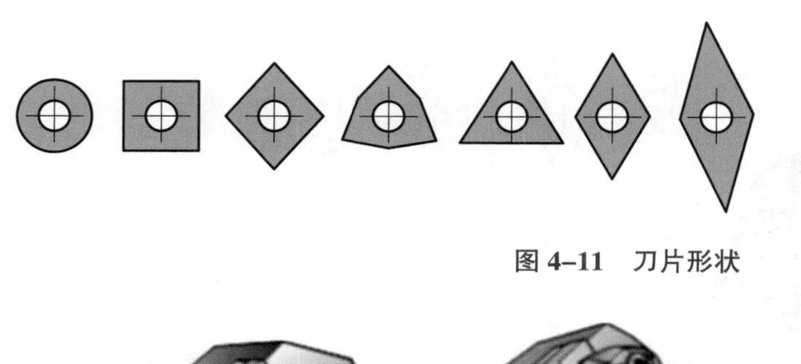

图 4–11 刀片形状

图 4–12 刀片夹紧系统

任务三 成形车刀

知识点：

◎成形车刀的种类和用途。

◎成形车刀前角、后角的表示。

◎成形车刀前角、后角的形成。

能力点：

◎能正确使用成形车刀。

一、任务提出

成形表面的加工，按所使用刀具的不同，通常有两种方法，一种是采用普通车刀车削；另一种是采用成形车刀车削，如图 4–13 所示。成形车刀主要用于加工批量较大的中、小尺寸带成形表面的工件。那么，成形车刀的刀体结构是如何形成的呢？成形车刀又该怎样正确使用呢？

二、任务分析

成形车刀是一种刃形根据加工工件廓形设计的，可以在普通车床、自动车床上高效、批量加工较高精度中、小尺寸成形表面工件的非标专用车刀，也称为样板刀。应用成形车刀能一次进给车出成形表面，易于保证稳定的形状精度，操作简便，对操作者的技术水平要求不高。

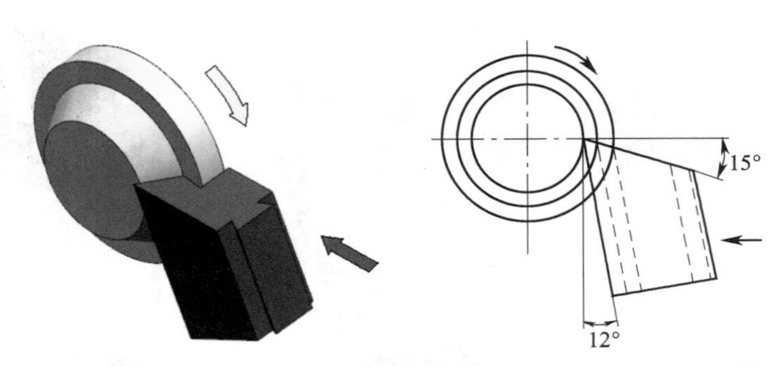

图 4–13　成形车刀及车削工件

由于成形车刀的切削刃形状比较复杂，大部分采用高速钢作为刀具材料。结构的特殊性，决定了成形车刀在设计制造、角度表示、安装使用、重磨等方面与普通车刀不同，只有掌握这些内容，才能有效地运用成形车刀，高效高质量地完成加工任务。

三、知识准备

1. 成形车刀的种类和用途

根据进给方向不同，成形车刀有径向进给成形车刀、切向进给成形车刀、斜向进给成形车刀之分。生产中常用的成形车刀多为径向进给成形车刀。径向进给成形车刀按其结构和形状可分为平体成形车刀（见图 4–14a）、棱体成形车刀（见图 4–14b）和圆体成形车刀（见图 4–14c）三种，其特点和用途见表 4–17。

棱体和圆体成形车刀均制有专用刀夹，经与刀具连接后，再固定在车床刀架上进行切削。需要指出的是，目前成形表面的加工，通常考虑应用数控机床来完成，但在某些场合条件下，成形车刀仍能发挥其特殊的作用。

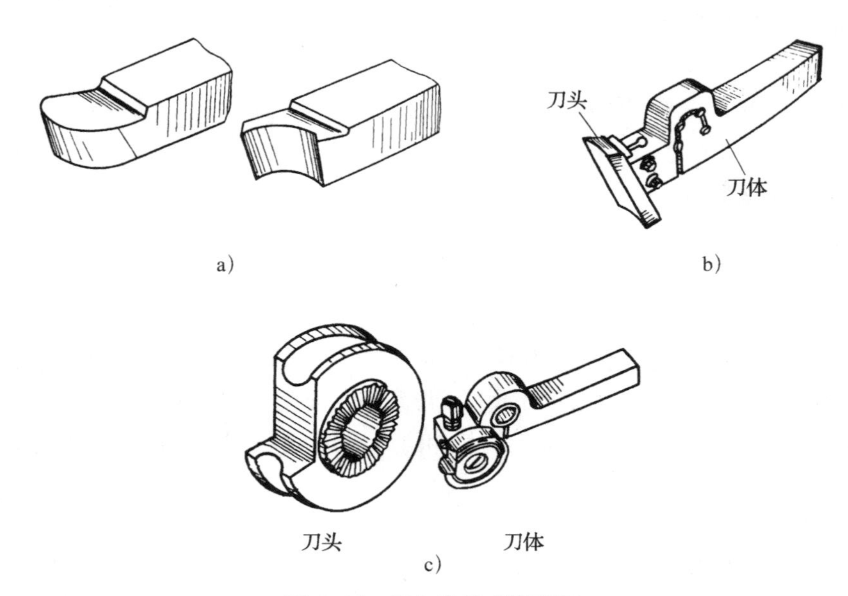

图 4–14　径向进给成形车刀

a）平体成形车刀　b）棱体成形车刀　c）圆体成形车刀

表 4–17　　径向进给成形车刀的类型、特点和用途

类型	简图	特点	用途
平体成形车刀		制造简单，但重磨次数少	适用于加工较简单的成形表面
棱体成形车刀		刀刃强度高、散热条件好，加工精度高	适用于加工外成形面和锥面
圆体成形车刀		重磨次数多，使用寿命长，制造容易，但夹刀系统刚度差	适用于加工内、外成形面

2．成形车刀的几何角度

由于刀具结构及加工工件表面形成方法不同，成形车刀前角、后角的形成、标注和变化规律均不同于普通车刀，现以径向进给成形车刀为例加以分析说明。

（1）成形车刀前角、后角的表示

和普通车刀一样，成形车刀应具有合理的几何角度才能有效地工作。鉴于结构的原因，成形车刀主要考虑的角度是前角和后角，以图 4–13 所示成形车刀为例，其前角为 15°，后角为 12°。

由于成形车刀的切削刃复杂，为了方便制造、刃磨和角度测量，并使角度大小不受复杂刃形的影响，规定以进给平面内的角度 γ_f 和 α_f 来表示，并以切削刃上与工件中心等高，且距工件中心最近一点（基准点 A）处的前角和后角作为刀具的名义前角和后角，如图 4–15 所示。

（2）成形车刀前角、后角的形成

成形车刀的前角和后角是由制造时保证，并通过正确安装形成的。

对于棱体形成形车刀，制造时将前面磨出（$\gamma_f+\alpha_f$）的斜面，安装时将棱体刀的刀体倾斜 α_f，便得到所需的前、后角，如图 4–15a 所示。

对于圆体形成形车刀，制造时将车刀的前面制成与其中心相距 h［$h=R\times\sin(\gamma_f+\alpha_f)$］，安装时使车刀中心高于工件中心 $H=R\times\sin\alpha_f$ 即可，如图 4–15b 所示。

成形车刀前角和后角的大小不仅影响刀具的切削性能，而且还影响工件廓形的加工精度。因此，确定了前角和后角后，在制造、重磨、安装时均不得随意变动。成形车刀前角的大小可根据工件材料选择，见表 4–18；后角则根据刀具类型而定，见表 4–19。

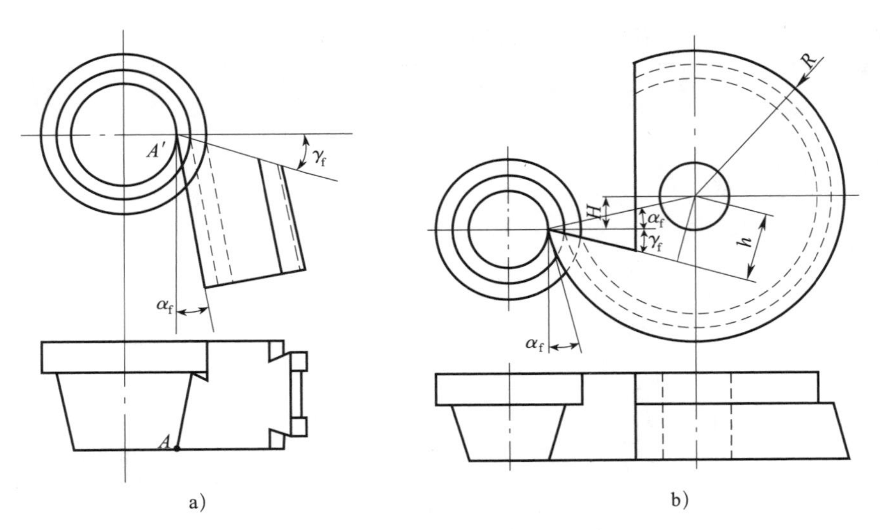

图 4–15　成形车刀的前角和后角

a）棱体形　b）圆体形

表 4–18　成形车刀的前角

工件材料		前角 γ_f	
		高速钢	硬质合金
碳钢	R_m<0.49 GPa	15°～20°	10°～15°
	R_m=0.49～0.784 9 GPa	10°～15°	5°～10°
	R_m=0.784 9～1.176 GPa	5°～10°	0°～5°
铸铁	<150HBW	15°	10°
	150～200HBW	12°	7°
	200～250HBW	8°	4°
铜	黄铜	3°～10°	0°～5°
	青铜	2°～5°	0°～3°
	纯铜	20°～25°	15°～20°

表 4–19　成形车刀的后角

成形车刀种类	后角 α_f
平体形成形车刀	2.5°～3°
棱体形成形车刀	12°～17°
圆体形成形车刀	10°～15°

另外，根据前角、后角的定义，成形车刀切削刃上各点的前角、后角不尽相同。离工件中心越远，前角越小，后角越大。尤其应注意的是，主偏角的影响会使主剖面后角变小，通常应根据式 $\tan\alpha_{ox}=\tan\alpha_{fx}\times\tan\kappa_{rx}$ 验算主剖面后角，确保 $\alpha_{ox}\geqslant 3°$。否则，必须采取相应的改

善措施。这些措施包括改变刀具廓形、磨出凹槽、做出侧隙角、采用斜向进给、采用螺旋面成形车刀等，具体内容可参阅相关资料。

四、任务实施

成形车刀的前角和后角是由制造时保证，并通过正确安装形成的。

正确使用成形车刀主要从刀具的正确安装、切削用量的合理选择和磨损后的正确重磨三方面做起。

1．成形车刀安装

（1）安装注意事项

成形车刀安装正确与否会影响零件的加工精度，因此安装时应注意以下几点：

1）刀装夹必须牢固。

2）刃上最外缘点（刀具基准点）应对准工件中心。

3）成形车刀的定位基准应与零件轴线平行。

4）刀具安装后获得的前角和后角应符合设计时所规定的参数。

（2）安装方法

1）棱体成形车刀的安装（见图 4–16）

棱体成形车刀 5 以其燕尾的底面和侧面作为定位基准面，安装在倾斜角度为 α_f 的刀夹燕尾槽内，用刀具下端的螺钉 4 将刀尖（切削刃上最外缘的一点）调整到与工件中心等高，夹紧螺钉 3 即可将刀具夹紧在刀夹上。

2）圆体成形车刀的安装（见图 4–17）

圆体成形车刀 8 以内孔为定位基准安装在刀夹的螺杆 7 上，刀具的一端制有径向端面齿环 5。齿环 5 与扇形板 4 的端面齿相啮合，转动端面齿可以粗调刀尖的高低，还可防止车刀因受切削力作用而发生转动。转动与扇形板相啮合的蜗杆 2，扇形板使车刀绕心轴旋转，实现刀尖高度的精调。锁紧螺母 3 可用于将车刀夹紧。

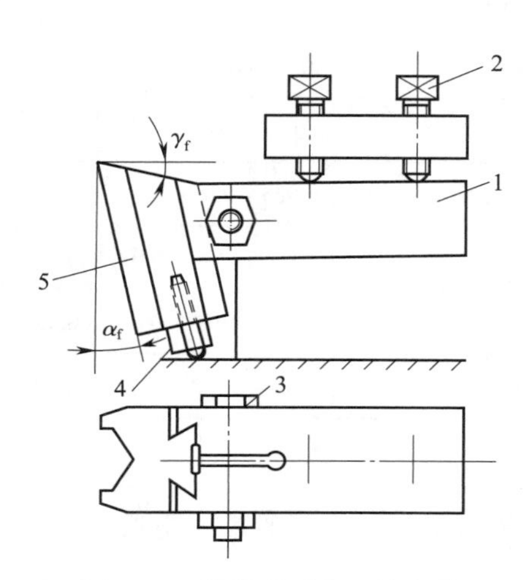

图 4–16　棱体成形车刀的安装

1—刀柄　2、3—夹紧螺钉　4—调节螺钉　5—棱体成形车刀

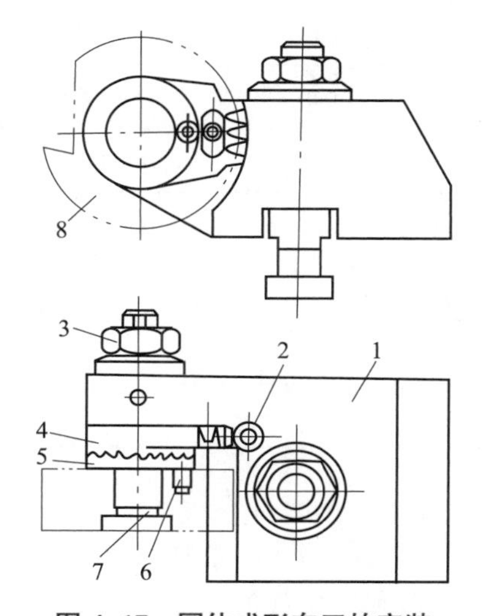

图 4–17　圆体成形车刀的安装

1—刀柄　2—蜗杆　3—锁紧螺母　4—扇形板　5—端面齿环　6—定位销　7—螺杆　8—圆体成形车刀

2．切削用量选择

成形车刀的切削刃通常较长，切削时产生的径向切削力大，容易引起振动，因此，应注意提高工艺系统的刚度。成形车刀车削时，切削用量的选择主要是合理选择进给量和切削速度，以避免振动和刀具寿命下降。另外，应注意浇注充分的切削液。

成形车刀切削速度的选择见表 4–20，进给量的选择可参考表 4–21。

表 4–20　成形车刀切削速度的参考数值　m/min

碳钢			不锈钢	黄铜	铝
15 钢	35 钢	45 钢	1Cr18Ni9Ti		
30 ~ 45	25 ~ 40	25 ~ 35	10 ~ 15	70 ~ 120	100 ~ 180

表 4–21　成形车刀进给量的参考数值

车刀宽度 / mm	工件直径 /mm							
	10	15	20	25	30	40	50	60 ~ 100
	进给量 f /（mm · r^{-1}）							
8	0.02 ~ 0.04	0.02 ~ 0.06	0.03 ~ 0.08	0.04 ~ 0.09				
10	0.015 ~ 0.035	0.02 ~ 0.052	0.03 ~ 0.07	0.04 ~ 0.088				
15	0.01 ~ 0.027	0.02 ~ 0.04	0.02 ~ 0.055	0.035 ~ 0.077	0.04 ~ 0.082			
20	0.01 ~ 0.024	0.015 ~ 0.035	0.02 ~ 0.048	0.03 ~ 0.059	0.035 ~ 0.072	0.04 ~ 0.08		
25	0.008 ~ 0.018	0.015 ~ 0.032	0.02 ~ 0.042	0.025 ~ 0.052	0.03 ~ 0.063	0.04 ~ 0.08		
30	0.008 ~ 0.018	0.01 ~ 0.027	0.02 ~ 0.037	0.025 ~ 0.046	0.02 ~ 0.055	0.035 ~ 0.07		
35	—	0.01 ~ 0.025	0.015 ~ 0.034	0.02 ~ 0.043	0.025 ~ 0.05	0.03 ~ 0.065		
40	—	0.01 ~ 0.023	0.015 ~ 0.031	0.02 ~ 0.039	0.02 ~ 0.046	0.03 ~ 0.06		
50	—	—	0.01 ~ 0.027	0.015 ~ 0.034	0.02 ~ 0.04	0.025 ~ 0.055		
60	—	—	0.01 ~ 0.025	0.015 ~ 0.031	0.02 ~ 0.07	0.025 ~ 0.05		
75	—	—	—	—	0.015 ~ 0.031	0.02 ~ 0.042	0.025 ~ 0.048	0.025 ~ 0.05
90	—	—	—	—	0.01 ~ 0.028	0.015 ~ 0.038	0.02 ~ 0.048	0.025 ~ 0.05
100	—	—	—	—	0.01 ~ 0.025	0.015 ~ 0.034	0.02 ~ 0.042	0.025 ~ 0.05

3．成形车刀重磨

成形车刀磨损后，一般通过夹具在工具磨床上沿前面进行重磨。重磨的基本要求是保持设计时的前角和后角数值。

重磨时，棱体成形车刀在夹具中的安装位置应使它的前面与碗形砂轮的工作端面平行，圆体成形车刀应使其中心与砂轮工作端面偏移 h［$h=R\sin(\gamma_f+\alpha_f)$］，如图 4–18 所示。

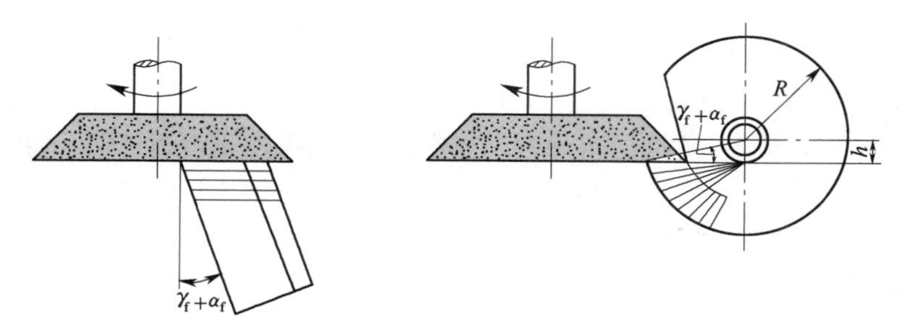

图 4–18 成形车刀重磨示意图

一般来说，成形刀具磨损后的重磨均沿前面进行，其中包括成形车刀、成形铣刀、拉刀、齿轮滚刀、插齿刀等。

五、知识链接

成形车削加工误差的一般分析

要想分析清楚成形车刀加工一般工件时可能产生的误差，必须首先弄清两个概念，一是工件廓形，二是车刀截形。采用通过工件轴线的剖面剖切工件所得到的工件的形状和尺寸，称为工件廓形；采用通过垂直于刀具后面的剖面剖切刀具所得到的刀具截面的形状和尺寸，称为车刀截形。

工件廓形和车刀截形间的关系如图 4–19 所示。

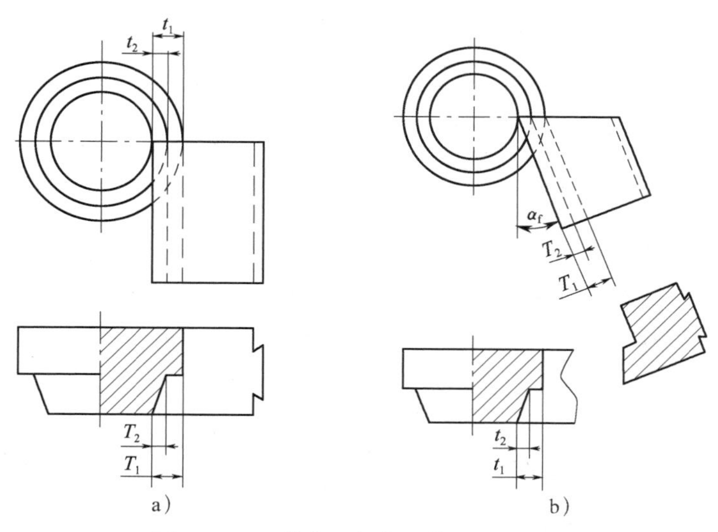

图 4–19 工件廓形与车刀截形间的关系

a）γ_f=0°、α_f=0° b）γ_f=0°、α_f>0°

由图 4–19 不难看出，成形车刀的前角、后角不同时为 0°时，工件的廓形深度（t）和刀具的截形深度（T）不等，工件的廓形深度大于刀具的截形深度，且前角、后角越大，这两个深度尺寸相差越大。

当成形车刀的前角、后角同时为0°时，工件的廓形和刀具的截形完全相同，但这种成形车刀不能正常工作，只有后角大于0°的成形车刀才能工作。因此，只有前角、后角合理的成形车刀才能有效地进行工作。

为了保证能切出正确的工件廓形，必须对成形车刀的截形进行逐点修正计算。而实际设计时，往往为了简化计算而作了近似处理。例如，加工带有锥体的成形车刀，切削刃直接采用直线截形，而未采用应有的内凹双曲线；这样，在切削加工时，工件上被多切去一部分材料，使原本应为直线的母线变成了内凹双曲线，产生了双曲线误差。

六、思考与练习

1. 怎样减小和消除成形车刀加工圆锥面时的双曲线误差？
2. 工件廓形深度不同于刀具截形深度的根本原因是什么？
3. 成形车刀的安装要求如何？为什么必须满足这些要求？

模块五

铣　刀

铣刀是用于铣削加工的一类刀具。使用不同的铣刀，可以完成平面、台阶面、沟槽（直角沟槽、V形槽、燕尾槽、T形槽等）、螺纹、成形表面以及材料切断等工作；借助分度头还能完成诸如花键、齿轮和螺旋槽等的加工。所以，在金属切削加工技术中，铣削是除车削外最重要的加工方法。因此，合理选择和使用铣刀，掌握铣削的工作规律十分重要。

常用铣刀的结构形式见AR资源“铣刀（一）”“铣刀（二）”。

任务一　铣刀的种类与用途

知识点：

◎按铣刀的用途分类。

◎按铣刀刀齿材料分类。

◎按铣刀齿背形状分类。

能力点：

◎能根据加工表面类型进行铣刀选择。

一、任务提出

铣刀是一种多齿刀具，每一个刀齿相当于一把固定在回转刀体（或刀柄）上的车刀。由于结构复杂，铣刀一般由专业厂家生产，且大部分已经标准化。

在铣削加工中，经常遇到T形槽的加工，其加工步骤安排为：铣上平面→铣直槽→铣横（宽）槽→倒角，如图5–1所示。那么，针对上述加工安排，该选择什么样的铣削刀具呢？

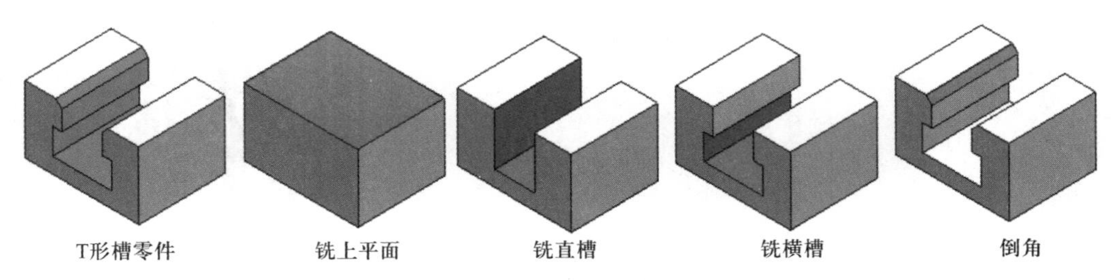

图5–1 T形槽加工步骤安排

二、任务分析

通过铣削可高效地实现平面、沟槽及成形表面等多种加工。铣削不同尺寸和不同类型表面的工件时，往往需要使用不同尺寸和形式的铣刀。由于铣刀结构复杂，种类多样，可以根据用途、齿背形状、刀齿材料、夹持种类、切削刃结构、铣削加工等对其进行分类。

三、知识准备

1. 按铣刀的用途分类

根据传统加工，铣刀按用途可分为加工平面用铣刀、加工沟槽用铣刀、加工圆弧面用铣刀和加工曲面用铣刀等。

（1）加工平面用铣刀

加工平面通常采用的铣刀有圆柱形铣刀、面铣刀（端铣刀）和立铣刀。

1）圆柱形铣刀

圆柱形铣刀是指在圆柱形刀体上有直齿、斜齿或螺旋齿的铣刀，如图5–2所示。圆柱形铣刀主要由高速钢制造，用于在卧式铣床上加工平面，机床主轴平行于被加工对象表面。圆柱形铣刀一般采用螺旋形刀齿，以提高切削工作的平稳性。

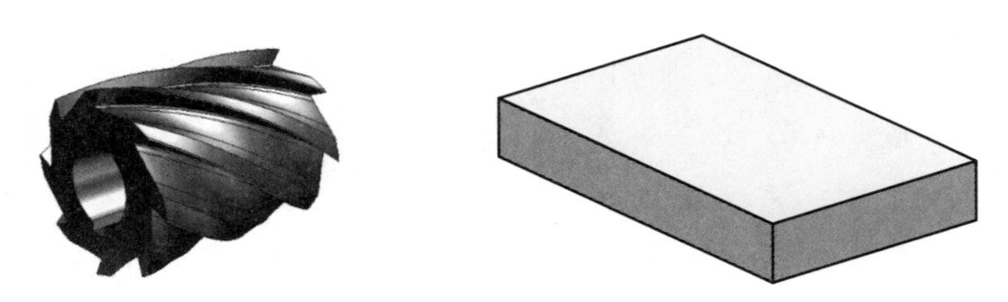

图5–2 圆柱形铣刀及加工表面

2）面铣刀

面铣刀是指主要用于加工与机床主轴垂直的平面的铣刀，如图5–3所示。面铣刀端面和圆柱面上均有切削刃（端面切削刃为副切削刃），刀齿大多采用硬质合金制成，主要用于在立式铣床上加工平面。面铣刀常采用镶齿式（刀齿用机械连接方法直接安装在刀体上）结构和可转位式（刀片可转位使用）结构，生产效率高，加工表面质量也较好。

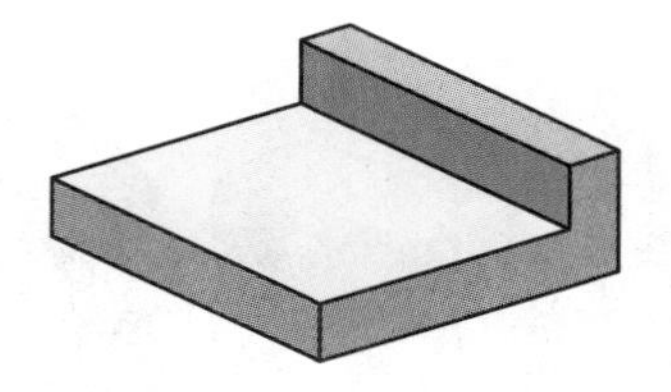

图 5–3　面铣刀及加工表面

3）立铣刀

立铣刀是指用立铣（机床主轴垂直于被加工对象表面）方式进行铣削的铣刀，如图 5–4 所示。立铣刀切削刃分布于圆柱面和端面（圆柱表面的切削刃为主切削刃，端面上的切削刃为副切削刃），它们可同时进行切削，也可单独进行切削，用于在立式铣床上加工平面、沟槽及台阶面。如果立铣刀的端面中间存在凹槽，工作时一般不宜沿轴线进给，但当立铣刀有通过中心的端齿时则不受此限制。

图 5–4　立铣刀及加工表面

（2）加工沟槽用铣刀

加工沟槽用铣刀包括键槽铣刀、T 形槽铣刀、角度铣刀、三面刃铣刀、锯片铣刀、燕尾槽铣刀等，见表 5–1。

表 5–1　加工沟槽用铣刀

名称	示意图	说明
键槽铣刀		键槽铣刀有两个刀齿，圆柱面和端面上均有切削刃，端面刃延至中心，主要用来加工普通平键槽，且有很高的加工精度。加工时，先轴向进给达到槽深，然后沿键槽方向铣出键槽全长
T 形槽铣刀		T 形槽铣刀用于加工各种机械台面或其他构件上的 T 形槽，刀齿可按斜齿、错齿分布

续表

名称	示意图	说明
角度铣刀		角度铣刀是加工各种角度槽用的铣刀的通称。它有两侧切削刃，且互为一定角度。角度铣刀有单角铣刀、对称双角铣刀和不对称双角铣刀三种。单角铣刀用于各种刀具的外圆齿槽与端面齿槽的开齿和铣削各种齿形离合器和棘轮的齿形，对称双角铣刀用于铣削各种V形槽和尖齿、梯形齿离合器的齿形，不对称双角铣刀主要用于铣削各种角度槽
三面刃铣刀		三面刃铣刀是在两侧面和外圆圆周上均有切削刃，齿向为直齿或错齿的窄型铣刀。它用来加工有一定精度要求的沟槽，如槽、台阶平面工件的侧面及凸台平面等
锯片铣刀		锯片铣刀是切削刃在外圆圆周上，用来下料或加工窄槽的铣刀。根据加工对象不同，锯片铣刀分为粗齿、中齿和细齿三种。由于没有起修光作用的副切削刃，锯片铣刀所铣槽的侧面质量较差
燕尾槽铣刀	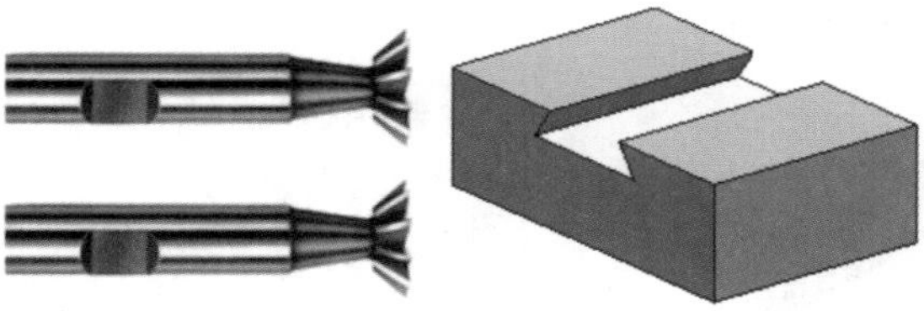	燕尾槽铣刀是加工燕尾槽用的铣刀（小端朝向柄部），主要用于铣削诸如机床滑板上燕尾槽之类的表面。与之相对应的是反燕尾槽铣刀（大端朝向柄部），用于反燕尾槽的加工

（3）加工圆弧面用铣刀

加工圆弧面用铣刀有圆角铣刀、凸半圆铣刀、凹半圆铣刀、圆角立铣刀等，如图 5–5 所示。

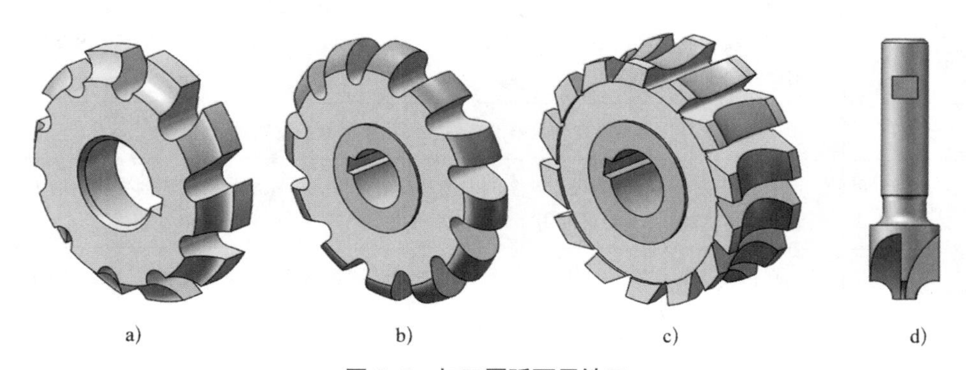

图 5–5 加工圆弧面用铣刀

a）圆角铣刀 b）凸半圆铣刀 c）凹半圆铣刀 d）圆角立铣刀

圆角铣刀是在一侧或两侧面具有凹圆切削刃，用来倒圆角的铲齿成形铣刀；凸半圆铣刀是在外圆上具有凸半圆形刀齿，用来加工凹半圆形型面的铲齿成形铣刀；凹半圆铣刀是在外圆上具有凹半圆形刀齿，用来加工凸半圆形型面的铲齿成形铣刀；图 5–5d 所示为制有削平缺口的圆柱形柄圆角立铣刀，用于凸圆弧面倒角。

（4）加工曲面用铣刀

球头立铣刀是最常用的加工曲面用铣刀，如图 5–6 所示。它是数控铣床、加工中心等加工复杂型面零件（如模具零件）时的常用刀具。

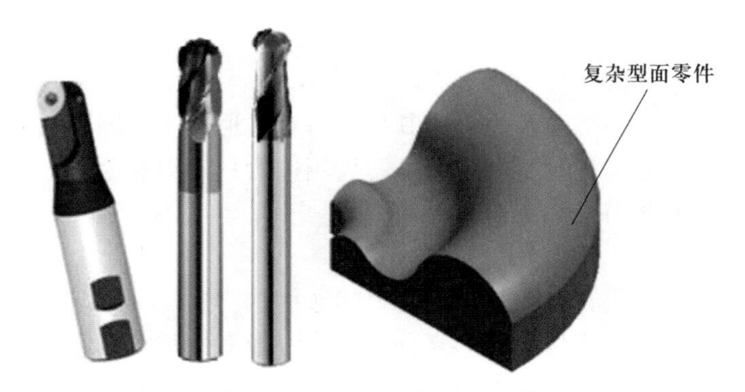

图 5–6 加工曲面用球头立铣刀

球头立铣刀有圆柱形球头立铣刀和圆锥形球头立铣刀之分。前者是圆周切削刃为圆柱形，端部为球状的立铣刀；后者是圆周切削刃为圆锥形，端部为球状的立铣刀。

2．按铣刀刀齿材料分类

就铣刀刀齿材料而言，通常使用的是高速钢和硬质合金。随着不同加工要求的出现，切削陶瓷、金刚石铣刀的使用逐渐增多。各类材料铣刀的性能及用途见表 5–2。

3．按铣刀齿背形状分类

就齿背形状而言，由于制造工艺的差异，高速钢整体铣刀有尖齿铣刀、铲齿铣刀之分，如图 5–7 所示。这两种不同的齿形在外观上极易区别。

表 5-2　　各类材料铣刀的性能及用途

类型	性能用途
高速钢铣刀	高速钢铣刀具有高韧性和高切削刃强度，可用于复杂形状铣刀，如成形铣刀和螺纹铣刀。高速钢铣刀通常做成整体式
硬质合金铣刀	硬质合金铣刀具有高硬度和足够的韧性，可用于所有类型的铣削加工
切削陶瓷铣刀	切削陶瓷铣刀具有高于硬质合金的硬度及高耐热性，可以承受极高切削速度的加工，最高切削温度可达 1 200 ℃，也可加工淬火后的工件材料
金刚石铣刀	金刚石铣刀是具有最高硬度的铣刀，可用于铝合金、塑料、有色金属、玻璃、陶瓷、硬质合金等工件材料的加工

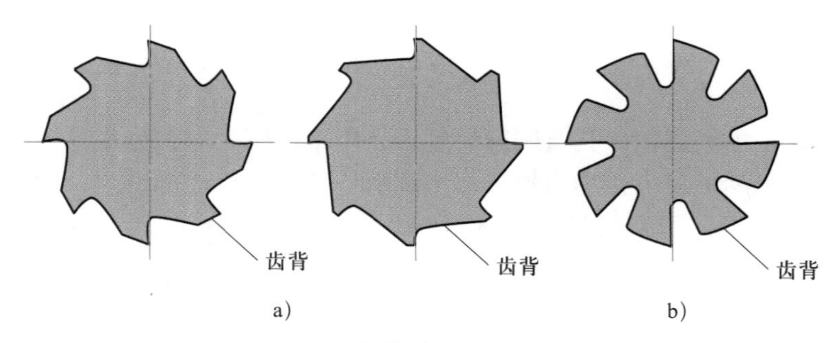

图 5-7　整体铣刀的不同齿形
a）尖齿铣刀齿背形状　b）铲齿铣刀齿背形状

（1）尖齿铣刀

尖齿铣刀是指在法平面内的齿形为尖齿的铣刀。

尖齿铣刀可从其尖锐的齿形分辨出来。其齿背呈直线形，经铣削而成，并在切削刃后磨出一条窄的后面。这种铣刀易于制造和刃磨，刀齿用钝后只需刃磨后面。正因为如此，尖齿铣刀只适合于直线轮廓的铣刀，如圆盘、圆柱铣刀。

（2）铲齿铣刀

铲齿铣刀是在刀齿后面进行成形铲背的铣刀的通称。

铲齿铣刀的刀齿廓形根据工件的廓形来确定，齿背经专用铲背车床铲制而成，且要预先铣削出齿槽。这种铣刀刀齿用钝后只需刃磨前面，刃磨后的刀齿廓形保持不变，因而适用于廓形较复杂的铣刀，如成形铣刀。

此外，铣刀还可以按刀齿数目分为粗齿铣刀和细齿铣刀，根据相邻刀齿间距分为等分齿铣刀和不等分齿铣刀。粗齿表示铣刀在相同直径下，齿数比常用铣刀的齿数少，故刀齿的强度和容屑空间较大，一般适用于粗加工；细齿表示铣刀在相同直径下，齿数比常用铣刀的齿数多，一般适用于半精加工和精加工。刀体上相邻刀齿间距离相等的铣刀称为等分齿铣刀，否则称为不等分齿铣刀。

四、任务实施

针对 T 形槽加工安排，对刀具选择做如下考虑。

1．平面加工刀具

铣上平面显然离不开平面加工铣刀。面铣刀、圆柱铣刀、立铣刀是常用的平面加工铣刀。对于T形槽上表面，可采用面铣刀或圆柱铣刀进行加工。

2．沟槽加工刀具

就T形槽工件而言，其直槽和横槽均属于沟槽，它们的加工自然离不开对应的沟槽铣刀，如立铣刀、三面刃铣刀、槽铣刀（锯片铣刀）和T形槽铣刀等。除此之外，键槽铣刀、燕尾槽铣刀、角度铣刀也是常用的沟槽铣刀。

直槽有通槽和不通槽之分，较宽的通槽可用三面刃铣刀加工，窄的通槽可用锯片铣刀或小尺寸立铣刀加工，不通槽则宜用立铣刀加工。横槽的加工用T形槽铣刀。

另外，T形槽零件的倒角工序可以采用对称双角铣刀一次铣削完成。

五、知识链接

铲齿成形铣刀

成形铣刀是在铣床上加工成形表面的专用刀具，具有较高的生产率，并能保证工件形状和尺寸的互换性，因而得到广泛应用。与成形车刀相似，成形铣刀的刃形应根据工件廓形设计计算。成形铣刀按齿背形状可分为尖齿和铲齿两种，刃形复杂的成形铣刀都做成铲齿成形铣刀。铲齿成形铣刀的刃形与后面通常在铲齿车床上用铲刀铲齿获得，如图5–8所示。

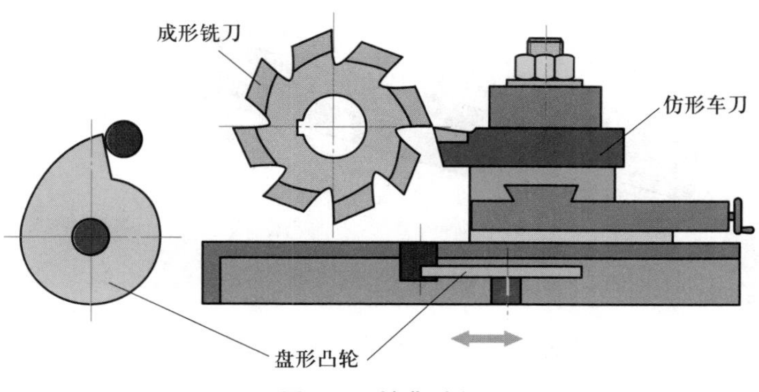

图5–8　铲背过程

铲齿时，铣刀套在心轴上，并安装在铲齿车床两顶尖之间，由车床主轴驱动做旋转运动；铲刀安装在刀架上，由凸轮驱动做往复移动。铣刀每转过一个刀齿，凸轮相应转一转。

铲齿后所得的齿背曲线为阿基米德螺旋线，所以，铣刀沿前面重磨后，其轴向断面形状保持不变，铣刀的直径变化不大，后角变化也很小。

铲齿成形铣刀的前角常做成0°，但0°前角铣刀的切削条件较差，切削效率低。为了改善切削条件，尤其在粗加工或加工非金属材料时，可以取侧前角 $\gamma_f>0°$。例如，铣削普通钢件时，$\gamma_f=5°\sim10°$。当铲齿成形铣刀有了前角以后，铣刀的轴向断面形状与工件形状不同。由于成形铣刀制造的需要，设计时必须求出其轴向断面形状。

六、思考与练习

1．铣削加工如图 5–9 所示零件中的各种槽，试完成铣刀类型的选择。

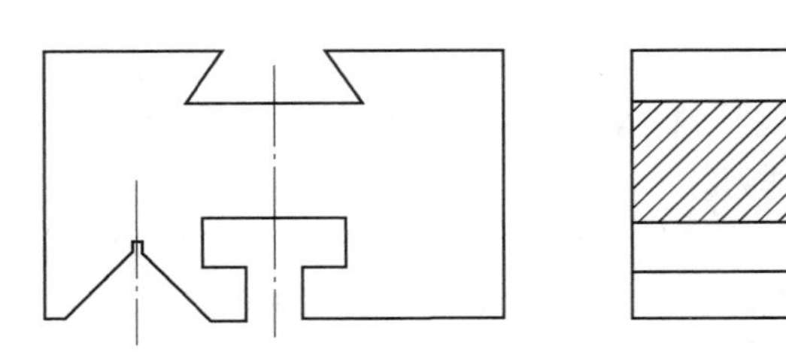
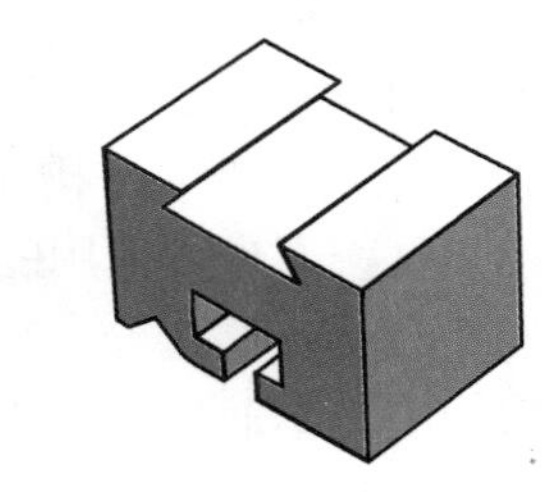

图 5–9　带槽的零件

2．如图 5–10 所示为台阶键，试分别完成其在立式和卧式铣床上加工的铣刀类型选择。

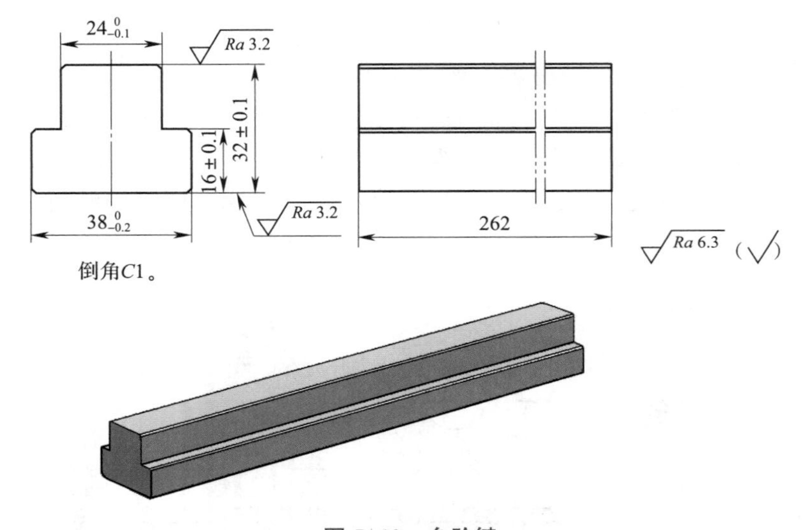

图 5–10　台阶键

3．查阅国家标准《金属切削刀具　铣刀术语》（GB/T 21019—2007），绘制半圆键槽结构图。

4．试判断如图 5–11 所示铣刀类型。

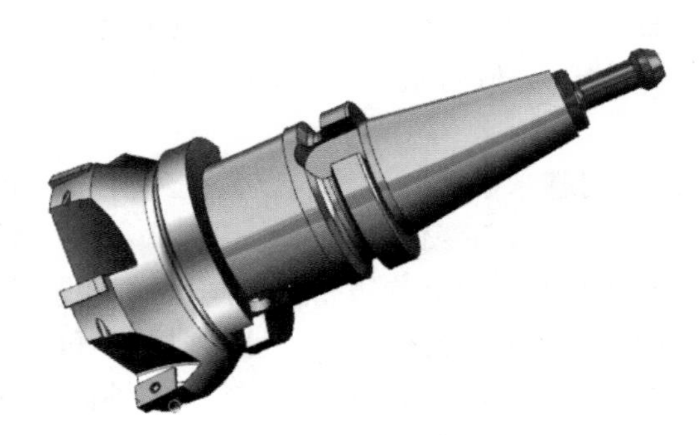

图 5–11　铣刀

任务二 铣刀的几何角度

知识点：

◎平面铣和立铣。

◎圆柱形铣刀和面铣刀的几何角度。

能力点：

◎能识别平面加工用铣刀的几何角度，并能进行一般选择。

一、任务提出

铣削作为重要的加工方法，尽管能借助类型不同的铣刀完成各式形状产品的加工，但主要还是平面加工。那么，常用平面加工用铣刀的几何角度是如何确定的呢？

二、任务分析

与其他金属切削刀具一样，铣刀几何角度的大小影响着铣削时金属材料的变形和铣削力的大小，影响着切削温度，影响着铣刀磨损和铣刀寿命，影响着加工表面的质量和生产效率。为了充分发挥铣刀的切削性能，除正确选择刀具材料和刀具种类外，还应根据具体的铣削条件，合理地选择铣刀的几何角度。

三、知识准备

1. 平面铣和立铣

平面铣是指在卧式铣床上加工平面，机床主轴平行于加工对象表面的加工方式。该加工方式通常采用圆柱形铣刀进行，如图 5–12a 所示。立铣是指机床主轴垂直于被加工对象表面的加工方式。该加工方式通常采用面铣刀进行，如图 5–12b 所示。

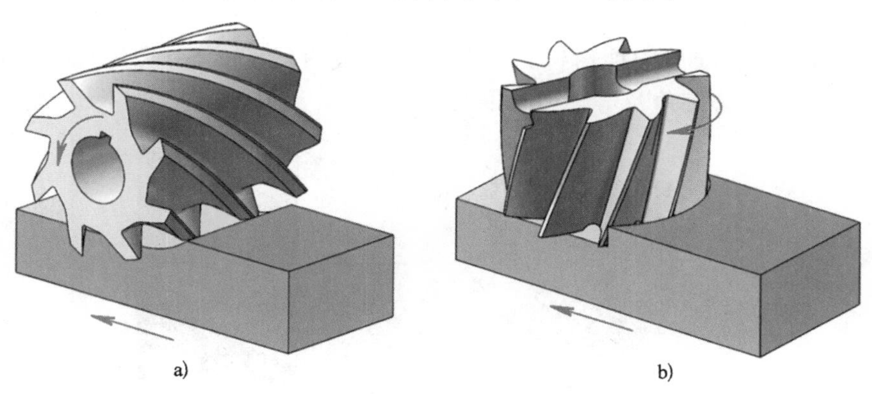

图 5–12 平面铣和立铣

a）平面铣 b）立铣

平面铣和立铣的功能虽相似，但其加工的表面粗糙度及生产效率却不相同。一般来说，在同等切削用量的情况下，立铣后的残留面积高度比平面铣小，可获得较小的表面粗糙度值。由于面铣刀的刚度高，故立铣的生产效率高于平面铣；但在成批生产加工组合平面时立铣不如平面铣灵活，平面铣一次可加工数个平面。

必须指出，区分立铣与平面铣的主要依据是主切削刃所在的位置，而不是以立式铣床与卧式铣床来区分。

2．圆柱形铣刀的几何角度

（1）参考系

确定圆柱形铣刀的几何角度，首先应建立圆柱形铣刀的静止参考系。

平面铣时，圆柱形铣刀的旋转运动为主运动，工件的直线移动为进给运动。圆柱形铣刀的静止参考系通常采用由 p_o、p_s 和 p_r 组成的正交平面参考系，如图 5–13 所示。

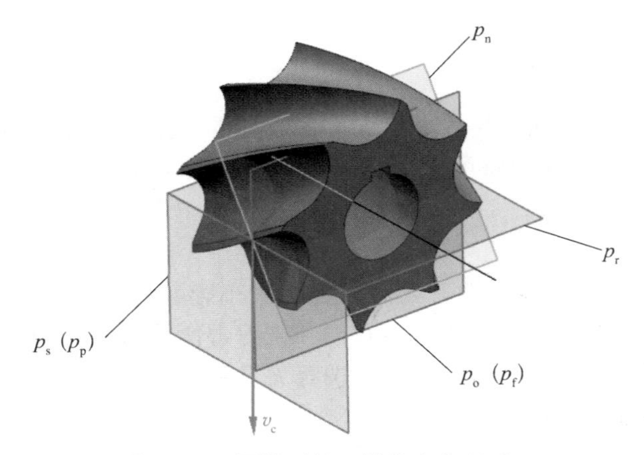

图 5–13　圆柱形铣刀的静止参考系

由于设计和制造的需要，圆柱形铣刀的几何角度还应采用法平面参考系（p_n—p_s—p_r）来规定。

（2）几何角度

圆柱形铣刀的几何角度主要包括螺旋角、前角和后角。

1）螺旋角

螺旋角（ω）是螺旋齿圆柱形铣刀切削刃展开成直线后，与铣刀轴线间的夹角，如图 5–14 所示。显然，螺旋角 ω 等于刃倾角 λ_s。

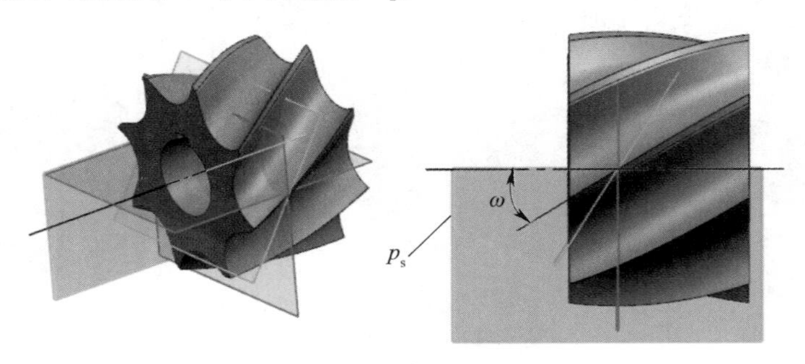

图 5–14　螺旋角

螺旋角的存在，能使刀齿逐渐切入和切离工件，增大实际工作前角，增加刀具的锋利程度，使切削过程轻快平稳；同时，能形成螺旋切屑，利于排屑，有效防止切屑堵塞现象。

2）前角和后角

如图 5–15 所示，前角通常在正交平面内测量，用 γ_o 表示。而对于螺旋齿圆柱形铣刀，为了便于制造和测量，规定法前角（γ_n）为其标注角度。法前角是前面与基面间的夹角，在法平面中测量。

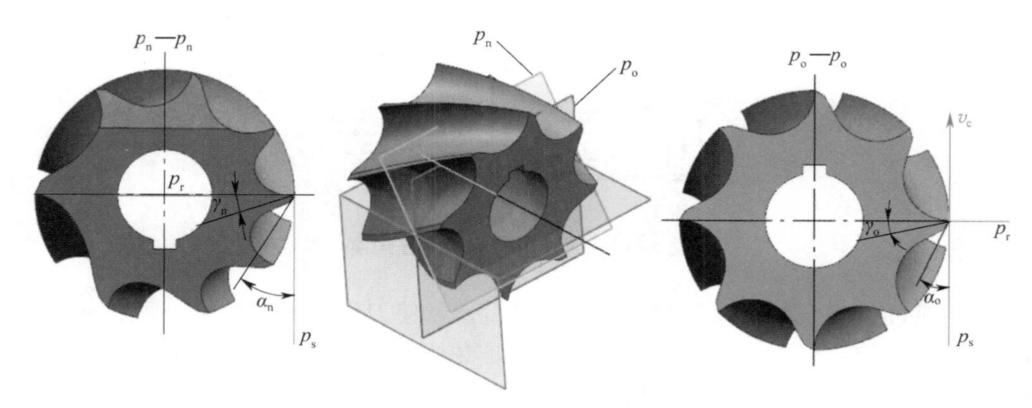

图 5–15 圆柱形铣刀的前角和后角

和前角类似，后角也在正交平面内测量，用 α_o 表示。而对于螺旋齿圆柱形铣刀，为了便于制造和测量，规定法向后角 α_n 为其标注角度。

在铣削过程中，由于铣削厚度比车削小，铣刀磨损主要发生在后面上，适当地增大后角，可减少铣刀磨损。

3. 面铣刀的几何角度

（1）参考系

面铣刀的每个刀齿相当于一把普通车刀。为便于面铣刀刀体的设计与制造，面铣刀的几何角度除规定在正交平面（p_o）参考系内度量外，还规定在背平面（p_p）、假定工作平面（p_f）参考系内表示。面铣刀的静止参考系如图 5–16 所示。

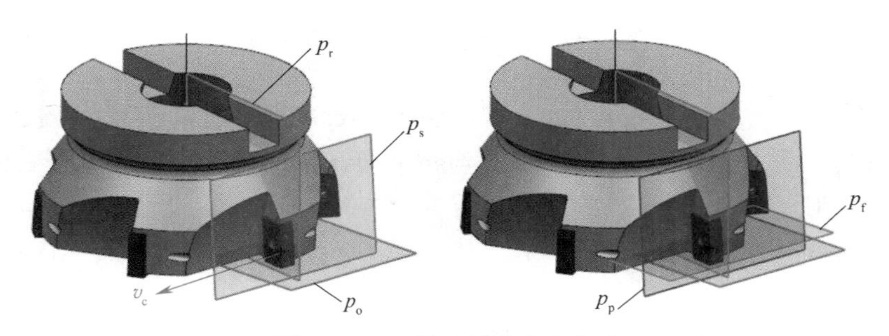

图 5–16 面铣刀的静止参考系

（2）几何角度

在正交平面参考系中，面铣刀的标注角度主要有前角（γ_o）、刃倾角（λ_s）、后角

（α_o）、主偏角（κ_r）、副偏角（κ_r'）和副后角（α_o'），如图 5-17 所示为其中的前角、后角、主偏角、副偏角和刃倾角。

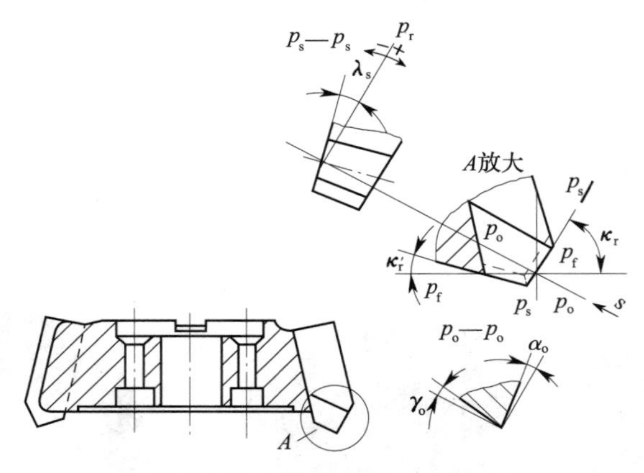

图 5-17　面铣刀的主要标注角度

对于机夹面铣刀，为了获得所需的切削角度，常使刀齿在刀体中径向倾斜 γ_f 角、轴向倾斜 γ_p 角，如图 5-18 所示。其中，侧前角 γ_f 是在假定工作平面中测量的前面与基面间的夹角，背前角 γ_p 是在背平面中测量的前面与基面间的夹角。

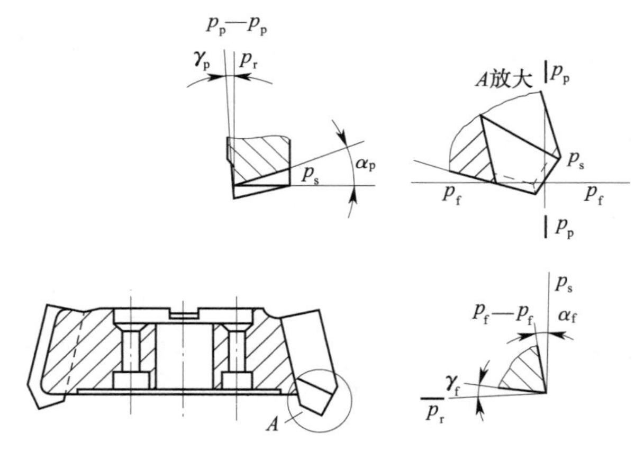

图 5-18　刀齿在刀体中的倾斜角度

若已确定前角（γ_o）、刃倾角（λ_s）和主偏角（κ_r）值，则可换算出侧前角 γ_f（$\tan\gamma_f=\tan\gamma_o\sin\kappa_r-\tan\lambda_s\cos\kappa_r$）和背前角 γ_p（$\tan\gamma_p=\tan\gamma_o\cos\kappa_r+\tan\lambda_s\sin\kappa_r$），并将它们标注在刀具装配图上，以供制造使用。

四、任务实施

常用平面加工用铣刀几何角度的确定如下：

1. 圆柱形铣刀

（1）螺旋角

一般情况下，细齿圆柱形铣刀的螺旋角 ω=30°～35°，粗齿圆柱形铣刀的螺旋角

ω=40°～45°。

（2）前角和后角

法前角（γ_n）按被加工材料来选择。铣削钢时，取法前角 γ_n=10°～20°；铣削铸铁时，取法前角 γ_n=5°～15°。

后角（α_o）通常取值为 12°～16°，粗铣时取小值，精铣时取大值。

2. 面铣刀

采用硬质合金面铣刀铣削时，由于断续切削，刀齿将承受很大的机械冲击，在选择几何角度时，应保证刀齿具有足够的强度。所以，一般加工钢时取前角 γ_o=5°～−10°，加工铸铁时取前角 γ_o=5°～−5°，通常取刃倾角 λ_s=−15°～−7°，主偏角 κ_r=10°～90°，副偏角 κ_r'=5°～15°，后角 α_o=6°～12°，副后角 α_o'=8°～10°。

五、知识链接

可转位面铣刀几何角度

可转位面铣刀适用于高速铣削平面，其典型结构由刀体、刀垫、紧固螺钉、刀片、楔块等组成，如图 5–19 所示。当切削刃磨损后，将刀片转位或更换后即可继续使用，因而得到广泛应用。

1. 背前角（γ_p）和侧前角（γ_f）

硬质合金可转位面铣刀的背前角和侧前角有正前角型、负前角型和正负前角型三种组合。

（1）正前角型

正前角型的背前角和侧前角均为正值，采用带后角刀片。切削轻快、排屑容易、切削刃强度差是其主要特点。为此，可在切削刃上磨出负倒棱，以提高切削刃强度。

图 5–19 可转位面铣刀

正前角型适用于加工普通钢、铸铁、不锈钢和非铁材料。通常取背前角 γ_p=7°，侧前角 γ_f=0°；铣削铝合金时，取背前角 γ_p=15°，侧前角 γ_f=14°。

（2）负前角型

负前角型的背前角和侧前角均为负值，可以采用不带后角、两面均可使用的刀片，因而刀片利用率高。切削力大、功率消耗多是其主要特点。为此，需要机床的动力与刚度足够。

负前角型适用于粗铣铸钢、铸铁和高硬度、高强度钢。通常取背前角 γ_p=−5°～−10°，侧前角 γ_f=−3°～−10°。

（3）正负前角型

正负前角型综合了上述两类铣刀的优点，既保证了切削刃具有足够的耐冲击性能，又不致使切削力过大。

通常取负侧前角 γ_f 和正背前角 γ_p。负侧前角 γ_f 能保证切入时前面和工件开始接触点远离刀尖，正背前角 γ_p 有利于使切屑从过渡表面排出。一般取侧前角 γ_f=0°～−10°，背前角 γ_p=0°～10°。

2．主偏角（κ_r）

可转位面铣刀的主偏角大小对铣削厚度、铣削力和铣刀寿命等有着直接影响，因而有着不同的适用场合。

常用可转位面铣刀的主偏角有 90°、45°、10°等，另外圆刀片面铣刀也较为常用，如图 5–20 所示。其中，90°主偏角面铣刀适用于铣削低强度结构的工件或薄壁工件，以及获得直角边方肩铣（两个垂直面同时铣削）；45°主偏角面铣刀适用于普通用途立铣及短切屑材料的铣削；10°主偏角面铣刀允许在非常高的参数下进行切削，主要用于高进给铣削；圆刀片面铣刀有着非常坚固的切削刃，可多次转位使用，其主偏角随背吃刀量（a_p）不同而有所变化，适用于耐热合金和钛合金加工以及大余量、高进给加工。

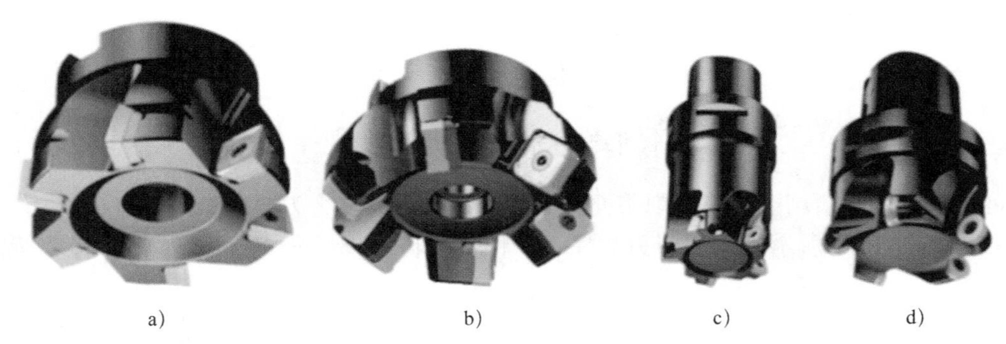

图 5–20　常用可转位面铣刀主偏角

a）90°　b）45°　c）10°　d）圆刀片

六、思考与练习

1．试写出圆柱形铣刀法前角（γ_n）与正交平面内前角（γ_o）间的换算关系。

2．圆柱形铣刀的主偏角和副偏角如何确定？

3．如图 5–21 所示，使用面铣刀进行平面铣削时，采用哪个主偏角（90°和 45°）发生工件边棱破裂的可能性大？

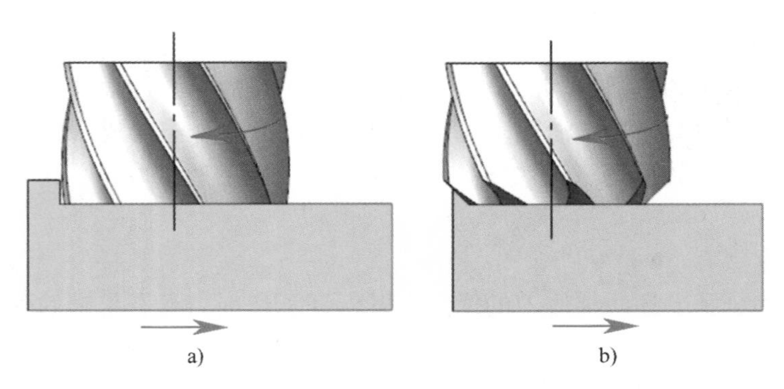

图 5–21　平面铣削

任务三 铣削方式与铣削要素

知识点：

◎顺铣与逆铣。

◎铣削用量。

◎铣削层参数。

能力点：

◎能根据具体的铣削条件，合理选择铣削用量。

一、任务提出

确定铣削加工工艺，除铣刀种类及铣刀几何角度的选择外，铣削方式和铣削要素的确定不容忽视。它们不仅关乎机床的调整，而且对铣削过程、铣削质量有很大影响。那么，该如何确定铣削方式和铣削要素中主运动、进给运动参数呢？

二、任务分析

生产实际中，可根据进给方向、刀具切入类型、加工面形状、刀具与工件位置等对铣削方式进行分类。根据铣削时切削层厚度的变化情况，铣削方式可分为顺铣与逆铣。如采用圆柱形铣刀铣削时的顺铣与逆铣，采用面铣刀铣削时的顺铣与逆铣，以及采用立铣刀铣削时的顺铣与逆铣。

铣削要素是铣削中的几何参量和运动参量，包括铣削用量和铣削层参数。

三、知识准备

1. 顺铣与逆铣

铣刀工作时，切削层厚度由大变小的铣削方式称为顺铣，反之则称为逆铣，如图 5–22 所示。

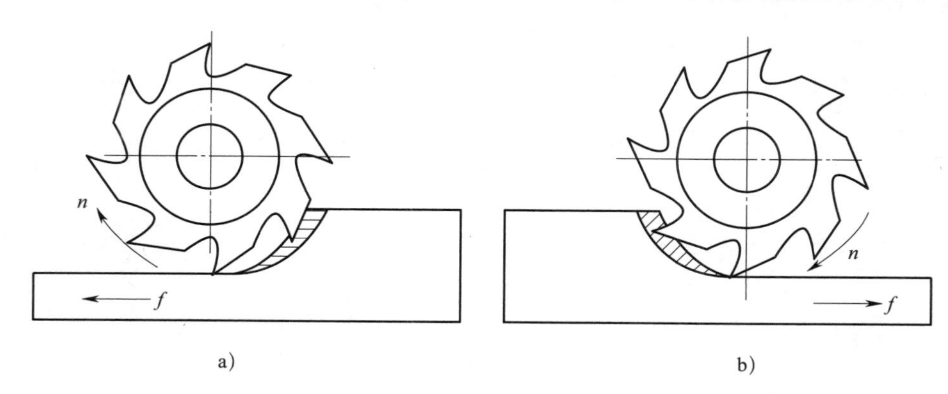

图 5–22　顺铣与逆铣

a）顺铣　b）逆铣

逆铣时，每个刀齿的切削层厚度从零逐渐增至最大（见图 5–22b），由于切削刃口不可能绝对锋利（存在一钝圆半径 r_n），从而造成开始切削时前角为负值，故刀齿总要在过渡表面上挤压、滑行一段距离后才切入工件，此时形成的冷硬变质层会加剧下一刀齿的磨损，影响刀具的寿命。但工件表皮（硬皮）对刀齿的影响很小。

顺铣时，每个刀齿的切削层厚度从最大逐渐减小至零（见图 5–22a），避免了刀齿的挤压、滑行现象，减少了刀齿的磨损，所以，当切削无硬皮的工件时，刀具的寿命比逆铣高。

逆铣时，各刀齿产生的水平铣削力 F_H 与进给方向相反（见图 5–23a），工作台丝杠螺纹与螺母螺纹始终接触，切削时工作台不会产生窜动，进给平稳，有利于保护机床丝杠螺母副的传动精度。

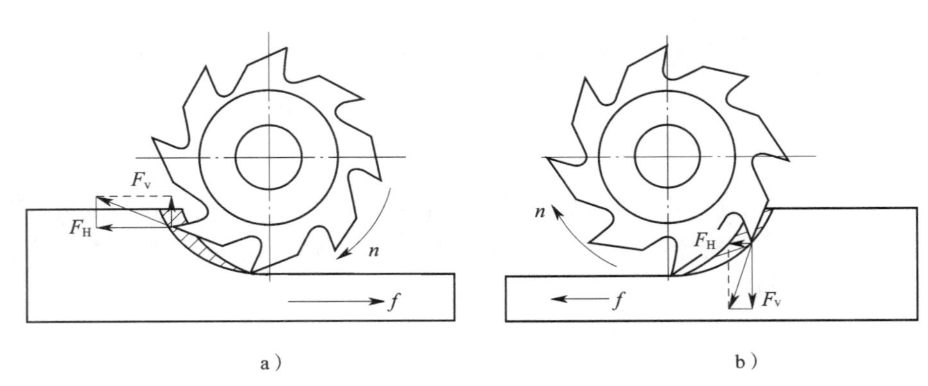

图 5–23 刀齿受力分析

a）逆铣 b）顺铣

顺铣时，作用在工作台（工件）上的水平分力 F_H 与进给运动方向相同（见图 5–23b），由于丝杠螺纹与螺母螺纹之间存在间隙，又由于 F_H 的大小随着刀具的旋转而变化，因此易使工作台产生突然窜动，甚至会造成“打刀”，同时也会影响工件加工质量。

逆铣时，产生在工件上的垂直分力 F_v 是向上的（见图 5–23a），与工件的夹紧力和工件重力相反，有把工件从工作台上抬起的趋势，影响工件的夹紧并容易产生振动，工件表面粗糙度不易保证。

顺铣时，作用在工件上的垂直铣削分力 F_v 向下（见图 5–23b），将工件压向工作台，即切削力 F_v 与夹紧力和工件重力方向一致，铣削平稳，有利于提高刀具的寿命和减小工件的表面粗糙度值。

2. 铣削用量

铣削时，铣削用量由下列要素组成：铣削速度（v_c）、背吃刀量（a_p）、侧吃刀量（a_e）和进给量（f）。

（1）铣削速度（v_c）

铣削速度是指在切削过程中，铣刀切削刃选定点相对于工件的主运动的瞬时速度，如图 5–24 所示。由于铣刀始终绕轴线旋转，其

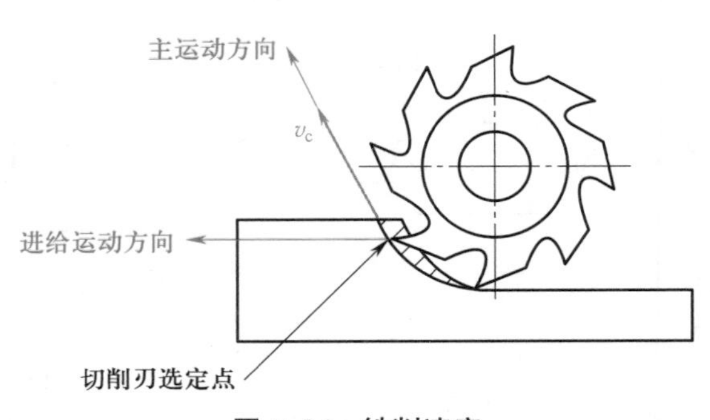

图 5–24 铣削速度

切削刃沿圆形轨迹运动，故可采用下式计算铣削速度（v_c）。

$$v_c=\pi dn/1\,000 \tag{5-3-1}$$

式中 v_c——铣削速度，m/min；

d——铣刀直径，mm；

n——铣刀转速，r/min。

（2）背吃刀量（a_p）

背吃刀量是在通过切削刃基点（主切削刃上的特定参考点）并垂直于工作平面的方向上测量的吃刀量，是平行于铣刀轴线测得的切削层尺寸。采用圆柱形铣刀铣削时，背吃刀量即为被铣削表面的宽度，如图 5–25a 所示；采用面铣刀铣削时，背吃刀量是已加工表面与待加工表面的垂直距离，如图 5–25b 所示。

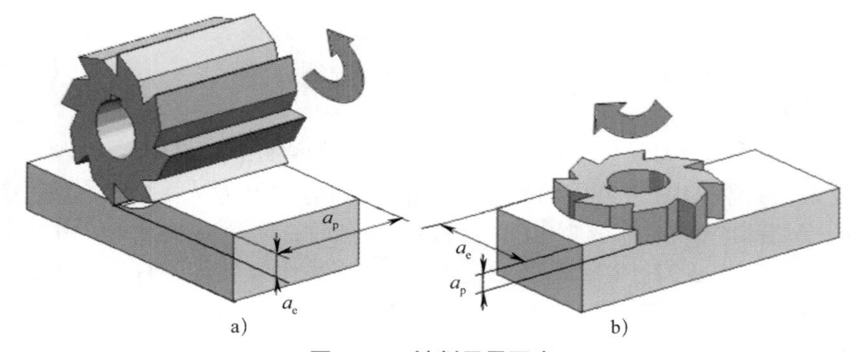

图 5–25 铣削用量要素

a）圆柱形铣刀 b）面铣刀

（3）侧吃刀量（a_e）

侧吃刀量是在平行于工作平面并垂直于切削刃基点的进给运动方向上测量的吃刀量，是垂直于铣刀轴线测量的切削层尺寸。采用圆柱形铣刀铣削时，侧吃刀量是已加工表面与待加工表面的垂直距离，如图 5–25a 所示；采用面铣刀铣削时，侧吃刀量为被铣削层表面的宽度，如图 5–25b 所示。

（4）进给量

进给量是指铣刀在进给运动方向上相对工件的位移量。铣刀是多齿刀具，铣削时进给量有三种表达方式。

1）每齿进给量（f_z）

每齿进给量是铣刀每转过一个刀齿，相对工件在进给运动方向上的位移量（见图 5–26），单位为 mm/z。一般选择铣削用量时采用此表达方式。

2）每转进给量（f）

每转进给量是铣刀每转一转，铣刀相对工件在进给运动方向上的位移量，单位为 mm/r。每转进给量即每齿进给量（f_z）与铣刀齿数（z）的乘积，即 $f=f_z z$。

3）进给速度

进给速度是指铣刀切削刃选定点相对于工件的瞬时进给运动速度，如图 5–27 所示。通过每转进给量（f）和转速（n）即可计算出进给速度 $v_f=fn$，它是单位时间内的进给量，单位为 mm/min。数控加工编程时，常会用到进给速度。

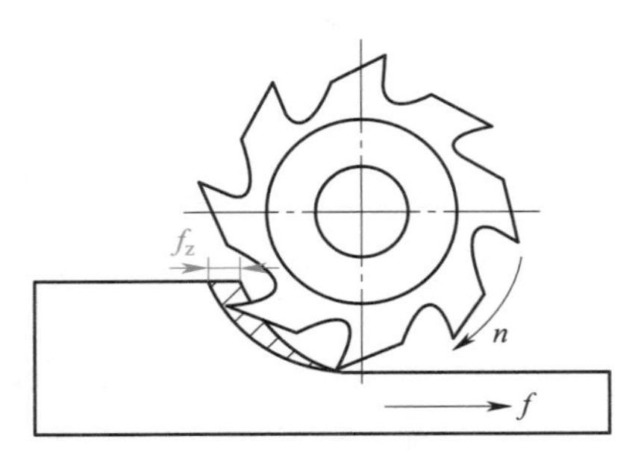

图 5–26 每齿进给量

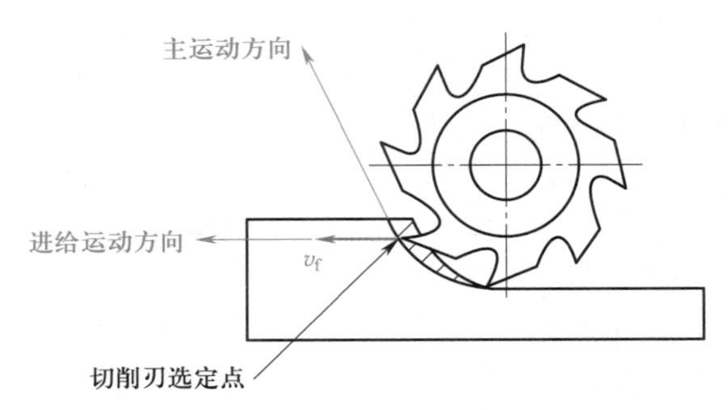

图 5–27 进给速度

3．铣削层参数

铣削时的切削层为铣刀相邻两个刀齿在工件上形成的过渡表面之间的金属层，其形状与尺寸（切削厚度 h_D、切削宽度 b_D）对铣削过程有很大影响。

（1）切削厚度

切削厚度是相邻两个刀齿所形成的过渡表面间的垂直距离。采用直齿圆柱形铣刀铣削时的切削厚度及其计算如图 5–28 所示，由于切削刃的运动轨迹是弧线，因此，在每个刀齿的切削全过程中切削厚度 h_D 都是变化的。例如，逆铣时，当瞬时接触角 $\theta=0°$ 时，切削厚度 $h_D=0$；当瞬时接触角 $\theta=\psi$ 时，切削厚度 h_D 为最大。当采用螺旋齿圆柱形铣刀铣削时，由于切削刃上各点的瞬时接触角不相等，因此，切削刃上各点的切削厚度也不相等。

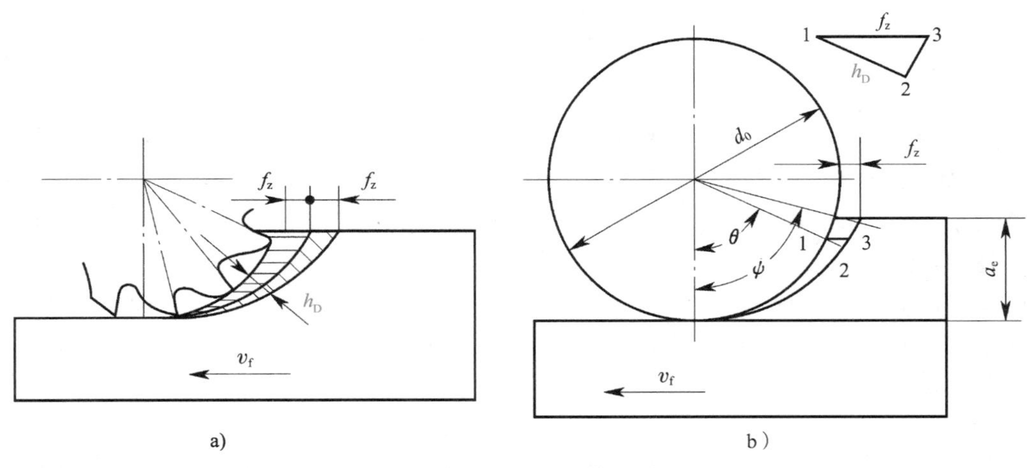

图 5–28 圆柱形铣刀的切削厚度及其变化

a）切削厚度 b）切削厚度的计算

采用面铣刀铣削时的切削厚度及其计算如图 5–29 所示。刀齿在任意位置时的切削厚度 $h_D=EF\sin\kappa_r=f_z\cos\theta\sin\kappa_r$，$\theta$ 为瞬时接触角。同样，在每个刀齿的切削全过程中切削厚度 h_D 也是变化的，其变化情况随面铣刀相对于工件的安装位置而异。

对称铣削时，面铣刀轴线位于铣削弧长的中心位置（见图 5–30a），刀齿的瞬时接触角由最大变为零，然后由零变为最大。因此，刀齿刚切入工件时切削厚度最小，然后逐渐增大，到中间位置时切削厚度最大，然后逐渐减小。所以，逆铣部分（下面）等于顺铣部分（上面）。

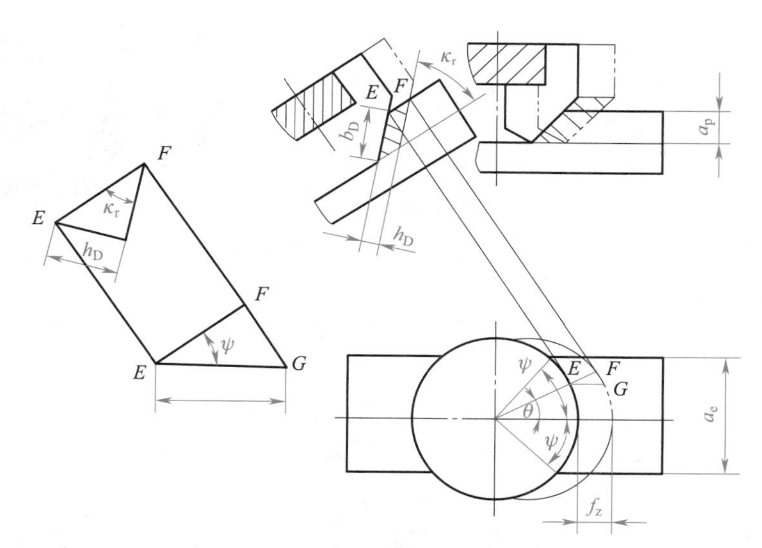

图 5-29 面铣刀的切削厚度及其变化

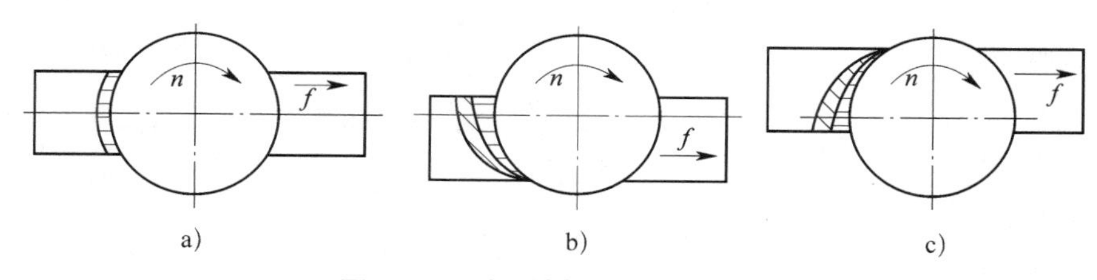

a) b) c)

图 5-30 对称铣削与不对称铣削

a）对称铣削 b）不对称逆铣 c）不对称顺铣

不对称逆铣时（见图 5-30b），刀齿的瞬时接触角由最大变为零，然后由零变大。所以，逆铣部分（下面）大于顺铣部分（上面）。

不对称顺铣时（见图 5-30c），刀齿的瞬时接触角由大变为零，然后由零变为最大。所以，逆铣部分（下面）小于顺铣部分（上面）。

（2）切削宽度

切削宽度是指铣刀主切削刃参加工作的长度。采用面铣刀铣削时，每个刀齿的切削宽度始终保持不变，其值为 $b_D=a_p/\sin\kappa_r$。

采用直齿圆柱形铣刀铣削时，其切削宽度等于背吃刀量；采用螺旋齿圆柱形铣刀铣削时，其切削宽度随刀齿工作位置不同而不同，刀齿切入工件时 b_D 的值很小，随着刀齿的切入逐渐增大，切出时又逐渐减小。

四、任务实施

1. 铣削方式的确定

在没有丝杠螺母间隙消除机构的铣床上，不能采用顺铣，而只能采用逆铣。当铣床上装有丝杠螺母间隙消除机构时，采用顺铣能提高刀具寿命，也有利于减小工件表面粗糙度值。

由于数控机床工作台的运动是由滚珠丝杠副带动的（见图 5–31），具有消隙功能，丝杠螺母间基本没有间隙，因此，在数控机床上铣削加工时宜采用顺铣方式。

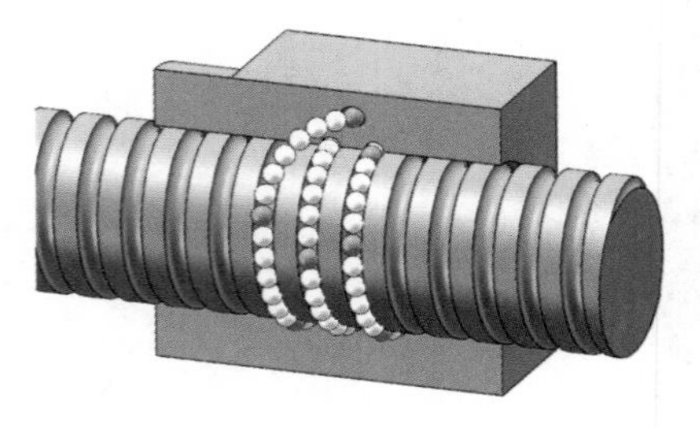

图 5–31　滚珠丝杠的结构

2．主运动、进给运动参数的确定

（1）铣削速度

铣削速度的确定，取决于工件、刀具材料以及加工类型，还应考虑机床和工件的刚度。铣削速度在铣床上是以主轴转速来调整的，但是对铣刀使用寿命等因素的影响是以铣削速度来考虑的。因此，大都在选择好合适的铣削速度后，再根据铣削速度来计算铣床的主轴转速。

铣削速度可在表 5–3 推荐的范围内选取，并根据实际情况进行试切后加以调整。据此，铣削速度可选择在 14 ~ 22 m/min 范围内。考虑到精铣，初步选为 20 m/min。

表 5–3　　铣削速度推荐值　　m/min

工件材料	高速钢铣刀	硬质合金铣刀
20 钢	20 ~ 45	150 ~ 190
45 钢	20 ~ 35	120 ~ 150
40Cr	15 ~ 25	60 ~ 90
HT150	14 ~ 22	70 ~ 100
黄铜	30 ~ 60	120 ~ 200
铝合金	112 ~ 300	400 ~ 600
不锈钢	16 ~ 25	50 ~ 100

注：1．粗铣时取小值，精铣时取大值。

2．工件材料强度和硬度较高时取小值，反之取大值。

3．刀具材料耐热性较好时取大值，反之取小值。

（2）进给量

铣削时，先根据加工性质确定每齿进给量 f_z，然后根据铣刀的齿数 z 和铣刀的转速 n 计算出每分钟进给量 v_f（即进给速度），并以此对铣床进给量进行调整。每齿进给量的选择，取决于工件所要求的表面质量，铣削深度和铣削速度，以及机床的效率等，其值可从有关加工手册或刀具制造商提供的数据中查得，表 5–4 为其常用推荐值。据表，每齿进给量选择在 0.12 ~ 0.2 mm/z 范围内。

表 5–4　　每齿进给量推荐值　　mm/z

刀具名称	高速钢刀具		硬质合金刀具	
	铸铁	钢件	铸铁	钢件
圆柱铣刀	0.12 ~ 0.2	0.1 ~ 0.15	0.2 ~ 0.5	0.08 ~ 0.20
立铣刀	0.08 ~ 0.15	0.03 ~ 0.06	0.2 ~ 0.5	0.08 ~ 0.20
套式面铣刀	0.15 ~ 0.2	0.06 ~ 0.10	0.2 ~ 0.5	0.08 ~ 0.20
三面刃铣刀	0.15 ~ 0.25	0.06 ~ 0.08	0.2 ~ 0.5	0.08 ~ 0.20

五、知识链接

铣刀的磨损及防止铣刀破损

1. 铣刀的磨损

铣刀磨损的基本规律与车刀相似。当切削厚度较小，尤其在逆铣时，刀齿对工件表面挤压、滑行严重，因而铣刀磨损主要发生在后面上。采用硬质合金面铣刀高速铣削钢件时，切屑沿前面滑动速度大，故在后面磨损的同时，前面也有较小的磨损。此外，由于高速断续切削，刀齿承受着反复的机械冲击和热冲击，容易产生裂纹而引起刀齿的疲劳破损。铣削速度越高，产生疲劳破损越早、越严重。所以，大多数硬质合金面铣刀因疲劳破损而失去切削能力。

另外，如果铣刀几何角度选择不合理或使用不当，刀齿强度差，则刀齿在承受很大冲击力后，会产生没有裂纹的破损。

2. 防止铣刀破损

防止铣刀破损的措施主要包括合理选择铣刀刀片牌号、合理选用铣削用量和合理选择工件与铣刀之间的相对位置。

（1）合理选择铣刀刀片牌号

应选用韧性高、热裂纹敏感性小，且具有较好耐热性和耐磨性的刀片材料。例如，采用YBM251、YBM351 等铣削钢件，采用 YBD152、YBD252 等铣削铸铁件。具体使用时可参见各公司提供的刀片牌号样本。

（2）合理选用铣削用量

在一定的加工条件下，存在一个铣刀（刀片）不易产生破损的安全工作区域。如图 5–32 所示为某公司样本提供的硬质合金面铣刀安全工作区域。选择在安全工作区域内的 v_c 和 f_z，就能保证铣刀正常工作。

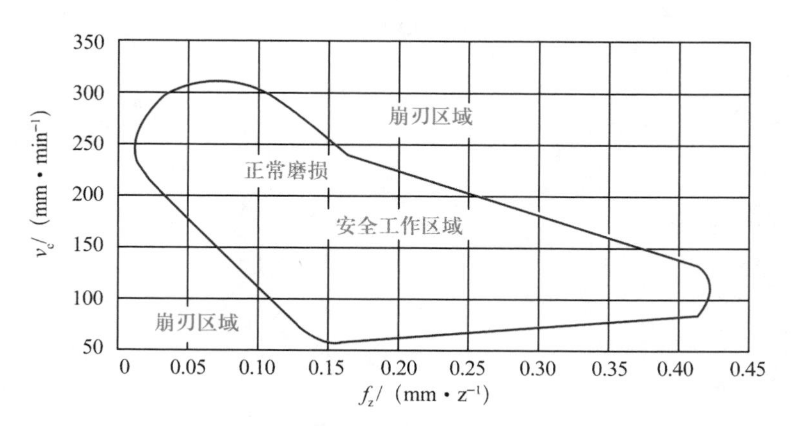

图 5–32 硬质合金面铣刀安全工作区域

（3）合理选择工件与铣刀之间的相对位置

合理选择面铣刀安装位置，对减少面铣刀破损起着重要作用。根据切削实验及分析，在被铣削工件的宽度已经给定时，从防止铣刀破损角度来看，面铣刀直径与安装位置的选择规律如图 5–33 所示，详细内容可查阅相关材料，这里不再赘述。

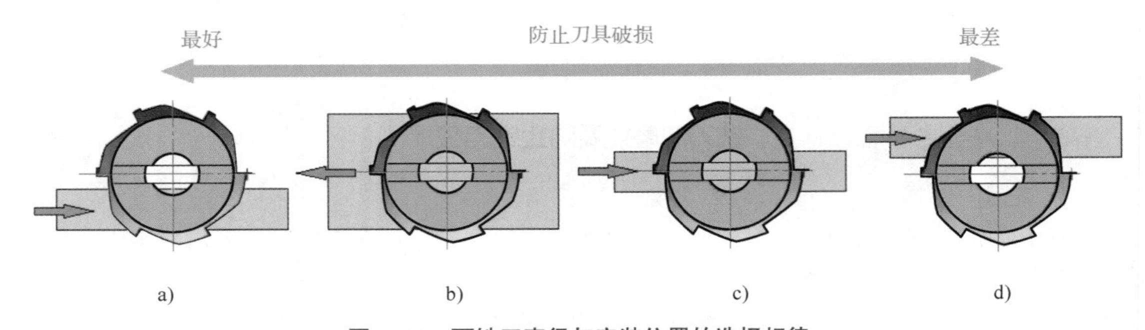

图 5–33　面铣刀直径与安装位置的选择规律

a）不对称顺铣　b）对称铣削　c）大直径铣刀对称铣削　d）大直径铣刀不对称铣削

六、思考与练习

1．本任务中，试根据 v_c=20 m/min 和 f_z=0.12 mm/r，计算主轴转速 n 和进给速度 v_f。

2．直齿圆柱形铣刀顺铣时切削厚度的变化规律是什么？

模块六

孔加工与螺纹刀具

孔加工在金属切削加工中应用广泛，一般占机械加工总量的1/3，以钻削、铰削最为常见。孔加工时由于刀具工作在半封闭环境中，且其尺寸受孔径及孔深限制，因而会引起一些突出问题，包括容屑、排屑问题，刀具强度、刚度及导向问题，散热冷却问题，不便观察问题等。孔加工刀具分为两大类：一类是在实体材料上加工出孔的刀具，如中心钻、麻花钻、深孔钻等；另一类是对已有孔进行加工的刀具，如扩孔钻、铰刀、锪钻、镗刀等。

常用孔加工刀具的结构形式见AR资源“孔加工刀具（一）”“孔加工刀具（二）”。

螺纹刀具是用来加工内、外螺纹表面的刀具，种类很多，在不同设备上所使用的刀具形式也不尽相同，通常可以分为车刀类、铣刀类、拉刀类、丝锥（板牙）和螺纹滚压工具等。

常用螺纹刀具的结构形式见AR资源“螺纹刀具（一）”“螺纹刀具（二）”。

任务一 麻花钻

知识点：

◎麻花钻的结构。
◎麻花钻的角度。
◎钻削原理。

能力点：

◎掌握麻花钻的刃磨要求及方法。

一、任务提出

麻花钻是最常用的钻孔刀具，适合加工低精度的孔，也可用于扩孔加工。由于具有良好的导向性能，可在车床、铣床和钻床上使用。那么，如何才能有效、合理地使用麻花钻呢？

二、任务分析

要使用好麻花钻，首先必须掌握其结构和主要角度，其次应熟悉钻削原理，并掌握麻花钻正确的刃磨方法。

三、知识准备

1．麻花钻的结构

（1）结构组成

麻花钻的结构组成如图 6–1 所示，其各部分的名称及功能如下。

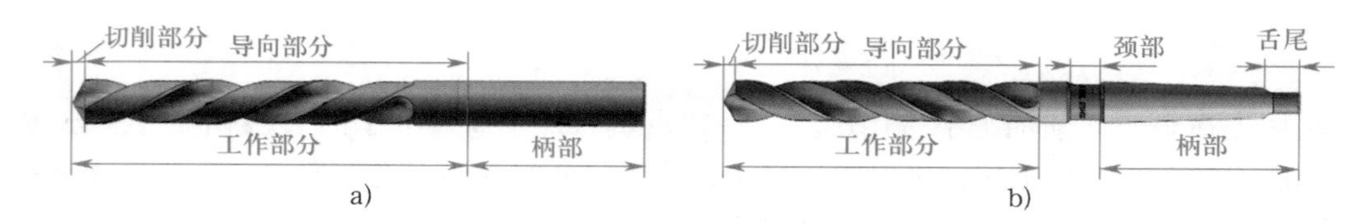

图 6–1　麻花钻的结构组成

a）直柄麻花钻　b）莫氏锥柄麻花钻

1）柄部

麻花钻的柄部用于麻花钻与机床的连接及传递动力，有直柄和莫氏锥柄之分。莫氏锥柄端部制有舌尾，以便采用楔铁通过钻套腰形孔将麻花钻从钻套中击出。国家标准《直柄麻花钻》（GB/T 6135—2008）规定了粗直柄小麻花钻（直径 0.10 ~ 0.35 mm）、直柄短麻花钻和直柄麻花钻（直径 0.20 ~ 40 mm）、直柄长麻花钻（直径 1.00 ~ 31.50 mm）和直柄超长麻花钻（直径 2.0 ~ 14.0 mm）的具体型式和尺寸，国家标准《锥柄麻花钻》（GB/T 1438—2008）规定了莫氏锥柄麻花钻（直径 3.00 ~ 100.00 mm）、莫氏锥柄长麻花钻（直径 5.00 ~ 50.00 mm）、莫氏锥柄加长麻花钻（直径 6.00 ~ 30.00 mm）和莫氏锥柄超长麻花钻（直径 6.00 ~ 50.00 mm 和总长 200.00 ~ 630.00 mm）的具体型式和尺寸。

2）颈部

直径较大的麻花钻在颈部标有钻头直径、材料牌号和商标。直径小的圆柱柄麻花钻没有明显的颈部。

3）工作部分

这是麻花钻的主要部分，由切削部分和导向部分组成。切削部分是麻花钻前端有切削刃的区域，主要起切削作用；导向部分在钻削过程中能起到保持钻削方向、修光孔壁的作用，同时也是切削部分的后备部分。麻花钻工作部分具体表现为如图 6–2 所示的“六面五刃”，其相关说明见表 6–1。

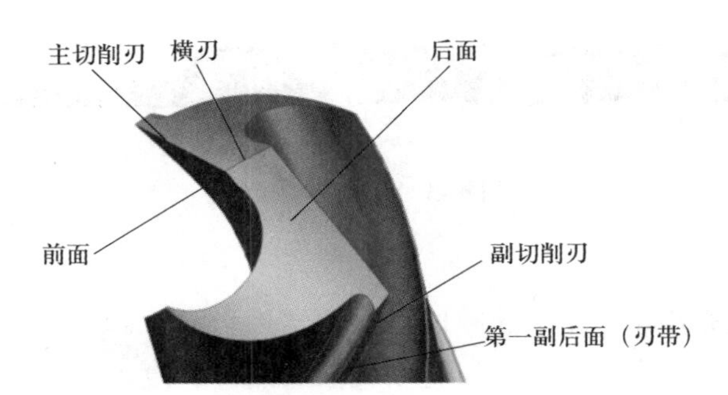

图 6–2 麻花钻工作部分的“六面五刃”

表 6–1 “六面五刃”的相关说明

六面五刃		相关说明
刀面	两个前面	前面为螺旋槽表面，钻削时切屑从此流出，麻花钻制造时自然形成，麻花钻热处理后经抛光处理，刃磨钻头时一般不刃磨此处
	两个后面	后面为钻孔时与孔底相对的表面，麻花钻刃磨的主要部位，其形状由刃磨方法决定，可能是螺旋面、圆锥面、平面或者特殊曲面。手工刃磨时，一般为近似圆锥面的不规则曲面
	两个第一副后面	第一副后面是麻花钻的两条刃带，是钻孔时麻花钻上与孔壁相对的表面，在麻花钻制造时自然形成
切削刃	两条主切削刃	主切削刃由前面和后面相交形成，按标准参数刃磨的麻花钻主切削刃近似为直线
	两条副切削刃	副切削刃由前面和第一副后面相交形成，其形状为螺旋线
	一条横刃	横刃为两后面的交线，按标准参数刃磨的麻花钻横刃近似为直线

（2）结构参数

麻花钻的结构参数是指麻花钻在制造中控制的尺寸或角度，主要包括直径、直径倒锥、钻芯直径、螺旋角等。其中，直径指在麻花钻切削部分测量的两刃带间距离，根据标准系列尺寸选用。

2. 麻花钻的角度

麻花钻的角度可归纳为三类，即结构角度、刃磨角度和推导角度。

（1）结构角度

结构角度是标准麻花钻设计、制造时形成的角度，如螺旋角、副偏角、副后角，刃磨使用时不可改变其大小。

1）螺旋角

螺旋角是指麻花钻副切削刃（刃带螺旋线）展开成的直线与麻花钻轴线的夹角，如图 6–3 所示。外缘处的螺旋角最大，越接近钻芯螺旋角越小。

螺旋角影响麻花钻的切削性能。增大螺旋角有利于排屑，能获得较大的前角，切削轻快，但麻花钻强度变差。小直径麻花钻、钻高强度钢材料用麻花钻取小螺旋角，大直径麻花钻、钻铝合金等软材料用麻花钻取大螺旋角。麻花钻螺旋角一般为 18°~ 30°。

图 6–3 麻花钻螺旋角

2）副偏角

为降低钻削时导向刃带与孔壁的摩擦，麻花钻外径通常制有向柄部方向递减的直径倒锥，从而形成了副偏角。因倒锥量很小（例如，100 mm 长度上 0.02 ~ 0.08 mm），故一般副偏角不大于 10′。

3）副后角

麻花钻的第一副后面是一条狭窄的圆柱刃带，因此副后角为 0°。

（2）刃磨角度

刃磨角度是刃磨麻花钻时形成的角度，其大小可由刃磨控制，如后角、顶角、横刃角度（包括横刃斜角、横刃前角、横刃后角）。

与车刀比较，麻花钻由于结构和形状的特殊性，确定其几何角度的辅助平面与车刀不尽相同，后角、顶角、横刃斜角分别在柱剖面、中剖面、端平面中测量，如图 6–4 所示，对应测量平面的定义见表 6–2。

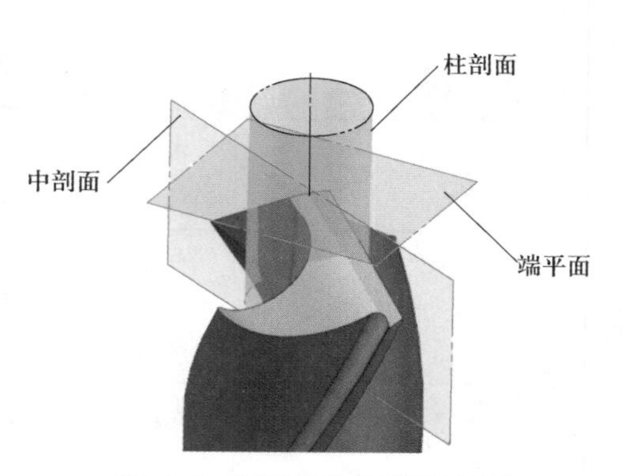

图 6–4 刃磨角度的测量平面

表 6–2 刃磨角度测量平面的定义

名称	定义
中剖面	过麻花钻轴线与两主切削刃平行的平面
柱剖面	过主切削刃上某选定点作与钻头轴线平行的直线，该直线绕轴线旋转所形成的圆柱面
端平面	与麻花钻轴线垂直的端面投影平面

1）顶角（2φ）

麻花钻两条主切削刃在中剖面上投影的夹角称为顶角。顶角的大小不仅影响切削刃形状（见图 6–5），而且对切削加工有着较大影响（见表 6–3）。根据钻削材料的不同，顶角的大小为 80°~140°。

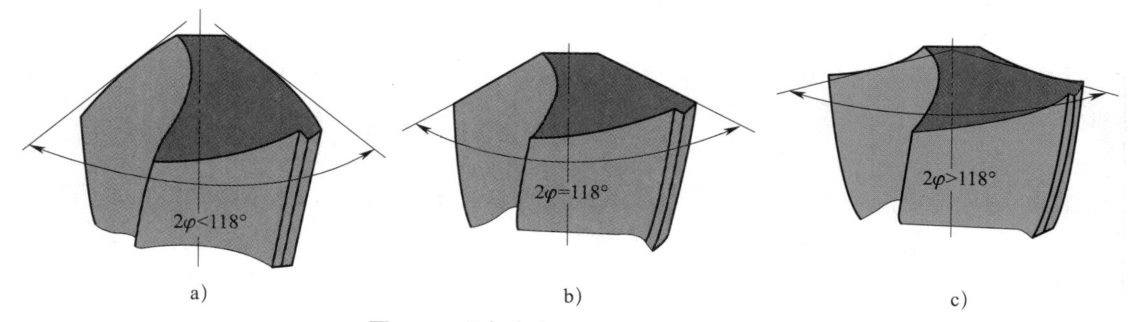

图 6–5 顶角大小对切削刃形状的影响

a）主切削刃外凸 b）主切削刃为直线 c）主切削刃内凹

表 6-3　　麻花钻顶角大小对加工的影响

顶角	$2\varphi > 118°$	$2\varphi=118°$	$2\varphi<118°$
对加工的影响	顶角大，则切削刃短，定心差，钻出的孔容易扩大，但前角增大，使切削省力	介于两者之间	顶角小，则切削刃长，单位长度负荷减轻，轴向力减小，易定心，钻出的孔不容易扩大，但前角减小，会增大切削力
适用加工材料	适用于钻削较硬的材料	适用于钻削中等硬度材料	适用于钻削较软的材料

2）后角（α_f）

麻花钻的后角通常采用侧后角（α_f）来衡量，即在假定工作平面中测量的后面与切削平面间的夹角，它等同于柱剖面中后面与端平面的夹角，如图 6-6 所示。通常钻头外缘处后角取 8°～20°，且小直径钻头取大值。另外，最好把麻花钻的后角刃磨成中心大、外缘小的分布规律，以弥补麻花钻的先天不足。

麻花钻后角的上述规定，一是反映了加工中的实际情况，二是便于测量。例如，测量直径 d_x 处的后角值，只要获得通过百分表测量头与切削刃上“X”点接触处转过 θ 角后表针的下降值 Δ（mm），经过公式 $\tan\alpha_{fx}=\theta/(360\pi d_x)$ 换算即可。

3）横刃斜角（ψ）

横刃斜角是在端平面中横刃与中剖面的夹角，如图 6-7 所示。横刃斜角越小，横刃越锋利，横刃越长；反之，横刃越不锋利，横刃越短。通常 ψ 取 50°～55°。

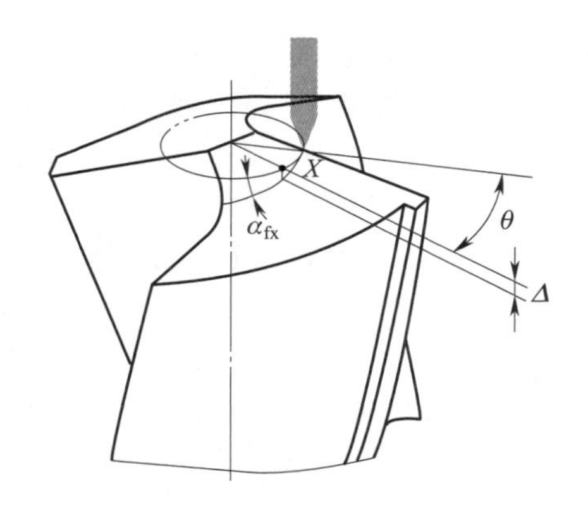

图 6-6　后角及其测量原理

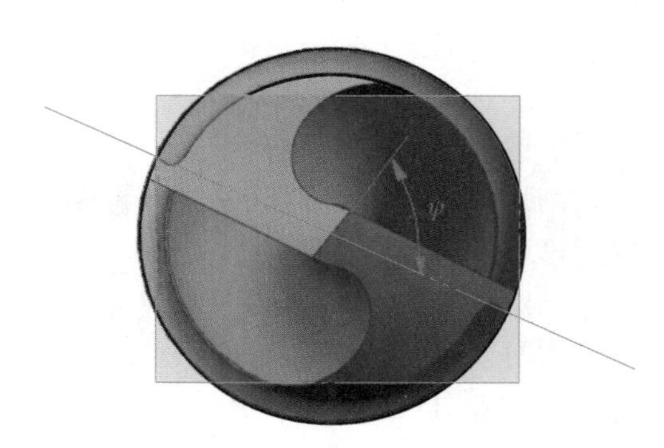

图 6-7　横刃斜角

（3）推导角度

推导角度是指不是由麻花钻制造及刃磨形成，而是由角度间的几何关系推导出来的角度，即它们是派生角度，如刃倾角、主偏角、前角等。推导角度主要用于麻花钻结构、性能的分析。

1）刃倾角

根据刃倾角的定义，由于主切削刃上各点的基面与切削平面的位置不同，因而各点处的刃倾角也是变化的。

2）主偏角

由于主切削刃上各点基面位置不同，因而主偏角也不相等。当顶角确定后，主切削刃上各点的主偏角也随之确定。麻花钻的主偏角从钻头外缘到中心逐渐减小。

3）前角

由于切削刃上各点的螺旋角、刃倾角、主偏角不同，所以各点的前角也不相同。从外缘到钻芯前角由 +30°逐渐减小到 −30°。

3．钻削原理

（1）钻削过程特点

1）钻削变形特点

钻削过程在半封闭的环境下进行，且刀具角度不甚合理，所以，钻削变形较车削变形更为复杂。主要表现在如下几点。

①钻芯处切削刃前角小于 0°，特别是横刃切削时产生刮削挤压，切屑呈粒状并被压碎。钻芯区域直径较小，切削速度接近于 0，进给运动时该区域工作后角小于 0°，切削时产生楔劈挤压。

②主切削刃各点前角、刃倾角的差异，造成切屑变形、卷曲、流向的不同。另外，因排屑受螺旋槽的影响，切削塑性材料时，切屑卷成圆锥螺旋形，断屑比较困难。

③钻削时麻花钻刃带与已加工孔壁摩擦较大，且加工塑性材料时易产生积屑瘤粘于刃带，从而影响钻削质量。

2）钻头磨损特点

相变磨损是高速钢麻花钻磨损的主要原因，其磨损过程及规律与车刀相同。由于麻花钻切削刃各点负荷不同，外缘处切削速度最高，故磨损最为严重。

后面磨损是麻花钻磨损的主要形式。当主切削刃后面磨损到一定程度时，还伴随有刃带磨损。刃带磨损严重时，使外径减小，形成顺锥，此时转矩急增，容易咬死而导致麻花钻崩刃或折断。

（2）钻削用量及其选择

钻削用量包括背吃刀量 a_p、进给量 f、钻削速度 v_c 三要素。由于麻花钻有两条切削刃，所以，每刃进给量 $f_z=f/2$。

1）麻花钻直径

钻削时，麻花钻直径由工艺尺寸决定，并尽可能一次钻出所要求的孔。当机床性能不能胜任时，才采用先钻孔再扩孔的工艺，此时，钻孔直径取孔径的 50% ~ 70%。

2）进给量

钻削时，进给量受到麻花钻刚度和强度的限制，大直径麻花钻还受机床进给机构动力与工艺系统刚度的限制。通常，可按经验公式 $f=(0.01\sim0.02)d$（d 为麻花钻直径）进行估算；经合理修磨的钻头，可选用 $f=0.03d$；直径小于 5 mm 的麻花钻，则常用手动进给。

3）钻削速度

钻削速度可参考有关手册、资料选取，也可选用表 6–4 中的推荐数值。

表 6–4　　麻花钻切削速度　　m/min

加工材料	低碳、易切钢	中、高碳钢	高合金钢、不锈钢	铸铁	铜、铝合金
高速钢麻花钻	25 ~ 30	20 ~ 25	15 ~ 20	15 ~ 20	40 ~ 70
涂层硬质合金麻花钻	80 ~ 120	70 ~ 100	50 ~ 70	90 ~ 140	90 ~ 220

四、任务实施

1．标准麻花钻的刃磨要求

麻花钻的刃磨质量直接关系到钻孔的质量（尺寸精度和表面粗糙度）和钻削效率。刃磨麻花钻时，一般只刃磨两个主后面，但同时要保证后角、顶角和横刃斜角合理正确，且由于麻花钻形状的特殊性，故刃磨难度较大。

麻花钻刃磨后应达到下列要求：磨出顶角（如 118°）和按外小内大分布的主切削刃后角；磨出适当的横刃斜角（50°~ 55°）；磨出对称的左、右主切削刃。

2．标准麻花钻的刃磨方法

刃磨麻花钻较合理的方法是采用机械刃磨，但它依赖于专用的夹具或设备。所以，一般采用手工刃磨，刃磨时主要刃磨两个主后面，要点如下：

（1）选择表面平整的砂轮。

（2）放平主切削刃，确保钻头中心线适当高于砂轮中心线，且与砂轮表面夹角等于顶角的一半，如图 6–8 所示。

（3）左手握钻头柄部，右手握钻头头部，使主切削刃接触砂轮，边进给、边微量转动钻头，并且使钻柄上下摆动。

以上操作磨出一条主切削刃及后角，用同样方法磨出另一条主切削刃及后角。需要注意的是，刃磨时应反复检查主切削刃的对称性。

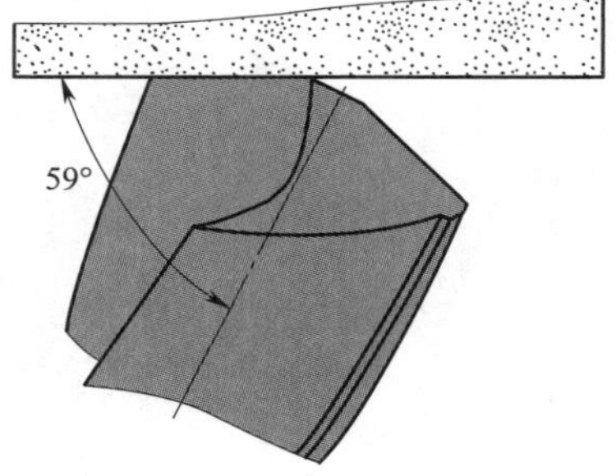

图 6–8　刃磨麻花钻主切削刃及后角

五、知识链接

麻花钻刃磨质量对加工质量的影响

麻花钻的刃磨质量影响到钻削过程、钻头磨损和孔加工质量，相关内容见表 6–5。

表 6–5　　麻花钻刃磨质量对加工质量的影响

刃磨质量	刃磨正确	刃磨不正确		
		顶角不对称	切削刃长度不等	顶角不对称且切削刃长度不等
图示	$a_p=\frac{d}{2}$ f	$\kappa_{r小}$ f F $\kappa_{r大}$	O O′ O f O′	O O′ O f O′

续表

刃磨质量	刃磨正确	刃磨不正确		
		顶角不对称	切削刃长度不等	顶角不对称且切削刃长度不等
钻削情况	两条主切削刃同时切削，两边受力平衡，钻头磨损均匀	只有一条主切削刃在切削，两边受力不平衡，钻头很快磨损	麻花钻的工作中心由 $O—O$ 移到 $O'—O'$，切削不均匀，钻头很快磨损	两条切削刃受力不平衡，且麻花钻的工作中心由 $O—O$ 移到 $O'—O'$，钻头很快磨损
对钻孔质量的影响	钻出的孔质量较好	使钻出的孔孔径扩大或倾斜	使钻出的孔径扩大	钻出的孔不仅孔径扩大，而且还会产生台阶

六、思考与练习

1．试推导切削刃上 X 点的螺旋角计算公式。
2．由于钻头横刃处的前角是很大的负值（–30°左右），试分析横刃处的切削情况。
3．钻削时，切削层参数如何计算？
4．根据图 6–9 所示，试标注横刃和前、后面及角度。

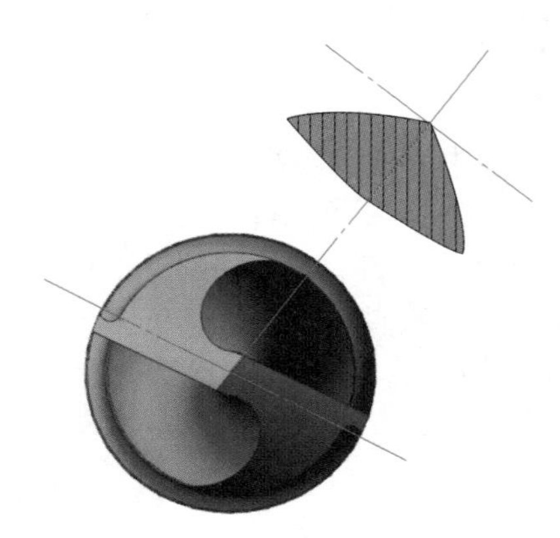

图 6–9 思考与练习

任务二 麻花钻的修磨

知识点：

◎麻花钻的缺陷。
◎麻花钻缺陷的解决途径。

能力点：

◎理解麻花钻的修磨方法。

一、任务提出

麻花钻属于标准化通用刀具，它的几何角度按标准数值刃磨，一来比较方便，二来符合一般的生产条件，有利于钻头的大量生产和使用。但是，当使用条件与一般的生产条件不符合时，如加工韧性材料或软材料，钻削黄铜、铸铁、薄板等工件时，必将暴露出其自身结构的缺陷。为此，需要有针对性地进行修磨。

二、任务分析

麻花钻的修磨是指针对麻花钻的结构缺陷，按不同加工要求对横刃、主切削刃、前后面等进行附加的刃磨。麻花钻修磨后能适应特定的材料、特定形状零件的加工要求，并能充分发挥麻花钻的潜力，扩大钻孔工艺范围，效果非常显著。

三、知识准备

1. 麻花钻的缺陷

麻花钻由于其自身结构的原因，存在以下缺陷：

（1）主切削刃上各点前角变化很大，靠外缘处前角较大（+30°），切削刃强度差；接近横刃处是很大的负前角（–54°），挤压严重，切削条件差。

（2）横刃太长，加之该处是很大的负前角，挤压刮削严重，消耗大量能量，产生大量热量，而且轴向抗力大，定心差。

（3）主切削刃长，钻孔时全长参加切削，切屑宽，而且各点流屑速度相差很大，钻塑性金属时切屑卷成小螺距圆锥螺卷形，占很大的空间，排屑不顺利，切削液难以注入切削区。

（4）刃带处副后角为零，由于该处切削速度最高，与孔壁摩擦剧烈，产生热量多，刀尖角较小，散热条件差，所以外缘处磨损最快。

2. 麻花钻缺陷的解决途径

（1）改变钻头的结构

改变钻头结构主要由刀具厂家考虑。例如，Sandvik 公司推出的整体硬质合金钻头、可转位刀片钻头、可换头钻头等。如图 6–10 所示为整体硬质合金钻头与高速钢麻花钻的结构对比，前者几乎没有横刃（轴向力显著降低），主切削刃能到达中心点（定心更好，并在钻尖中心附近断屑，不需要中心钻），使刀具具有更高的寿命、生产率和钻孔质量。

（2）修磨麻花钻

在麻花钻的基础上，根据具体的加工要求对麻花钻进行适当的修磨，以此来改变麻花钻结构上不尽合理的几何形状及参数。修磨麻花钻一般不需要专门的工具，可根据使用效果和具体需要随时改变修磨方法。就是使用效果不佳，也无大碍，可以反复修磨，直到满意为止。

麻花钻修磨源于手工，经多年实践，目前已将合理修磨而创造出的先进麻花钻刃形定型，采用专用机床或夹具刃磨出厂，投放市场，如我国具有内凹圆弧刃的群钻、美国十字刃磨航空钻、法国雷诺六平面钻头等。

另外，在实际应用时可根据具体情况选择一种或几种方法组合使用。

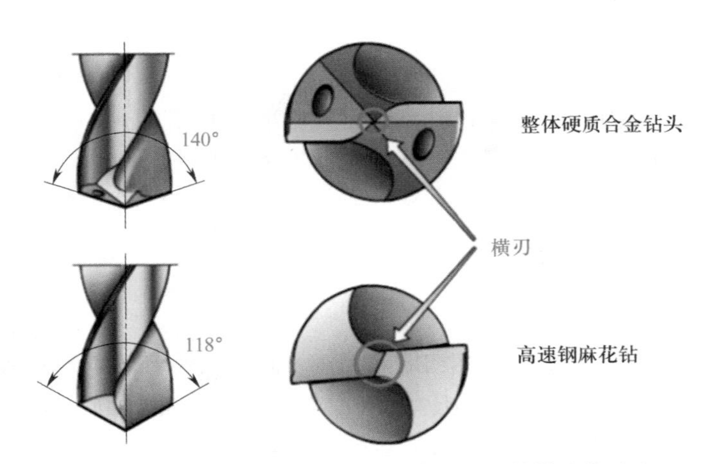

图 6–10　整体式硬质合金钻头与高速钢麻花钻结构对比

四、任务实施

麻花钻的修磨

1．修磨横刃

修磨横刃的目的是在保持钻尖强度的前提下，尽可能增大钻尖部分的前角，缩短横刃长度，以降低钻削进给力，提高钻尖定心精度，并有利于分屑和断屑，是最常用的修磨方法。

图 6–11 所示为横刃修磨中的内直刃形修磨形式，其修磨原则是：工件材料越软，横刃可修磨得越短；工件材料较硬，横刃应少修磨些。

十字形修磨是另一种较好的横刃修磨形式，如图 6–12 所示。横刃磨出十字形，长度不变，显著增大了横刃前角。这种修磨形式方法简单，使用机床夹具修磨时调整参数少。不过，钻芯强度有所削弱，并要求砂轮圆角半径较小。

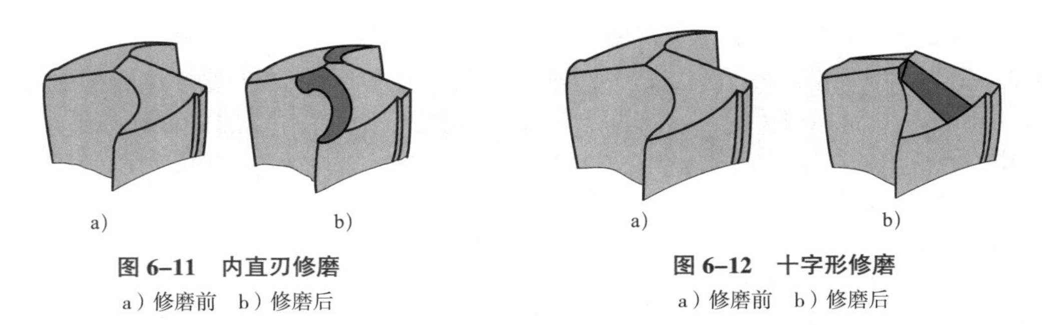

图 6–11　内直刃修磨
a）修磨前　b）修磨后

图 6–12　十字形修磨
a）修磨前　b）修磨后

2．修磨前面

修磨前面的目的是改变主切削刃上前角的分布状态，增大或减小前角，以满足不同的加工要求。

修磨方法有两种：一种是修磨外缘处的前面（见图 6–13），以减小前角；另一种是修磨横刃处的前面，以增大前角。这两种方法可独立采用，也可结合采用。

前面的修磨原则是：工件材料较软，应修磨横刃处前面，以加大前角，减小切削力，使切削顺利；工件材料较硬，应修磨外缘处前面，以减小前角，增加外缘处切削刃强度。用麻花钻扩孔时，为防止“扎刀”（刀具自动切入工件的现象），宜将外缘处的前角磨小。

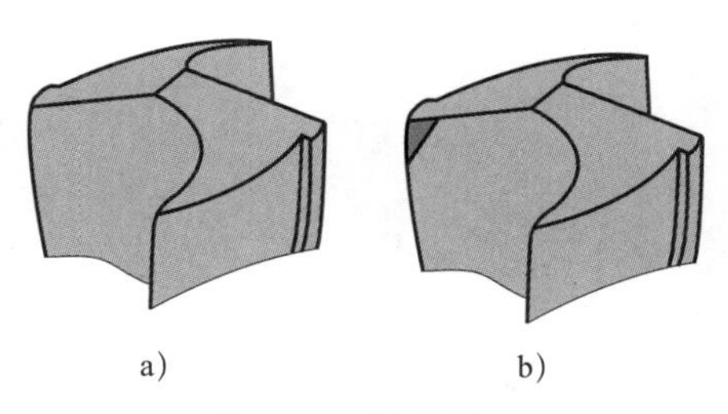

图 6–13 修磨前面

a）修磨前 b）修磨后

3. 修磨主切削刃（磨出双重顶角）

麻花钻外缘处刀尖角较小，该点切削速度最高，磨损最快。因此，可磨出双重顶角（或多重顶角，甚至磨成外凸圆弧刃），如图 6–14 所示，增大外缘处的刀尖角，改善外缘转角处的散热条件，延长麻花钻寿命，并可减小孔的表面粗糙度值。这种修磨方法适用于钻削铸铁件。

4. 修磨刃带

在靠近主切削刃的一段刃带上，磨出副后角 α_o'=6°~ 8°，并缩短刃带的宽度，使刃带的宽度为原来的 1/3 ~ 1/2，如图 6–15 所示。其目的是减少刃带与孔壁的摩擦，适合加工韧性材料或软金属，以提高加工表面质量。

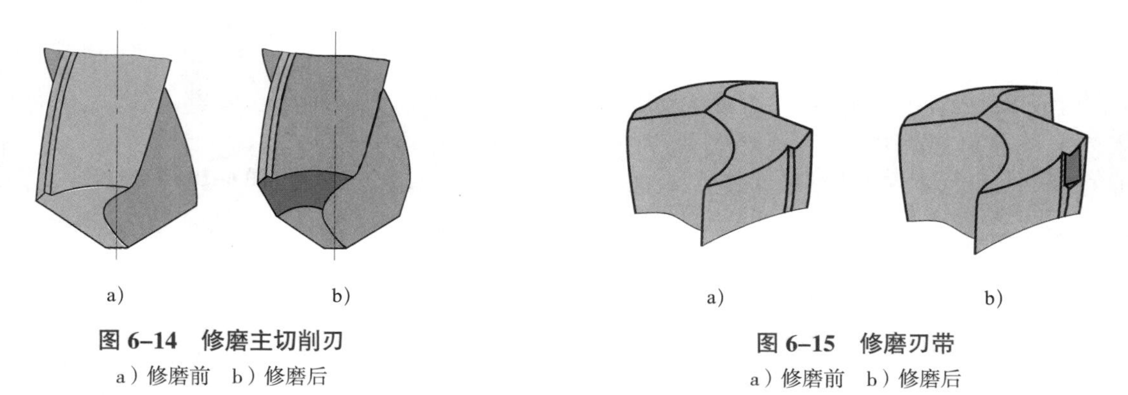

图 6–14 修磨主切削刃

a）修磨前 b）修磨后

图 6–15 修磨刃带

a）修磨前 b）修磨后

5. 磨出分屑槽

当在钢材上钻削直径较大的孔时，可在麻花钻的前面或后面（见图 6–16）上交错磨出较小狭槽，使切屑变窄，有利于排出。

6. 磨出内凹圆弧刃

将麻花钻的两主切削刃磨出内凹圆弧刃（见图 6–17），可增加钻削时的稳定性，并有助于分屑、断屑。在钻薄板时，应使内凹深度大于薄板厚度，以形成外刃套料钻孔。这种方法也可用于不规则毛坯孔的扩孔。

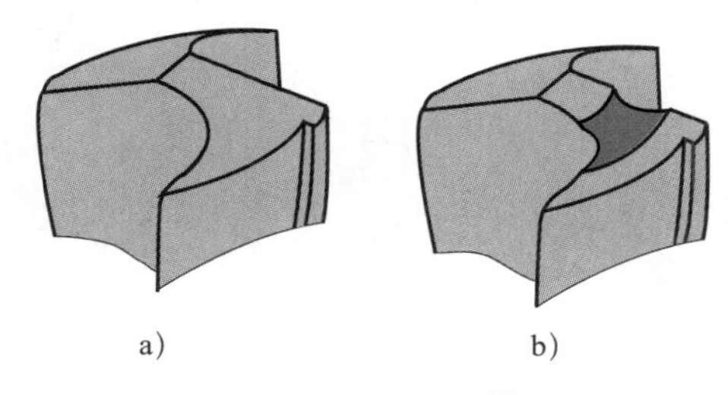

图 6–16 开分屑槽

a）修磨前 b）修磨后

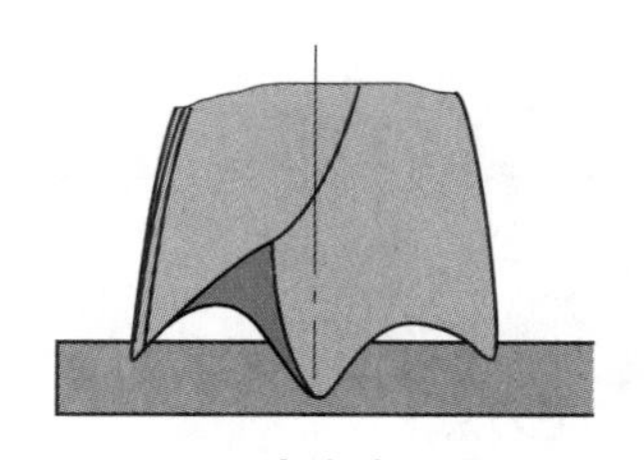

图 6–17 磨出内凹圆弧刃

五、知识链接

群　钻

群钻是我国工人创造出来的，将标准麻花钻经过合理修磨而成的，高效率、高寿命、强适应性的先进钻型。

根据工件材料性能和用途不同，群钻的形状可分为标准群钻、铸铁群钻、薄板群钻、紫铜群钻、黄铜群钻等，并已形成标准。

在各类群钻中，以标准群钻（见图 6–18）应用最为广泛，同时它又是变革其他钻型的基础。

标准群钻在结构上综合了上述各种修磨钻头的特点，即在标准麻花钻的后面上磨出内凹圆弧槽（也称月牙槽），在横刃处修磨前面，并在后面上磨出单面分屑槽。不难看出，月牙槽形成的凹形圆弧刃，将主切削刃分成外刃、圆弧刃和内刃三段。圆弧刃的修磨，既增大了该处的前角，又有利于分屑、断屑和排屑，同时还能稳定钻头的方向。横刃的修磨，既增大了该处的前角，又减小了横刃的宽度（一般为原来的 1/7 ~ 1/5）和高度，这样减小了轴向抗力，改善了定心效果。单面分屑槽的刃磨，方便了切屑的排除，改善了切削性能。

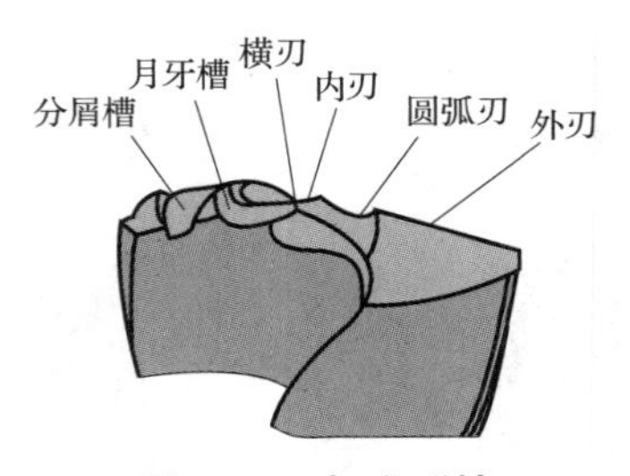

图 6–18　标准群钻

标准群钻主要用来钻削碳素钢和各种合金钢材料，标准群钻切削部分的形状和几何参数可查阅有关资料。

六、思考与练习

1. 什么情况下需要修磨标准麻花钻的横刃？
2. 查阅资料，说出铸铁群钻的特点。
3. 查阅资料，了解 S 形横刃钻（采用美国 WINSLOW 专利刃磨机磨出）的特点。

任务三　深孔钻

知识点：

◎深孔加工中的问题。
◎深孔加工问题的解决策略。
◎深孔钻分类。
◎典型深孔钻。

能力点：

◎熟悉典型深孔钻。

一、任务提出

机械加工中，通常将孔深与孔径之比大于5的孔称为深孔。对于一般深孔（孔深与孔径比不超过20），可用加长麻花钻加工；如果孔深与孔径比超过20，必须采用深孔钻及其加工装备进行加工，否则，难以保证加工质量，甚至无法加工。那么，生产实际中常用哪些典型深孔钻呢？

二、任务分析

深孔加工因涉及面广、技术含量高、加工难度大而成为机械制造业中的一项关键技术。要有效进行深孔加工，首先必须找出深孔加工需要解决的问题，其次，应提出深孔加工问题的解决策略，最后还要根据加工深孔要求的不同，合理选用相应的刀具或工具。

三、知识准备

1．深孔加工中的问题

深孔加工中的问题主要表现为切屑排除困难、热量不易传散、钻头容易偏斜。

切屑排除困难，是由于切屑较多并且排屑通道长所引起的，若不采取有效措施，随时可能因为切屑堵塞造成钻头损坏；热量不易传散，是由于钻削作业在近乎封闭状态下进行的缘故，若不采取有效措施，钻头将加速磨损，很快丧失切削能力；钻头容易偏斜，是由于孔深与孔径比值较大，刚度较差所致，若不采取有效措施，加工时钻头必将偏斜并产生大的振动，轻则孔的精度和表面粗糙度难以保证，重则加工无法进行。

2．深孔加工问题的解决策略

解决排屑、冷却、导向问题，是深孔加工保证加工精度和刀具寿命，使加工顺利进行的关键。

（1）排屑、冷却问题的解决

深孔钻通过良好的分屑、卷屑、断屑功能，同时借助一定压力和流量的切削液强行排屑，解决排屑和冷却问题。需要说明的是，深孔加工用切削液，必须具备良好的冷却、润滑、防腐能力和较好的流动性。

（2）导向问题的解决

通过深孔钻合理的结构设计、参数配置，确保钻头稳定可靠的定心和导向。另外，在钻孔时还经常采取工件旋转、钻头只做直线进给运动的加工方式，以进一步保证钻孔时钻头不致偏斜。

3．深孔钻分类

由于深孔加工存在许多不利条件，不能观察到实际切削情况，而只能通过听声音、看切屑、测油压来判断排屑与刀具情况，因此，深孔刀具的关键是要有较好的冷却装置、合理的排屑结构和可靠的导向措施。

按切削刃的多少，深孔钻有单刃（指切削刃分布在钻头轴线的一侧）和多刃（指切削刃分布在钻头轴线的两侧）之分；按排屑方式的不同，深孔钻有外排屑（切屑从钻杆外部排出，如枪孔钻、深孔扁钻、深孔麻花钻等）和内排屑（切屑从钻杆内部排出，如BTA深孔钻、喷射钻、DF深孔钻等）之分。

四、任务实施

1．外排屑深孔钻

切削液从钻杆芯部孔中流入，冷却切削区域后汇同切屑从钻杆与孔壁间排出。它不需要专用设备与辅助工具，特别适合于小直径深孔钻削。枪孔钻属于小直径单刃外排屑深孔钻，其结构如图 6–19 所示，它是最早（20 世纪 50 年代）使用的深孔加工专用刀具。枪孔钻可加工的直径为 2 ~ 20 mm，深径比可达 100，对中等精度的小深孔加工甚为有效。

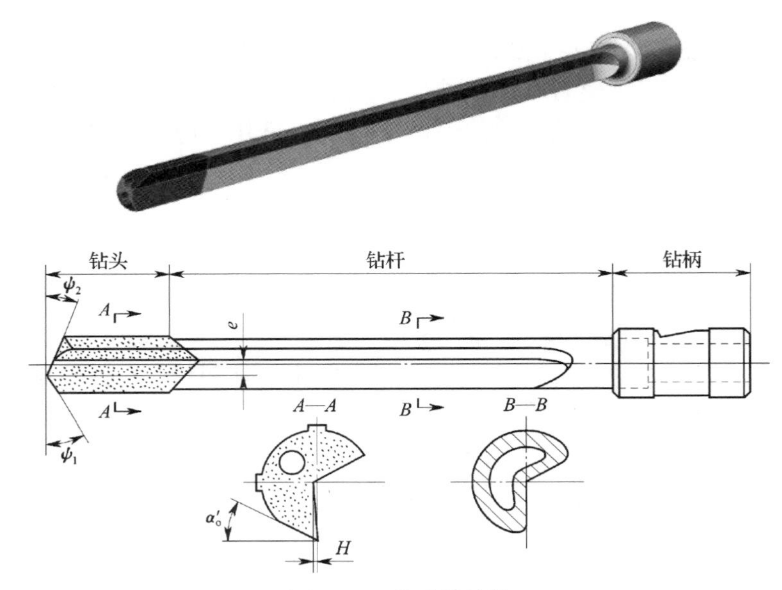

图 6–19　枪孔钻结构

枪孔钻由钻头、钻杆和钻柄三部分组成。钻杆由 40Cr 或 45 无缝钢管制成，在靠近钻头部分上压有 120° V 形槽，是排出切屑的通道；钻头带有 V 形切削刃和冷却孔，可用整体高速钢或硬质合金制成（当直径大于 12 mm 时，常采用镶焊硬质合金刀片结构），与钻杆焊接在一起，近年来又发展为不重磨式的机夹刀片。目前，枪孔钻钻头已国际标准化，使用时可参考应用。

枪孔钻系统主要由机床、枪孔钻、中心架、钻套、钻杆连接器和冷却润滑油路系统组成，其加工原理如图 6–20 所示。钻孔时，高压（2 ~ 10 MPa）切削液由钻杆后端的内孔注入，经月牙形孔和钻头前端小孔进入到切削区，以冷却和润滑钻头，随后与切屑经钻头切削部分和钻杆上的 V 形槽中排出。

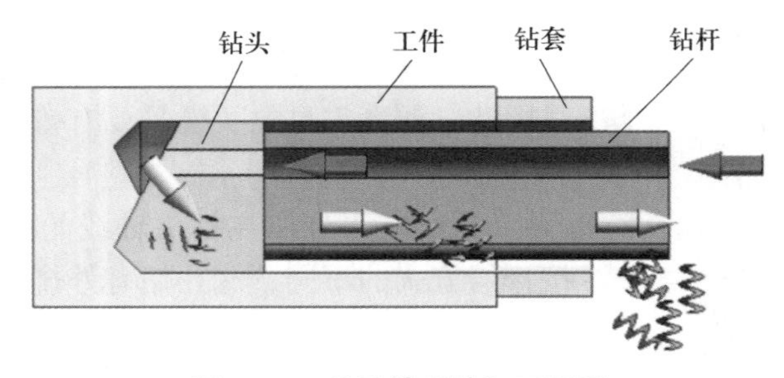

图 6–20　枪孔钻系统加工原理

2．内排屑深孔钻

切削液从钻杆外圆与工件孔壁间隙流入，冷却切削区域后会同切屑从钻杆内孔中排出。它需装置供液系统、受液器、油封头等，不适于直径过小（直径小于 6 ~ 8 mm）的深孔加工。

（1）BTA 深孔钻

BTA 深孔钻是针对枪孔钻的一些缺陷而研发的一种内排屑深孔钻，由于该种结构于 1945 年得到欧洲钻孔与套料协会（Boring and Trepanning Association，BTA）的确认和推广，故称为 BTA 深孔钻。BTA 深孔钻的结构及加工原理如图 6–21 所示。

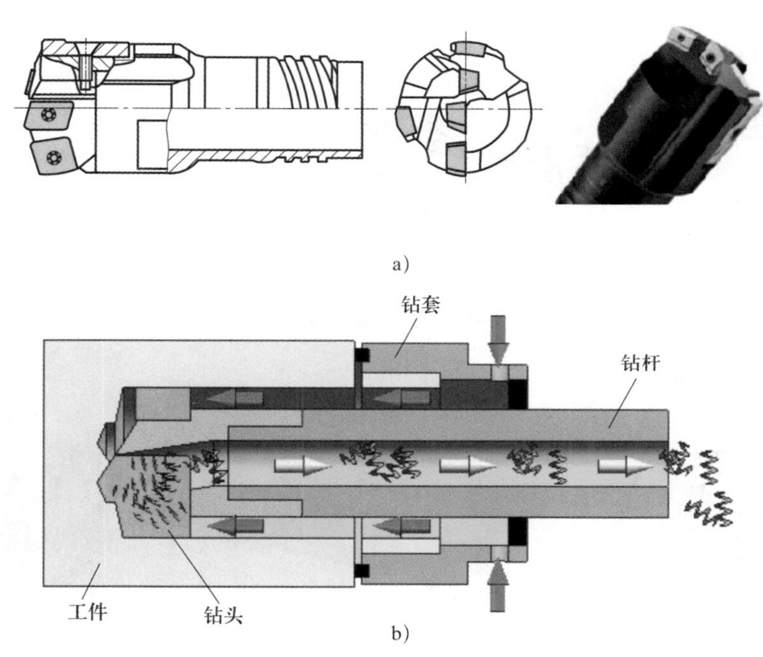

图 6–21　BTA 深孔钻及加工原理

a）结构　b）加工原理

BTA 深孔钻头的钻杆和钻头柄部均采用了“双止口圆柱面定位”及矩形螺纹连接的结构，以满足快速装卸和准确定位的要求；其切削部分由若干个（图中为三个）硬质合金刀片交错地分布在刀体上，切削刃在切削时可布满整个孔径，并起到分屑的作用；导向条的采用增大了切削过程的稳定性，且其位置可根据钻头的受力情况重新调整；刀具和钻杆均采用圆形结构，扭转刚度接近同直径实心钻杆（90% 左右），可进行大进给切削。但当加工孔的孔径太小时，切削液的流动空隙相应变小，切屑易堵塞，压力高，密封困难，故不适宜直径小于 14 mm 孔的加工。

BTA 深孔钻加工系统的工作原理如下：具有一定压力的切削液通过空心钻杆与已加工孔孔壁间的环状空隙流向切削刃部，从钻杆内孔中携带切屑排出，流入铁屑收集箱。切削液经若干层滤网过滤后可重复使用。使用 BTA 深孔钻，主要可避免切屑排出时对孔壁的划伤，其孔壁表面粗糙度值可达 $Rz1$ μm。

（2）喷吸钻

喷吸钻及其加工系统是一种利用高速流体负压效应从钻杆后部抽吸切屑的钻削系统。它克服了枪孔钻系统造价太高而 BTA 钻容易堵屑的缺陷。喷吸钻主要用于加工直径为 18 ~ 180 mm、深径比在 100 以内的深孔，加工精度为 IT10 ~ IT7，表面粗糙度值为 *Ra*3.2 ~ 0.8 μm，孔轴线的直线度可达 0.1 mm/1 000 mm。

1）喷吸钻的结构

喷吸钻由钻头、内管和外管三部分组成，如图 6–22 所示。内管的尾部开有几个向后倾斜 30°的“月牙孔”。钻头（见图 6–23）采用多线矩形螺纹与外管连接，其切削刃交错分布（两个刀齿分布在轴线一侧，中间齿在另一侧），颈部有几个喷射切削液的小孔，前端有两个排屑孔。

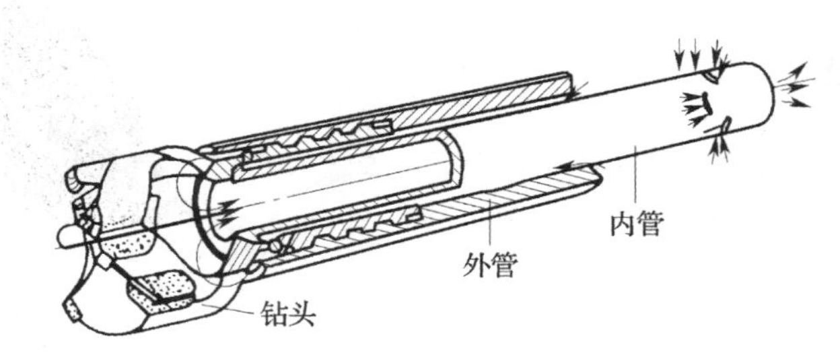

图 6–22 喷吸钻的组成结构

图 6–23 喷吸钻钻头的结构

2）喷吸钻的工作原理

喷吸钻系统是利用液体的喷吸效应实现冷却排屑的。即当高压流体经过一个狭小的通道高速喷射时，在这股喷射流的周围形成低压区，将喷嘴附近的流体吸走。如图 6–24 所示，喷吸钻工作时，切削液在一定压力（0.8 ~ 1.2 MPa）下经内管、外管之间注入。其中 2/3 通过钻头上的小孔流向切削区，对切削部分和导向部分进行冷却和润滑；另外 1/3 经过内管上很窄的月牙形喷嘴高速喷入内管后部，形成一个低压区，使内管的前后产生很大的压力差。这样，钻出的切屑一方面由高压切削液从前向后冲出，另一方面利用内管前后的压力差将切削区的切削液和切屑一起吸入内管，通过这两方面的力使切屑顺利地从内管排出。

喷吸钻钻头的切削部分和柄部完全继承了 BTA 深孔钻，唯一区别在于其钻杆由两个空心管（内管、外管）组成，故又称“双管喷吸钻”。由于内管的设置及负压作用，使排屑状况明显改善，所以，喷吸钻系统所需的切削液压力和流量仅为 BTA 系统的 1/2，并降低了密封要求。不过，也由于内管半径小，对断屑有着比较高的要求，故在刀片上必须考虑断屑台，以促使断屑。另外，当孔径过小时，很难形成喷吸效应，排屑将不顺利，切削液的流动空间也将受到极大的限制。

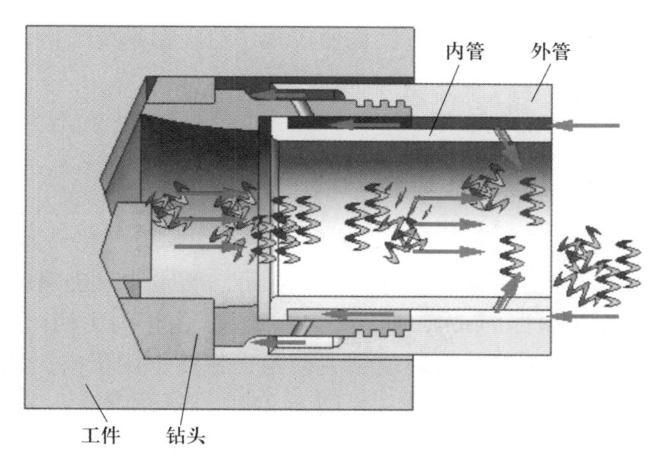

图 6-24 喷吸钻系统工作原理

（3）DF 深孔钻

DF 深孔钻及加工系统（Double Feeder System）于 20 世纪 70 年代中期由日本冶金股份有限公司推出，它结合了 BTA 深孔钻系统和喷吸钻系统的优点，克服了 BTA 系统需要高压冲屑，密封性难以保证和喷吸钻系统内、外管结构复杂，刀柄不能互换多用，小孔径排屑不利的不足。

DF 深孔钻在结构上（采用单管）与 BTA 钻头相似，几何参数也一样；不同之处在于其钻头体上需做出一个圆柱形凸起环颈（见图 6-25），以确保钻孔时该部分与孔壁形成一反压间隙。

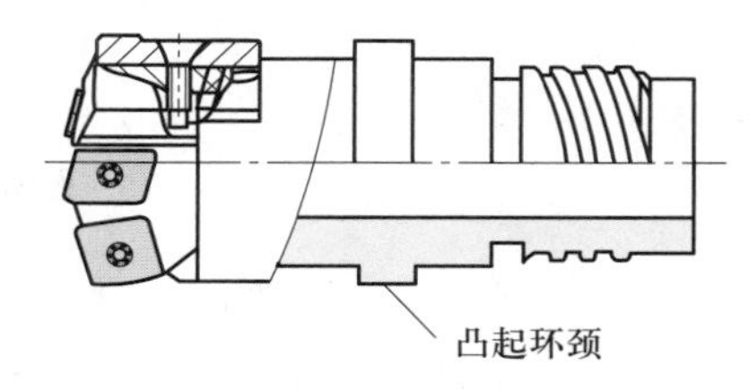

图 6-25 DF 深孔钻

DF 深孔钻加工原理如图 6-26 所示，其与 BTA 系统的区别之处在于抽屑装置。DF 深孔钻的抽屑装置与刀具进给合为一体，由钻杆夹头、前喷嘴、后喷嘴、密封件、进油管、出屑管等组成。切削液工作时类似于喷吸钻系统分成两路，2/3 经引导装置通过钻头体上的凸起环颈与工件孔壁之间的间隙向切削区喷射；1/3 通过钻杆尾部连接器上的喷嘴间隙（锥形或月牙形）进入油箱，由于通过喷嘴间隙时的加速作用，该路切削液在钻杆尾端形成射流，从而对切屑产生负压抽吸作用，达到加速和顺畅排屑的目的。

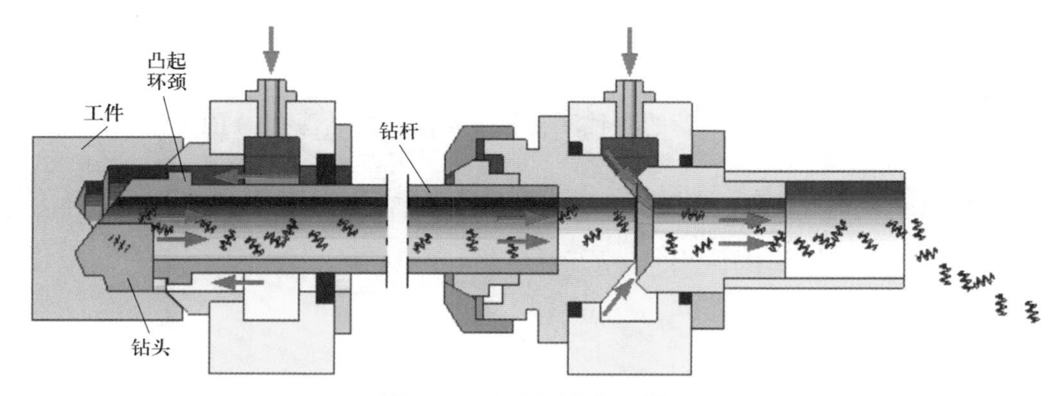

图 6-26 DF 深孔钻加工原理

显而易见，DF 深孔钻只用一个单管结构便实现了喷吸钻系统的推、排屑双重作用。

五、知识链接

枪孔钻受力分析与导向芯柱

枪孔钻切削部分的主要特点是，仅在轴线的一侧有切削刃，并分为外刃和内刃两段，其交点处为钻尖，没有横刃。使用时重磨内、外刃后面，形成外刃余偏角 ψ_{r1}=25°～30°、内刃余偏角 ψ_{r2}=20°～25°、钻尖偏距 $e=d/4$，如图 6–19 所示。由于内刃切出孔底锥形凸台，将有助于钻头的定心导向。另外，设计合理的钻尖偏距，将使作用于内、外刃切削力 F_2、F_1 形成的背向合力 F_p 与孔壁支承反力相平衡（见图 6–27a），从而维持钻头的工作稳定，保证加工孔的直线性。此外，呈现折线的切削刃还可达到分屑效果。

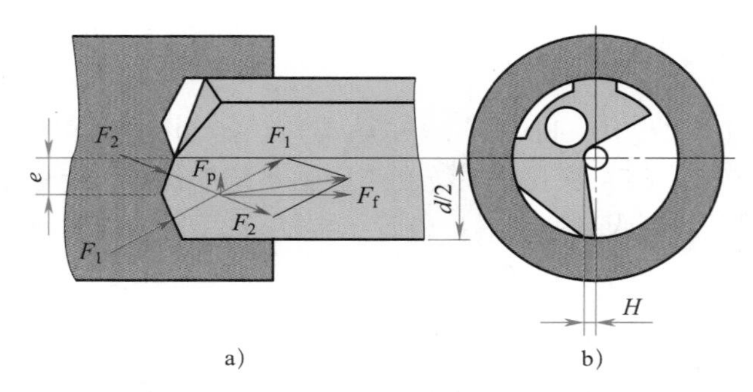

图 6–27　枪孔钻受力分析与导向芯柱

为进一步有利于钻头的导向及切削稳定性，120° V 形槽中心交点应略低于钻头轴线 H（见图 6–27b），切削时形成直径约 $2H$ 的导向芯柱。由于导向芯柱直径很小，因此能自行折断，并随切屑排出。若 H 过大，则形成的芯柱过粗，不易折断，反而易使钻头折断。若 120° V 形槽中心交点高于钻头轴线，则中心一点的切削刃将挤压加工表面，增大切削力，造成崩刃或钻杆弯曲。

一般来说，芯柱直径不大于 0.4 mm。据资料，有些厂家在生产时控制在 0.2～0.25 mm，有的控制在 0.1～0.3 mm（钢件），铸铁件可稍微大些，但不能大于 0.5 mm。

六、思考与练习

1．内、外排屑深孔钻分别适用于什么场合？

2．查阅资料，叙述 BTA 推荐的三种深孔钻（实体材料钻深孔的 BTA 钻、扩孔钻和套料钻）的应用区别。

3．近年来，国内外使用的深孔麻花钻，可在普通设备上一次加工出孔深与孔径比达 20 的深孔。查阅资料，叙述深孔麻花钻的结构特点。

任务四 铰刀

知识点：

◎铰刀的种类和用途。

◎铰刀的结构。

◎铰刀的几何角度。

◎结构改进型铰刀。

能力点：

◎能正确使用铰刀。

一、任务提出

一般来说，铰刀是用于中小直径圆孔或锥孔的半精加工、精加工的多齿刀具。由于铰刀的加工余量小、齿数多、导向好、刚度大，铰孔的加工精度可达 IT7 ~ IT6 级甚至 IT5 级，铰孔加工的表面粗糙度值可达 $Ra1.6 \sim 0.4\ \mu m$，所以得到广泛使用。那么，如何使用铰刀才能达到上述铰削效果呢？

二、任务分析

要达到预期的铰削效果，必须全面了解铰刀的种类与用途、铰刀的结构、铰刀的几何角度及铰孔质量的影响因素，掌握铰刀的使用技术。

三、知识准备

1. 铰刀的种类与用途

（1）铰刀的种类

铰刀种类很多，如图 6–28 所示。按使用方式，可分为手用铰刀和机用铰刀两大类；按铰刀切削部分的材料，可分为高速钢铰刀、硬质合金铰刀、金刚石及立方氮化硼铰刀等；按铰刀的柄部或夹持形式，可分为直柄、锥柄和套式铰刀；按加工尺寸可否调节，可分为固定式和可调节式铰刀；按母线形式，可分为圆柱式和圆锥式（莫氏圆锥和米制圆锥）铰刀。

（2）铰刀的用途

1）手用铰刀和机用铰刀

手用铰刀适用于单件小批量或装配中圆柱孔的铰削；可调节手用铰刀，由于其直径可作微量调整，常用于设备修配场合。高速钢机用铰刀适用于成批生产低速机动铰孔，硬质合金机用铰刀适用于成批生产机动铰削普通材料、难加工材料的孔。

2）圆锥式铰刀

根据国家标准《莫氏圆锥和米制圆锥铰刀》（GB/T 1139—2017），莫氏圆锥铰刀共有

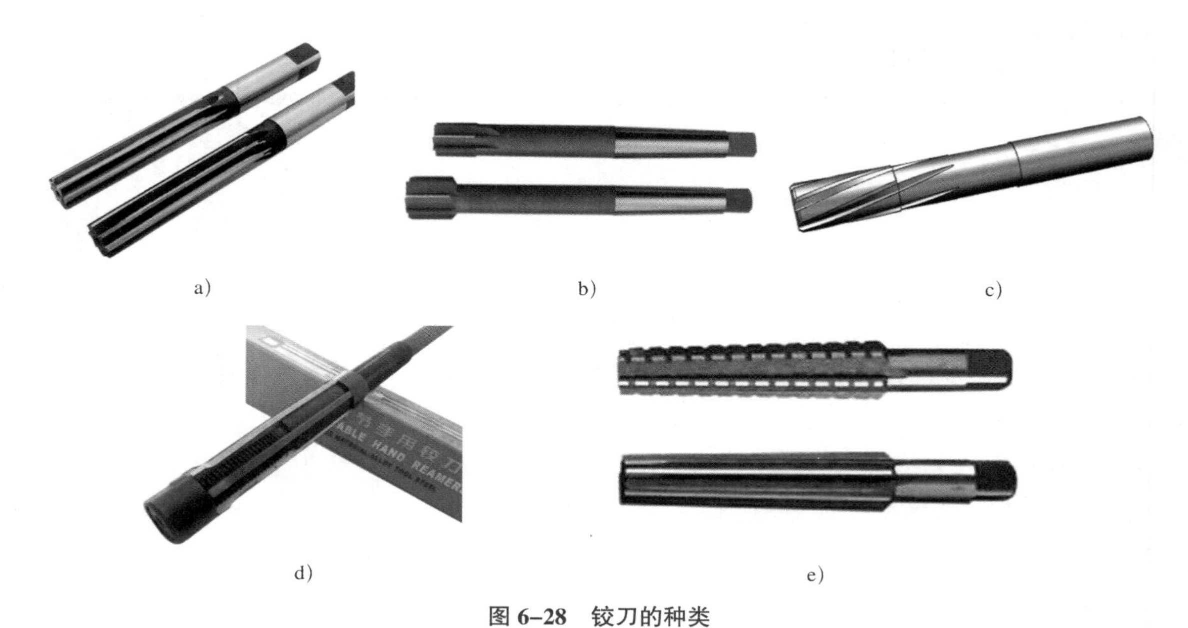

图 6–28　铰刀的种类

a）手用铰刀　b）机用铰刀　c）直柄铰刀　d）可调节式铰刀　e）圆锥式铰刀

0 ~ 6 号七种规格，分别用于铰削 0 ~ 6 号莫氏锥度孔；米制圆锥铰刀有 4 号和 6 号两种规格，锥度均为 1 : 20，适用于铰削 1 : 20 圆锥孔。由于加工余量相对较大，圆锥式铰刀一般两把组成一套。其中粗铰刀开有分屑槽，精铰刀则无分屑槽。另外，对于相同圆锥号的莫氏圆锥铰刀，其精铰刀齿数多于粗铰刀齿数，例如，莫氏圆锥 5 号铰刀，其粗铰刀齿数为 8，精铰刀齿数为 11。

2．铰刀的结构

（1）铰刀的组成部分

铰刀通常由工作部分、颈部和柄部组成。如图 6–29 所示为高速钢机用铰刀的结构组成，其中，工作部分包括切削部分（l_2）和校准部分。切削部分担任主要切削工作，能切下很薄的切屑；校准部分又分为圆柱部分（l_3）和倒锥部分（l_4）。圆柱部分具有棱边，起定向、修光孔壁、保证铰刀直径和便于测量等作用；倒锥部分则为了减小切削刃和孔壁的摩擦，并防止因铰刀歪斜而引起孔径扩大，倒锥量一般为 0.005 ~ 0.02 mm。当铰刀直径为 3 ~ 32 mm 时，常取其值的 4/5 ~ 3 倍作为工作部分长度，取其值的 1/4 ~ 1/2 作为圆柱部分长度。为便于铰刀进入孔中，在铰刀的前端常制有 $C2$ mm 的前导锥（l_1）。

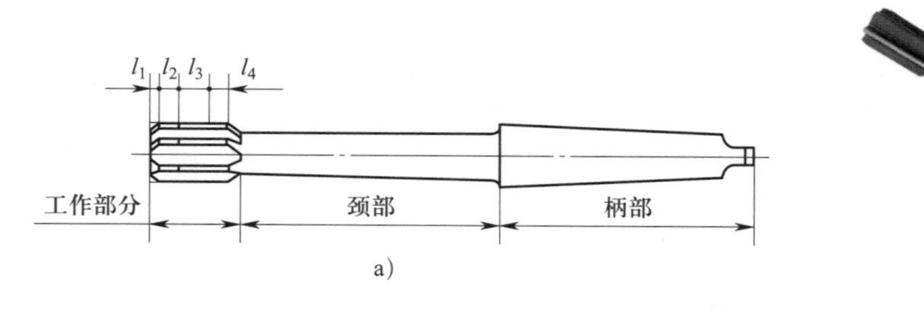

b)

图 6–29　铰刀的结构组成

对于硬质合金铰刀，其工作部分长度等于刀片长度，校准部分允许倒锥量为 0.005 mm。在校准部分的末端应做出后锥角 3°~5°、长度 3~5 mm 的后锥，以防止退刀时划伤孔壁和挤碎刀片。

另外，在使用专用夹具铰孔时，所采用的铰刀往往还带有导向部分，有些类型的铰刀还配有内部切削液供给通道。

（2）铰刀的齿数和齿槽

1）铰刀齿数

铰刀齿数影响着铰孔精度、表面粗糙度、容屑空间和刀齿强度，其值一般根据铰刀直径和工件材料确定。大直径铰刀可取较多齿数；铰削韧性材料齿数应取少些，铰削脆性材料齿数可取多些。铰刀一般都是偶数齿结构，以便于铰刀直径的测量。在常用直径 8~40 mm 范围内，一般取齿数 4~12 个。为避免振动、振颤痕和圆度误差等缺陷，铰刀可采用半周后重复的不对等齿距结构，如图 6–30 所示。

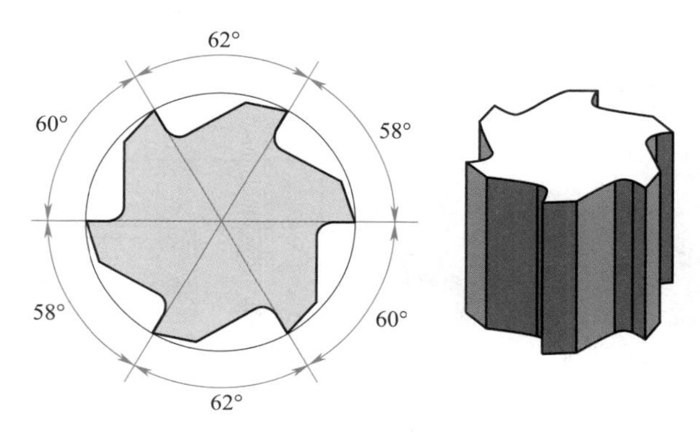

图 6–30 铰刀的不对等齿距

2）铰刀齿槽

铰刀的齿槽有直线槽和螺旋槽两种，如图 6–31 所示。直线槽铣刀的切削刃与旋转轴线平行，螺旋槽铰刀的切削刃为左旋螺旋线（7°螺旋角）。其中，前者适宜切削无中断的孔，后者适宜切削有中断的孔。

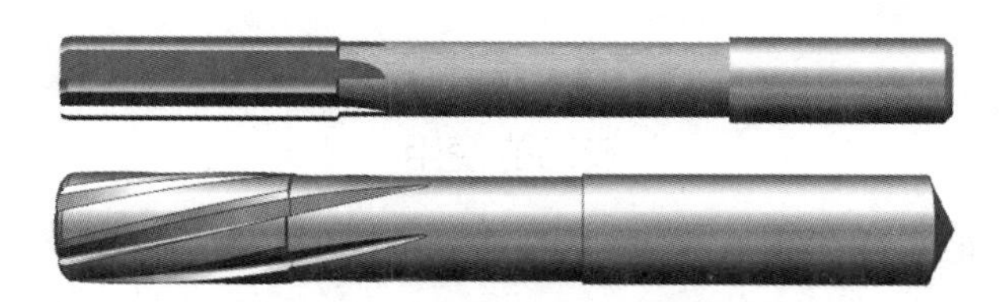

图 6–31 直线槽铰刀和螺旋槽铰刀

3. 铰刀的几何角度

铰刀的每个刀齿相当于一把车刀，其几何角度的概念与车刀相同。

（1）前角（γ_p）

铰削时，一般余量很小（一般为 0.1~0.6 mm），切屑很薄，切屑与前面的接触长度很短，故前角的大小对铰削变形的影响并不显著。为了制造方便，铰刀的前角一般磨成 0°。

对于铰削表面粗糙度值要求较小的铸件孔时，可采用 –5°~ 0°前角；加工塑性材料时，前角可增大到 5°~ 10°。

（2）后角（α_p）

铰刀系精加工刀具，为使其重磨后径向尺寸不至于变化很大，且减小铰刀与孔壁之间的摩擦，后角一般取 6°~ 8°。

（3）主偏角（κ_r）

主偏角的大小影响切削导向、切削厚度和轴向切削力的大小。κ_r 越小，切削厚度越小，轴向力越小，导向性越好，切削部分越长。通常，手用铰刀取较小的主偏角（0.5°~ 1.5°），机用铰刀取较大的主偏角（如 45°）。

（4）刃倾角（λ_s）

一般铰刀的刃倾角为 0°。但刃倾角的适当存在，能使切削过程平稳，并提高铰孔质量。在铰削塑性材料的通孔时，高速钢铰刀一般取 λ_s=15°~ 20°；硬质合金铰刀一般取 λ_s=0°，为了使切屑流向待加工表面，避免切屑划伤已加工表面，也可取 λ_s=3°~ 5°，如图 6–32 所示。

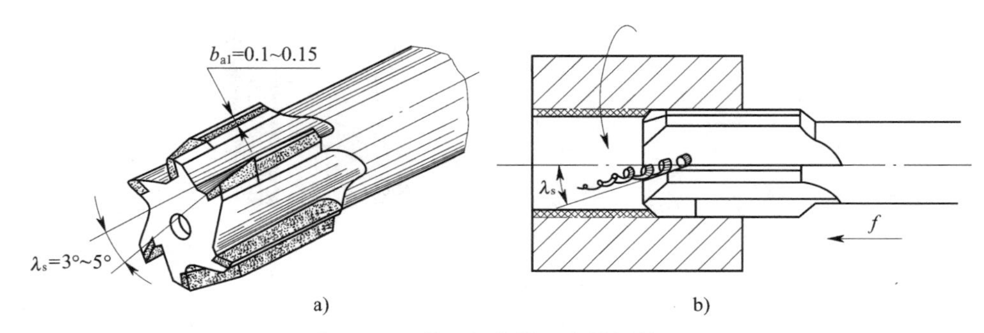

图 6–32 带刃倾角铰刀和排屑情况

a）带刃倾角铰刀 b）排屑情况

需要提醒的时，在加工盲孔时，应在以上带刃倾角铰刀的前端开出一个较大的凹坑，以容纳铰削产生的切屑。

四、任务实施

铰刀的使用

1. 铰刀直径公差的确定

铰刀直径公差直接影响被加工孔的尺寸精度、铰刀制造成本和铰刀使用寿命。铰孔时，由于刀齿径向跳动以及铰削用量和切削液等因素会使孔径大于铰刀直径，即出现铰孔“扩张”；也可能由于切削刃钝圆弧面挤压孔壁后产生的弹性恢复，使孔径小于铰刀直径，即出现铰孔“收缩”。一般来说，“扩张”和“收缩”的因素同时存在，最后结果应由试验确定。经验表明：用高速钢铰刀铰孔一般发生扩张，用硬质合金铰刀铰孔一般发生收缩，铰削薄壁孔时也常发生收缩。通常扩张量在 0.003 ~ 0.02 mm，收缩量在 0.005 ~ 0.02 mm。

铰孔的精度主要决定于铰刀的尺寸，铰刀最好选择被加工孔公差带中间 1/3 左右的尺寸。如铰 ϕ20H7（$^{+0.021}_{0}$）mm 孔时，最好选择 $\phi20^{+0.014}_{+0.007}$ mm 尺寸的铰刀。

2．铰削余量的确定

待铰削孔必须经预加工并留有正确的加工余量。余量过小，铰削将不能消除预加工孔遗留的加工痕迹；余量过大，切屑挤满在铰刀的齿槽中，使切削液不能进入切削区，严重影响表面粗糙度，还会因切削负荷大使刀具寿命下降。实际加工中可使用表 6–6 提供的推荐值作为铰削余量。

表 6–6　　铰削余量推荐值　　mm

铰孔孔径	<5	5 ~ 20	20 ~ 30	30 ~ 50	50 ~ 100	>100
加工余量	0.1	0.2	0.3	0.4	0.5	0.6

一般情况下，可按高速钢铰刀 0.08 ~ 0.12 mm，硬质合金铰刀 0.15 ~ 0.20 mm 作为铰削余量。

3．切削用量的选用

与钻削相比，铰削的特点是“低速大进给”。低速是为了避免积屑瘤，若进给量 f 小会造成切削厚度过小，切屑不易形成，啃刮现象严重，刀具磨损加剧。一般高速钢铰刀加工钢材时，v_c=1.5 ~ 5 m/min，f =0.3 ~ 2 mm/r；铰削铸铁件时，v_c=8 ~ 10 m/min，f = 0.5 ~ 3 mm/r。

另外，铰刀由孔内退出时，机床主轴应保持原有转向不变，不允许停车或反转，以防损坏切削刃口和加工表面。

4．切削液的选用

为达到所要求的铰削表面质量，应使用适宜的切削液。考虑到铰孔时的润滑意义大于冷却，加工高合金钢、钛合金时，可采用切削油；加工非合金钢时，宜使用 10% ~ 20% 乳化液；铰削软质铝合金、铸铁件时，则以煤油为好。

5．铰刀的装夹

铰孔时，最好采用浮动装夹装置，铰刀做自我导向，机床或夹具只传递运动和动力。刚性装夹铰出的孔易出现不圆、喇叭口和孔径扩大等现象。

五、知识链接

结构改进型铰刀

1．大螺旋角推铰刀

大螺旋角推铰刀如图 6–33 所示，具有很小的主偏角（2°）和很大的螺旋角（65° ~ 78°）是其最主要特点。与普通铰刀相比，由于切削刃工作长度显著增加，降低了单位切削刃长度上的切削力和切削温度，故延长了刀具寿命（3 ~ 5 倍）。

采用该铰刀铰孔，由于螺旋角大，使切屑沿前面产生很大滑动速度，切屑不易黏结于前面，抑制了积屑瘤的形成，且切屑流向待加工表面，不会出现切屑挤伤孔壁现象。此外，该铰刀铰削过程平稳，不易引起振动，因此加工后的表面粗糙度值能稳定地达到 Ra1.6 ~ 0.8 μm。

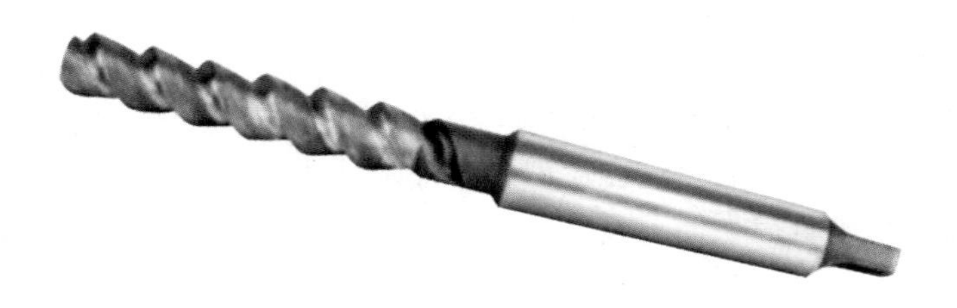

图 6-33　大螺旋角推铰刀

2．可转位单刃铰刀

可转位单刃铰刀如图 6-34 所示，刀片通过双头螺栓和压板固定在刀体上，铰刀尺寸通过两只调节螺钉和顶销来调节，刀片轴向由轴向限位销限制，导向块焊接在刀体槽内。

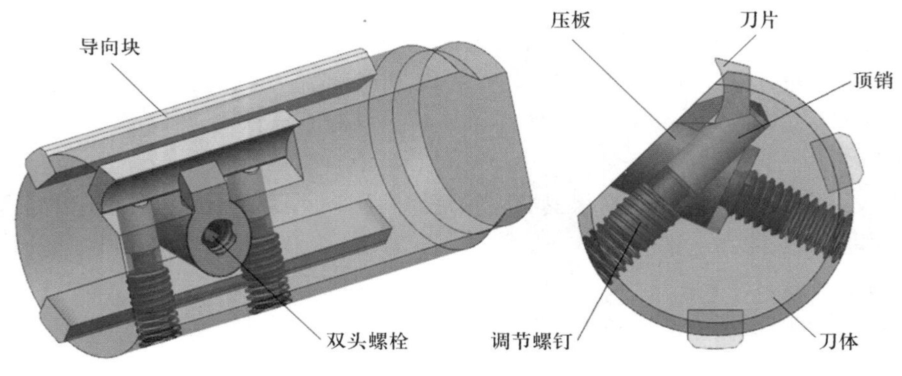

图 6-34　可转位单刃铰刀

刀具切削部分分为两段，主偏角 κ_r=15°～45°、刃长为 1～2 mm 的切削刃切除大部分余量，κ_r=3° 的斜刃及圆柱校准部分作精铰。导向块起导向、支承和挤压作用。导向块相对刀齿的位置角，两块时为 84°、180°，三块时为 84°、180°、270°。导向块尖端相对于切削刃尖端沿轴向滞后 0.3～0.6 mm。导向块直径与铰刀直径有一差值，以保证有充分挤压量。

可转位单刃铰刀不仅可调整直径尺寸，而且可调整其锥度。刀片可转位一次，刀体可重复使用。它不仅能获得高的加工精度、小的表面粗糙度值，更能消除孔的多边形缺陷，提高孔的质量（铰出孔的圆度为 0.003～0.000 8 mm，圆柱度为 0.005 mm/100 mm）。

六、思考与练习

1．为什么手用铰刀（GB/T 1131.1—2004）取较小的主偏角，而机用铰刀（GB/T 4251—2008）可取较大的主偏角？

2．查阅资料，叙述金刚石或立方氮化硼铰刀的结构特点。

任务五 螺纹刀具

知识点：

◎丝锥。

◎螺纹车刀。

能力点：

◎能进行螺纹刀具的选用。

一、任务提出

根据形成螺纹的方法，螺纹刀具可分为切削法加工螺纹刀具和塑性变形法加工螺纹刀具。常用的切削法加工螺纹刀具有螺纹车刀、丝锥和板牙、螺纹铣刀等，塑性变形法加工螺纹刀具有滚丝轮、搓丝板和挤压丝锥等。那么，生产实际中该如何进行螺纹刀具的选用呢？

二、任务分析

螺纹刀具的合理选用，不仅需要熟悉螺纹刀具的结构特点、工作原理，还需要熟悉螺纹刀具的几何参数、适用范围。考虑到丝锥和螺纹车刀是具有代表性且应用较广的螺纹刀具，为此，重点介绍丝锥和螺纹车刀。

三、知识准备

1．丝锥

（1）丝锥的结构

丝锥是加工内螺纹并能直接获得螺纹尺寸的标准螺纹刀具。丝锥的基本结构如图 6–35 所示，它是一个轴向开槽的外螺纹。丝锥切削部分上铲磨出切削锥角并形成主偏角，以使切削负荷分配到几个刀齿上。丝锥校准部分具有完整的齿形，以控制螺纹参数并引导丝锥沿轴向运动。丝锥柄部方尾供与机床连接，或通过扳手传递转矩。丝锥轴向槽不仅可容纳切屑，而且形成了丝锥前角。丝锥切削锥的顶刃与齿形侧刃经铲磨形成后角。

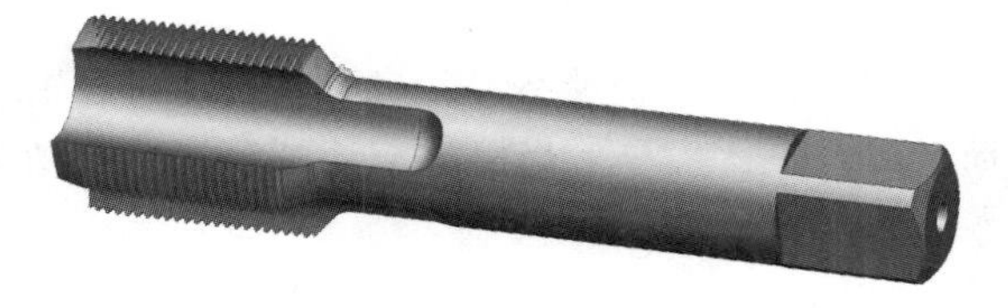

图 6–35 丝锥的结构

普通丝锥做成直槽；为控制排屑方向，可做成螺旋槽或将切削部分磨出槽斜角。丝锥一般采用高速钢或硬质合金制成。为提高丝锥的耐磨性，可对其表面进行氮化、镀硬铬或涂层处理（如 TiN、TiAlCN、TiCN 涂层）。

（2）工作原理

攻螺纹时，切削运动是丝锥的旋转与轴向移动组合成的螺旋运动。当切出一段螺纹后，丝锥齿侧就能与螺纹螺旋面咬合，自动引导攻入。

（3）丝锥的参数

丝锥的参数包括螺纹参数和切削参数两部分。螺纹参数有大径（d）、中径（d_2）、小径（d_1）、螺距（P）和牙型角（α）等，由被加工螺纹的规格来确定。切削参数有切削锥角（K_r）、前角（推荐 γ_p=8°~10°）、后角（推荐 α_p=4°~6°）、槽数（Z）等，根据被加工螺纹的精度、尺寸来选择。

（4）丝锥的适用范围

分析计算表明，在螺距、槽数不变的情况下，切削锥角越大，切削厚度越大，切削部分长度越小，使攻螺纹时导向性变差，加工表面粗糙度值增大；如果切削锥角磨得过小，切削厚度就减小，使切削变形增大，转矩增大，切削部分长度增大，攻螺纹时间延长。为解决上述矛盾，国家标准《机用和手用丝锥》（GB/T 3464—2007）给出了相关推荐值。单支和成组丝锥适用范围、切削锥角、切削锥长度推荐值见表 6–7。

表 6–7 单支和成组丝锥适用范围、切削锥角、切削锥长度推荐值

分类	适用范围 /mm	名称	切削锥角 K_r	切削锥长度
单支和成组（等径）丝锥	$P \leqslant 2.5$	初锥	4° 30′	8 牙
		中锥	8° 30′	4 牙
		底锥	17°	2 牙
成组（不等径）丝锥	$P > 2.5$	第一粗锥	6°	6 牙
		第二粗锥	8° 30′	4 牙
		精锥	17°	2 牙

（5）成组丝锥切削图形

成组丝锥切削图形有等径和不等径两种设计方案。

1）等径设计

等径设计时，每支丝锥大、中、小径相等，仅切削锥角不等。等径设计丝锥制造简单、利用率高，底锥磨损后可改为中锥、初锥使用。

2）不等径设计

不等径设计时，每支丝锥大、中、小径不等，只有精锥才具有工件螺纹要求的廓形与尺寸。不等径设计丝锥负荷分配合理，齿顶、齿侧均有切削余量，适用于高精度螺纹或梯形螺纹丝锥。

2. 螺纹车刀

（1）螺纹车刀的结构

螺纹车刀是一种刃形简单的成形车刀，其常用结构如图 6–36 所示。螺纹车刀结构简单，制造容易，通用性好。

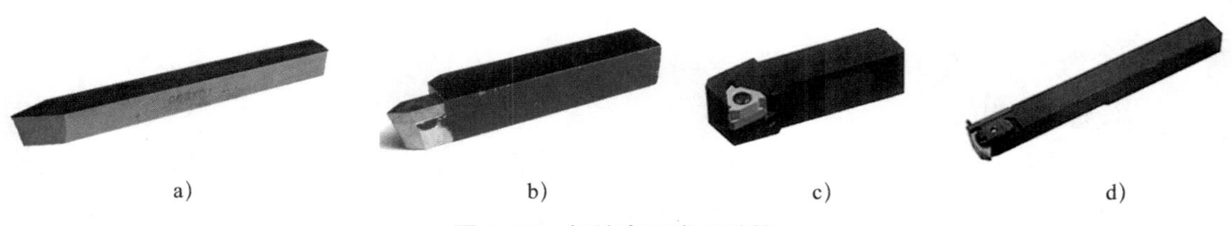

a) b) c) d)

图 6–36 螺纹车刀常用结构

a）整体式 b）焊接式 c）可转位式 d）机夹式

螺纹车刀属于多刃刀具，与其他车刀不同，其切削刃均为主切削刃，例如，三角形螺纹车刀的两侧切削刃，梯形螺纹车刀的前刃及两侧切削刃。螺纹车刀主要采用高速钢和硬质合金制造。

（2）工作原理

车削螺纹时，切削运动是工件的旋转与螺纹车刀移动组合成的螺旋运动。以车削外螺纹为例，当工件旋转时，螺纹车刀沿螺纹轴线方向等速移动，在外圆表面上形成螺旋线，经过多次进刀后就完成螺纹加工。

当螺纹车刀切削部分形状不同时，可得到不同截面形状的螺纹，常见的如三角形、矩形、梯形、锯齿形和圆形螺纹等。

（3）螺纹车刀的几何角度

以三角形螺纹车刀为例，其主要角度有刀尖角、背前角、两侧刃后角和两侧刃前角。

1）刀尖角（ε_r）

刀尖角是螺纹车刀两侧切削刃在基面上投影的夹角，刀尖角 ε_r 的大小取决于螺纹的牙型角（α）。

2）背前角（γ_p）

背前角是螺纹车刀前面与基面在背平面内的夹角，背前角 γ_p 的大小取决于螺纹的精度要求。

当螺纹车刀上磨有背前角（$\gamma_p \neq 0°$）时，车刀两侧切削刃不通过工件轴线，则车出的螺纹牙侧不是直线，而是曲线。也就是说，由于背前角的存在，加工出的螺纹出现了形状误差，而且背前角越大产生的误差也越大。对要求不高的连接螺纹来说，误差一般可以忽略不计。但车削精度要求较高的螺纹时，应尽量减小背前角，最好是背前角等于 0°。

3）两侧刃后角和两侧刃前角

车削螺纹时，必须保证工件转一转，螺纹车刀沿进给方向移动一个导程。也就是说车削螺纹时车刀的进给运动速度很高，因此，必须考虑进给运动对加工的影响。

由于进给运动对加工的影响，引起工作时切削平面和基面的位置发生变化，从而使螺纹车刀的工作后角和工作前角与螺纹车刀的刃磨前角和刃磨后角的数值不相同。螺纹的导程越大，对工作时的前角和后角的影响就越明显。

（4）适用范围

螺纹车刀常用于不同截面形状内、外螺纹的车削加工，特别适合加工大尺寸螺纹。

四、任务实施

1．丝锥的选用

一般材料攻通孔螺纹时，往往直接使用中锥。在加工较硬材料或尺寸较大的螺纹时，则采用 2 ~ 3 支成组丝锥，依次分担切削工作量，以减轻丝锥的单齿负荷。攻不通孔螺纹时，最后必须采用精锥（或底锥）。

如需控制排屑方向，可选用螺旋槽丝锥。加工通孔右旋螺纹用左旋槽，使切屑从孔底排出；加工不通孔右旋螺纹用右旋槽，使切屑从孔口排出，如图 6–37 所示。

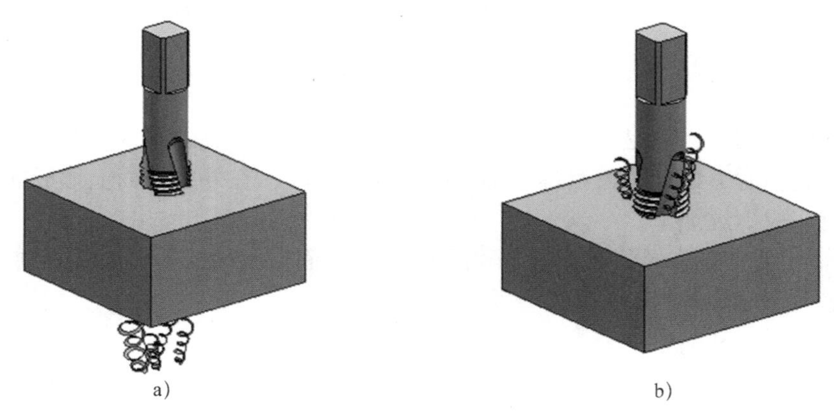

图 6–37　螺旋槽丝锥

a）左旋槽丝锥　b）右旋槽丝锥

2．螺纹车刀的选用

（1）刀尖角

为了保证加工出的螺纹牙型正确，刀尖角要等于牙型角，即 $\varepsilon_r=\alpha$。高速切削时，考虑到牙型的挤压变形严重，螺纹车刀实际刃磨的刀尖角应略小于牙型角，即 $\varepsilon_r<\alpha$。

（2）背前角

通常，为了使切削顺利和减小表面粗糙度值，一般高速钢螺纹车刀背前角 $\gamma_p=5°\sim15°$，而硬质合金螺纹车刀背前角 $\gamma_p=0°$。

螺纹车刀背前角 $\gamma_p=5°\sim15°$ 时，其两侧切削刃的夹角应比牙型角 α 小 30′ ~ 1° 30′，以减小牙型角误差。

（3）两侧刃后角和两侧刃前角

就两侧后角而言，车削螺纹时，进给方向侧刃后角应增大一个螺旋升角，另一侧刃后角应减小一个螺旋升角；就两侧前角而言，则刚好相反。

五、知识链接

其他螺纹刀具的应用

除丝锥和螺纹车刀外，生产实际中还使用其他螺纹刀具，如拉削丝锥、挤压丝锥、板牙、螺纹铣刀、板牙头和硬质合金梳齿铣刀等。

拉削丝锥可用于普通车床上加工梯形、方形、三角形单头或多头内螺纹。拉削丝锥实质上是一把螺旋拉刀，拉削螺纹可一次成形，效率很高，操作简单，质量稳定。

挤压丝锥可用于加工中小尺寸高精度、高强度的塑性材料内螺纹，适合在专用机床或自动生产线上使用。挤压丝锥没有容屑槽和切削刃，它利用塑性变形原理加工螺纹。

板牙是加工与修整外螺纹的标准刀具，其基本结构是一个螺母，轴向开有容屑孔以形成切削齿前面。因结构简单，制造使用方便，故在中小批生产中应用广泛。

螺纹铣刀多用于铣削精度不高的螺纹或对螺纹粗加工，具有较高的生产率。螺纹铣刀有盘型、梳形和铣刀盘三类。盘型螺纹铣刀用于粗切蜗杆或梯形螺纹，梳形螺纹铣刀用于专用铣床上加工较短的三角形螺纹，铣刀盘适用于粗加工或铣削精度要求不高的螺纹。

板牙头是一种结构复杂、高精度、高效率的组合式螺纹刀具，适合于内、外螺纹的加工。

硬质合金梳齿铣刀适用于在数控设备上采用螺旋插补方式铣削高精度内、外螺纹，是现代高速加工螺纹的先进刀具。

六、思考与练习

1. 查阅资料，画出成组丝锥切削图形的两种设计方案。
2. 查阅资料，叙述拉削丝锥的工作原理。
3. 查阅资料，确定采用硬质合金梳齿铣刀铣锥螺纹时，是否需事先加工出锥孔？

模块七

砂　　轮

砂轮是以磨料为主制造而成的磨削工具（磨具），通过它能以较高的线速度加工外圆、内孔、平面、螺纹、齿轮、花键、导轨、成形面及刃磨各种刀具等。为了在不同类型的磨床上磨削各种形状和尺寸的工件，砂轮需制成各种形状和尺寸。

常用基本形状砂轮的结构形式见 AR 资源“砂轮”。

任务一　砂轮的合理选择

知识点：

◎砂轮特性。

◎砂轮代号。

能力点：

◎能根据磨削要求进行砂轮选择。

一、任务提出

砂轮是磨削加工不可缺少的切削工具，各种砂轮上面都印有一组由字母和数字等组成的标志，如 1—600 × 75 × 305—A20L5V—35 m/s。这些符号代表着什么含义？如果要粗磨一淬火高速钢工件，该如何选择砂轮呢？

二、任务分析

砂轮是用磨粒和结合剂等制成的中央有通孔的圆形固结磨具，是具有一定形状和尺寸的多孔物体，如图 7–1 所示。磨料、结合剂和气孔构成了砂轮结构的三要素，并决定了砂轮的特性（五因素组成：磨料、磨粒粒度、硬度等级、组织和结合剂）。由于砂轮特性存在很大差异，故对磨削质量及生产率有很大影响。要想圆满完成各项磨削加工任务，必须根据加工条件或加工要求正确合理地选择砂轮。

图 7–1　砂轮

三、知识准备

1．磨料

磨料是在磨削、研磨和抛光中起切削作用的材料，是砂轮的主要组成部分，是影响磨削加工结果的重要因素。磨料应具备很高的硬度、一定的韧性以及一定的耐热性及热稳定性。根据来源，磨料可分为天然磨料和人造磨料，前者直接用天然矿岩经过拣选、破碎、分级或其他加工处理后制成，后者则以人工方法炼制或合成。目前生产中使用的几乎都是人造磨料。根据性能，磨料可分为普通磨料和超硬磨料，前者包括氧化铝类（刚玉类）、碳化硅类等非超硬磨料，后者包括金刚石、立方氮化硼等以显著提高硬度为特征的磨料。不同的磨削加工任务要求使用不同的磨料，常用磨料的选用见表 7–1。

表 7–1　　常用磨料的选用

类别	名称	代号	应用范围
氧化铝类	棕刚玉	A	各种未淬硬钢、韧性材料
	白刚玉	WA	各种淬硬钢
	微晶刚玉	MA	不锈钢、轴承钢、特种球墨铸铁
	单晶刚玉	SA	不锈钢、高钒高速钢、其他难加工材料
	铬刚玉	ZA	淬硬高速钢、高强度钢、成形磨削及刀具刃磨
碳化硅类	黑色碳化硅	C	脆性材料及铝
	绿色碳化硅	GC	硬质合金
超硬类	人造金刚石	D	硬质合金
	立方氮化硼	CBN	高硬度、高韧性不锈钢，高钒高速钢

2．粒度

为了适应不同要求工件的磨削加工，必须把磨料制成不同大小的颗粒——磨粒，磨粒大小的度量称为粒度。根据粒度不同，磨料有粗磨粒和微粉之分。颗粒尺寸大于 63 μm 的磨料称为粗磨粒，国家标准《固结磨具用磨料　粒度组成的检测和标记　第 1 部分：粗磨粒 F4 ~ F220》（GB/T 2481.1—1998）对刚玉和碳化硅磨料做了规定，粗磨粒粒度号标记为 F4 ~ F220，共 26 个代号，用试验筛网筛分的方法测定，粒度号越大颗粒越细。颗粒尺寸不大于 64 μm 的磨料称为微粉，国家标准《固结磨具用磨料　粒度组成的检测和标记　第 2 部分：微粉》（GB/T 2481.2—2020）对刚玉和碳化硅磨料做了规定，一般工业用途的 F 系列微粉粒度号标记为 F230 ~ F1200，共 11 个代号（用沉降管法进行测定），粒度号越大颗粒越细。

磨粒粒度的大小，直接影响磨削性能和磨削效率。粒度选择的主要依据是磨削的加工性质和工件材料的力学性能等。粗磨时一般选粗粒度砂轮，精磨时选细粒度砂轮。磨软材料时，选粗磨粒；反之，选细磨粒。具体见表 7–2。

表 7–2　粒度及适用范围

粒度	适用范围
F4 ~ F14	荒磨、重负荷磨钢锭、喷砂除锈等
F16 ~ F30	粗磨钢锭、打毛刺、切断钢坯、粗磨平面
F36 ~ F60	平面磨、外圆磨、无心磨、内圆磨、工具磨等粗磨工序
F70 ~ F100	平面磨、外圆磨、无心磨、内圆磨、工具磨等半精磨工序，工具刃磨、齿轮磨削
F120 ~ F220	刀具刃磨、精磨、粗研磨、粗珩磨、粗磨螺纹等
F230 ~ F360	精磨、超精磨、珩磨螺纹、仪器仪表工件、齿轮等
F400 ~ F1200	超精密加工、镜面磨削、精细研磨、抛光等

需要指出的是，每一粒度号的磨料不是单一尺寸的粒群，而是若干粒群的集合。国家标准中将各粒度号磨料分成五个粒度群，即最粗粒、粗粒、基本粒、混合粒、细粒。某一粒度号的磨粒粒度组成就是各粒度群所占的质量百分比。例如：F20 磨粒，全部磨粒应通过最粗筛（筛孔 1.70 mm）；全部磨粒可通过粗粒筛（筛孔 1.18 mm），但该筛筛上物不能多于 20%；筛孔为 1.00 mm 的筛上物至少应为 45%，但允许磨粒 100% 通过筛孔为 1.18 mm 的筛而留在筛孔为 1.00 mm 的筛上。

3．结合剂

结合剂是把磨粒固结成磨具的材料，它使砂轮具有必要形状。结合剂的性能和多少决定了砂轮的强度、硬度、耐冲击性、耐腐蚀性、耐热性、自锐性等。此外，结合剂还对磨削温度和磨削工件表面质量有一定的影响。

根据国家标准《磨料磨具术语》（GB/T 16458—2021），结合剂包括无机结合剂、有机结合剂、金属结合剂等。其中，无机结合剂是以无机材料为主要原料的结合剂，如陶瓷结合剂以陶瓷材料为主要原料，菱苦土结合剂以氧化镁和氯化镁为主要原料；有机结合剂是以有机材料为主要原料的结合剂，如树脂结合剂以合成树脂为主要原料，橡胶结合剂以人造或天然橡胶为主要原料，虫胶结合剂则以虫胶为主要原料；金属结合剂是以金属材料为原料。结合剂种类用字母代码表示，参见国家标准《固结磨具 一般要求》（GB/T 2484—2018）。常用结合剂的种类、代号、性能及应用范围见表 7–3，其中陶瓷型结合剂应用最广，被 80% 左右的砂轮采用。

表 7–3　常用结合剂的种类、代号、性能及应用范围

种类	代号	性能及应用范围
陶瓷	V	陶瓷型结合剂黏结强度高，刚度大，耐热性、耐腐蚀性好，不怕潮湿，气孔率大，磨削生产率高；但脆、韧性及弹性差，不能承受侧面弯扭力。用于除薄片砂轮外的大部分砂轮，一般磨削速度小于 35 m/s
树脂	B	树脂型结合剂强度高，弹性好，但耐热性差，气孔率小，易堵塞，磨损快，易失去廓形，耐腐蚀性差（切削液含碱量超过 1.5% 时砂轮强度、硬度明显下降，潮湿气候下长期存放也会影响砂轮强度）。用于高速磨削砂轮（磨削速度可达 50 m/s），薄片砂轮，精磨、抛光用砂轮，清理用砂轮，荒磨砂轮
橡胶	R	橡胶型结合剂有更好的弹性和强度，但耐油性差，耐热性更差，气孔率小，组织紧密，生产率低，磨削中结合剂易老化和烧伤。用于薄片砂轮、精磨用砂轮、无心磨用砂轮、抛光成形面用砂轮，磨削速度可达 65 m/s
菱苦土	MG	自锐性好，结合能力差。用于制作粗磨砂轮
青铜	J	强度最好，导电性好，磨耗少，自锐性差。一般用来制造金刚石砂轮

4．硬度

硬度是指磨粒在外力作用下从磨具表面脱落的难易程度。磨粒粘接牢固而不易脱落的砂轮，称为硬砂轮；反之，则称为软砂轮。所以，砂轮的硬度与磨粒本身的硬度是两回事。根据国家标准《固结磨具 一般要求》（GB/T 2484—2018），硬度等级用英文字母标记（见表 7–4），A 为最软，Y 为最硬。

表 7–4　硬度等级

硬度等级				软硬级别
A	B	C	D	超软
E	F	G	—	很软
H	—	J	K	软
L	M	N	—	中
P	Q	R	S	硬
T	—	—	—	很硬
—	Y	—	—	超硬

砂轮的硬度对磨削效率和磨削表面质量都有很大影响。如果砂轮太硬，磨粒钝化后仍不脱落，就会导致磨削效率低，工件表面粗糙并可能烧伤；如果砂轮太软，磨粒尚未磨钝即脱落，就会导致砂轮损耗大，不易保持廓形而影响工件质量。只有选择硬度合适的砂轮，才能优质、高效地磨削，并减小砂轮损耗。砂轮硬度的选择依据是工件材料、加工性质、工件与砂轮的接触面积等。一般来说，磨削硬工件材料时选择软砂轮，磨削软工件材料时选择硬砂轮；磨削有色金属等较软工件材料时，为了防止砂轮堵塞，选择软砂轮；磨削接触面积大，或磨削薄壁零件及导热性差的零件时，选择软砂轮；精磨、成形磨削、断续表面磨削时，选用较硬砂轮；磨粒越细时，应选用较软的砂轮；磨平面、磨内孔选用较软的砂轮。具体来说，磨削淬硬的合金钢、高速钢，可选用硬度为 H ~ K 的砂轮；磨削未淬硬钢，可选用硬度为 L ~ N 的砂轮；磨削低粗糙度值表面，可选用硬度为 K ~ L 的砂轮；刃磨硬质合金刀具，可选用硬度为 H ~ L 的砂轮。需要注意的是，树脂结合剂砂轮不耐高温，磨粒容易脱落，其硬度可比陶瓷结合剂砂轮选高 1 ~ 2 个等级。

5．组织

砂轮结构的紧密或疏松程度称为砂轮的组织。它表明砂轮中磨料、结合剂和气孔三者间的体积比例关系，以反映砂轮磨粒率（磨粒占磨具体积的百分率）的组织号表示。根据国家标准《固结磨具 一般要求》（GB/T 2484—2018），组织号可用数字标记，通常为 0 ~ 14，见表 7–5。组织号数字越大，表示组织越疏松，相应的磨粒率越低。显然，0 ~ 4 号组织较紧密，9 ~ 14 号组织较疏松，5 ~ 8 号组织为中等。

表 7–5　砂轮的组织号

组织号	0	1	2	3	4	5	6	7	8	9	10	11	12	13	14
磨粒率/%	62	60	58	56	54	52	50	48	46	44	42	40	38	36	34

砂轮的组织对于磨削质量和磨削效率有很大的影响。组织紧密时，气孔率小，砂轮变硬，容屑空间小，容易堵塞，磨削效率低，但可承受较大的磨削压力，廓形保持性好，适合重压力下磨削及精密、成形磨削；组织疏松时，气孔多，砂轮不易被堵塞，发热少，便于将切削液或空气带入磨削区，有利于散热条件的改善，但加工表面粗糙，适用于接触面积较大的工序（粗磨、平面磨、内圆磨等），韧性大、硬度不高的工件，以及热敏感材料、软金属、薄壁件等。普通磨削常用组织号为 4 ~ 7 的砂轮，如淬火钢磨削、刀具刃磨等。组织号为 6 的砂轮最常用。

为满足磨削接触面积大或薄壁零件，以及磨削软而韧（如银钨合金）或硬而脆（如硬质合金）材料的要求，在组织号 14 以外，还研制出了更大气孔的砂轮。它是在砂轮配方中加入了一定数量的精萘或碳粒，经焙烧工艺后挥发而形成大气孔。

6．形状及尺寸

为适应在不同类型的磨床上加工各种形状和尺寸工件的需要，常将砂轮制作成各种不同形状和尺寸。根据国家标准《固结磨具 一般要求》（GB/T 2484—2018），砂轮的基本形状名称有平形砂轮、筒形砂轮、单斜边砂轮、双斜边砂轮、单面凹砂轮、杯形砂轮、碗形砂轮、蝶形砂轮和平形切割砂轮等几十个。常用基本形状砂轮的名称、型号和尺寸标记见表 7–6。砂轮的尺寸符号及尺寸标准可查阅相应的国家标准。

表 7–6 常用基本形状砂轮的名称、型号和尺寸标记

名称	型号	断面形状	尺寸标记
平形砂轮	1	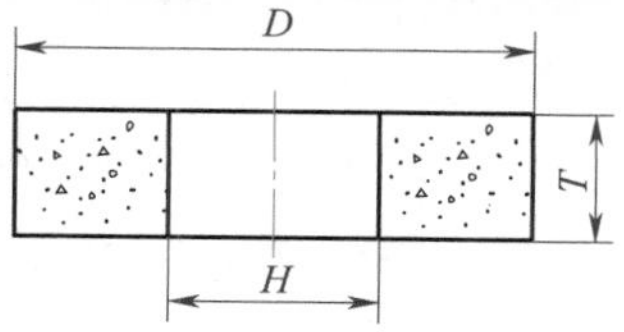 D, H, T	$D \times H \times T$
筒形砂轮	2	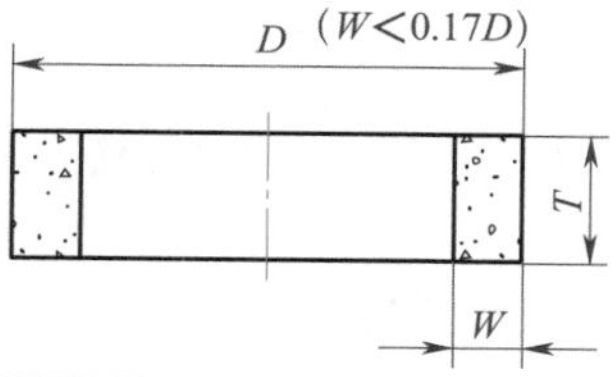 D (W<0.17D), T, W	$D \times T \times W$
双斜边砂轮	4	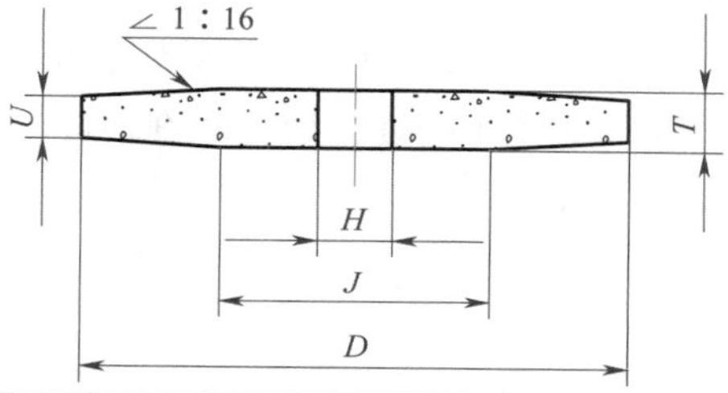 ∠1∶16, U, T, H, J, D	$D \times T/U \times H$
杯形砂轮	6	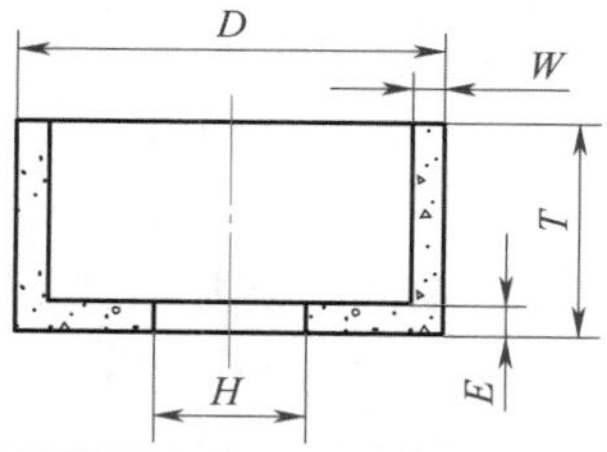 D, W, T, E, H	$D \times T \times H—W \times E$
碗形砂轮	11	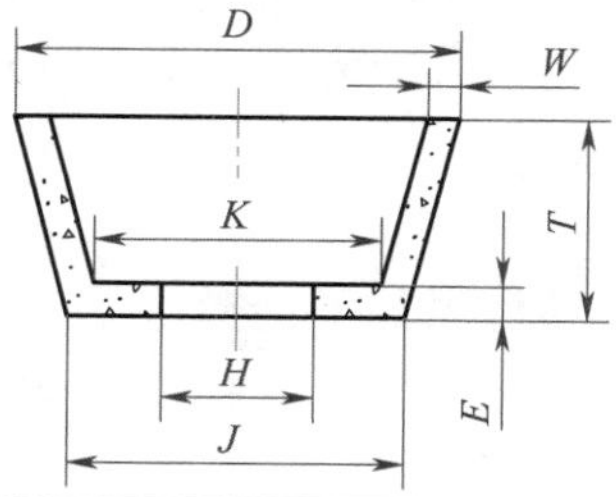 D, W, K, T, E, H, J	$D/J \times T \times H—W \times E$
蝶形一号砂轮	12a	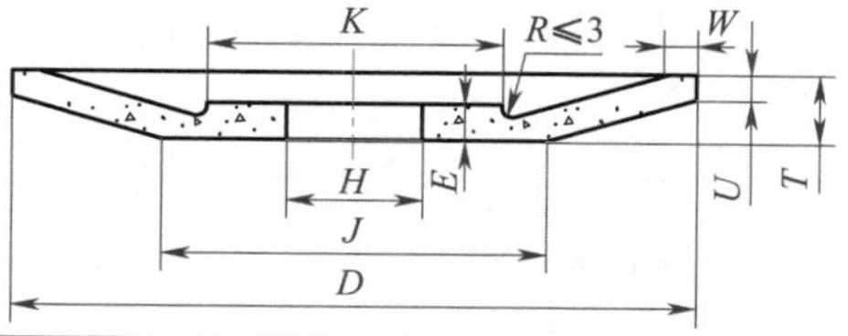 K, R⩽3, W, E, U, T, H, J, D	$D/J \times T/U \times H—W \times E$
平形切割砂轮	41	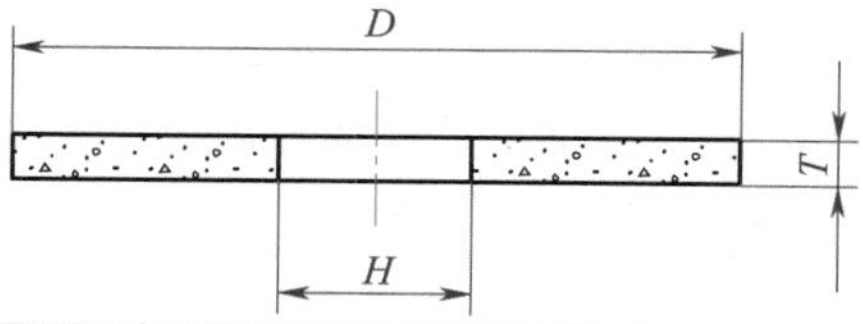 D, T, H	$D \times T \times H$

7．标记和标志

（1）标记

国家标准《固结磨具　一般要求》（GB/T 2484—2018）规定，固结磨具的标记应包括下列顺序的内容：磨具名称、产品标准号、基本形状代号、圆周型面代号（若有）、尺寸（包括型面尺寸）、磨料牌号（可选性的）、磨料种类、磨料粒度、硬度等级、组织号（可选性的）、结合剂种类、最高工作速度。例如，平行砂轮 GB/T 2485 1 N –300 × 50 × 76.2（X 17V 60）–··· A/ F80 L 5 V – 50 m/s。

（2）标志

国家标准《固结磨具　一般要求》（GB/T 2484—2018）规定，砂轮标志的内容包括：生产企业名称、商标、主要尺寸（可选性的，由生产企业自行决定）、磨料种类、磨料粒度、硬度等级、组织号（可选性的，由生产企业自行决定）、最高工作速度（m/s）、生产日期（年份 4 位，月份 2 位）。

外径 D>90 mm 砂轮的标志应标示在砂轮表面或标签或缓冲纸垫上（标签或缓冲纸垫应牢固粘贴于砂轮上），外径 D≤90 mm 砂轮的标志应标示在砂轮表面或最小包装单元上（粘贴标签）。

四、任务实施

1．砂轮代号释义

根据国家标准《固结模具　技术条件》（GB/T 2485—2016）规定，砂轮的特性用代号表示，并按以下顺序排列：砂轮形状—尺寸—磨料—粒度—硬度—组织—结合剂—最高使用圆周速度。

代号“1—600 × 75 × 305—A20L5V—35 m/s”中，“1”表示平形砂轮；“600 × 75 × 305”表示砂轮尺寸为外径 600 mm、宽度 75 mm、孔径 305 mm；“A”表示砂轮磨料为棕刚玉；“20”表示粒度为 20；“L”表示砂轮硬度为中软 2 号；“5”表示砂轮组织为组织号 5（磨粒率 52%），属中等组织；“V”表示砂轮结合剂为陶瓷型；“35 m/s”表示砂轮最高使用线速度为 35 m/s。

2．砂轮特性选择

粗磨淬火高速钢工件，可对砂轮特性做如下选择：

（1）磨料的选择依据是被磨削工件的材料。粗磨淬火高速钢工件可考虑选择铬刚玉磨料。

（2）磨料粒度的大小直接影响磨削性能和磨削效率。粗磨淬火高速钢工件可考虑选用粒度为 F36 ~ F60 的砂轮。

（3）粗磨淬火高速钢工件可考虑选用应用最广的陶瓷型结合剂。

（4）砂轮硬度的选择依据是工件材料、加工性质、工件与砂轮的接触面积等。粗磨淬火高速钢工件可考虑选用 H ~ K 的砂轮，如 J。

（5）粗磨淬火高速钢工件可考虑选用中等组织的砂轮，如选用 6 号组织。

（6）砂轮的形状和尺寸应根据加工表面的具体情况而定。

（7）最高使用速度一般为 35 m/s。

五、知识链接

砂轮的最高工作速度

砂轮是在高速旋转下进行工作的。砂轮高速旋转时，砂轮上任一部分都受到很大的惯性力作用，如果砂轮没有足够的强度，就会爆裂而引起严重事故。因为砂轮上的惯性力与砂轮线速度的平方成正比，所以当砂轮线速度增大到一定数值时，惯性力就会超过砂轮强度允许的范围，砂轮就会爆裂。因此，砂轮的最大工作线速度必须标示在砂轮上，以防止使用时发生事故。根据国家标准《固结磨具 安全要求》（GB/T 2494—2014）规定，磨具应满足使用时能抵抗预期的外力和负荷的原则，并按照下列范围的最高工作速度进行设计和制造：<16—16—20—25—32—35—40—45—50—63（或 60）—70（或 72）—80—100—125，单位为 m/s。

需要指出的是，砂轮使用前必须仔细检查安装是否正确、牢固，以免在使用时发生破裂，造成人身和质量事故；同时，必须检查砂轮外观，应符合国家标准《固结磨具 技术条件》（GB/T 2485—2016）的要求，即砂轮外观应色泽均匀，不应有裂纹、黑心、夹杂和哑音。另外，外径为 125 mm 及更大、最高工作速度为 16 m/s 及更高的砂轮（不包括杯形砂轮、碗形砂轮等）应进行不平衡量的测量，并应符合国家标准《固结磨具 交付砂轮允许的不平衡量测量》（GB/T 2492—2017）的规定。

六、思考与练习

1. 平面磨削应选用什么形状的砂轮？
2. 查阅国家标准《磨料磨具术语》（GB/T 16458—2009），叙述什么是砂轮的自锐性。
3. 查阅国家标准《固结磨具　一般要求》（GB/T 2484—2018），指出下列字母代码 BF、E、PL、RF 所代表的结合剂种类。

任务二 砂轮的静平衡与修整

知识点：

◎砂轮的静平衡。

◎砂轮的修整。

能力点：

◎熟悉外圆磨床用砂轮的静平衡及修整工作。

一、任务提出

砂轮是在高速旋转下进行工作的，砂轮的平衡程度是磨削的主要性能指标之一。一般新安装砂轮必须进行两次静平衡。第一次平衡后，将砂轮安装在机床上进行修整，修整后原先的平衡被破坏，必须进行第二次平衡，这样砂轮才能稳定地旋转，不会产生跳动。那么，静平衡是如何进行的？外圆磨床上砂轮修整的步骤如何？

二、任务分析

砂轮是安装在磨床的磨头主轴上进行工作的，由于其自身形状误差以及表面出现的一些微小缺陷，使得砂轮在高速旋转过程中出现圆周跳动以及振动等不正常现象，轻则影响零件磨削质量，重则会使砂轮出现破损破裂，严重危及操作者及设备的安全。因此，在安装前需要对砂轮进行静平衡操作。

另外，长时间的磨削工作使砂轮出现磨钝现象，继续磨削会造成工件表面烧伤、出现振纹，并产生其他质量问题。因此，应及时对砂轮进行修整，以保持其锐利性。

三、知识准备

1．砂轮的静平衡

（1）不平衡及消除

砂轮的不平衡是指砂轮的重心与旋转中心不重合，即由不平衡质量偏离旋转中心所致。例如，不平衡量为 1 500 g · cm 的砂轮在转速达到 1 670 r/min 时，其惯性力可达到 460 N。大的惯性力将迫使砂轮振动，使工件表面产生多角形波纹，同时附加压力会加速主轴轴承磨损；当惯性力作用大于砂轮强度时，则会引起砂轮爆裂。

砂轮的不平衡包括砂轮本身的不平衡和砂轮安装所造成的不平衡。我国砂轮制造厂按标准规定制造的砂轮不平衡量约为 300 g · cm，不平衡量较大，因此需要通过对砂轮的平衡来消除。所以，砂轮的（静）平衡是一项十分重要的工作。

（2）静平衡工具

静平衡使用的工具有平衡架、水平仪、平衡心轴和平衡块等。

1）平衡心轴

平衡心轴由心轴、垫圈、螺母组成，如图 7–2 所示。心轴两端是等直径圆柱面，作为平衡时滚动的轴线，其同轴度误差极小。心轴的外锥面与砂轮法兰锥孔相配合，要求有 80% 以上的接触面。

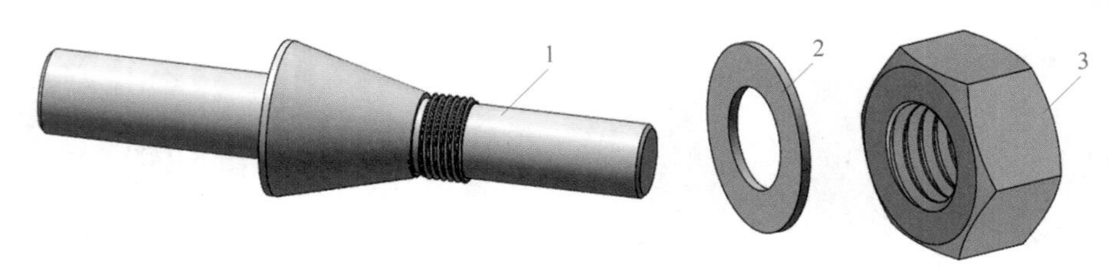

图 7–2　平衡心轴

1—心轴　2—垫圈　3—螺母

2）平衡架

平衡架有圆棒导柱式和圆盘式两种，常用的为圆柱导柱式平衡架，如图 7–3 所示。圆棒导柱式平衡架主要由支架和导柱组成，导柱为平衡心轴滚动的导轨面，其素线的直线度、两导柱轴线的平行度都有很高的要求。

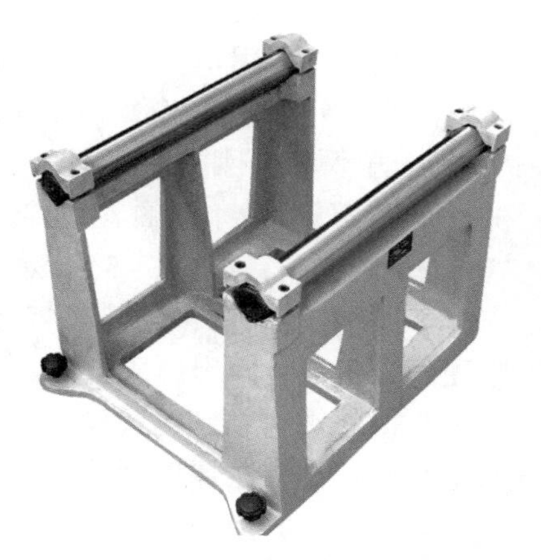

图 7–3 圆柱导柱式平衡架

3）水平仪

常用的水平仪有框式水平仪和条式水平仪两种，如图 7–4 所示。水平仪由框架和水准器组成。水准器的外表为硬玻璃，内部盛有液体，并留有一个气泡。当测量面处于水平时，水准器内的气泡就处于玻璃管的中央（零位）；当测量面倾斜一个角度时，气泡就偏于高的一侧。常用水平仪的分度值为 0.02 mm/1 000 m，相当于倾斜 4" 的角度。水平仪用于调整平衡架导柱的水平位置。

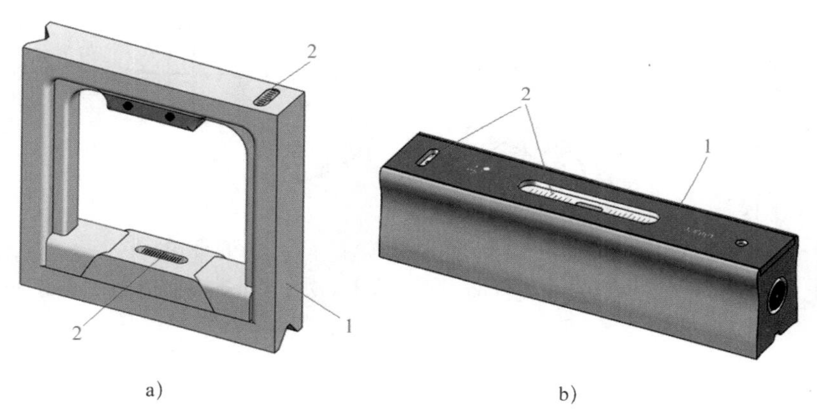

图 7–4 水平仪

a）框式水平仪 b）条式水平仪

1—框架 2—水准器

4）平衡块

根据砂轮的不同大小，有不同的平衡块。平衡块底部为鸠尾形，安装在法兰盘环形槽内，按平衡需要放置若干数量的平衡块，不断调整平衡块在圆周上的位置，即可达到平衡的目的。砂轮平衡后需将平衡块上的螺钉拧紧，以防发生事故。

2. 砂轮的修整

（1）修整目的

砂轮在工作一段时间以后，其工作表面会钝化，若继续磨削，将加剧砂轮与工件表面间的摩擦，工件会产生烧伤或振动波纹，使磨削效率降低，也影响工件的表面粗糙度。因此，应选择适当的时间及时修整砂轮。

砂轮修整一般有两种情况：一是新安装的砂轮必须做整形修整，以消除砂轮外形误差对砂轮平衡的影响；二是修整工作过的砂轮已磨钝的表层，以恢复砂轮的切削性能和正确的几何形状，两者都是很重要的工作。

（2）修整砂轮的方法

修整砂轮常用单颗粒金刚石笔、特制金刚石笔车削法、滚轮式割刀滚轧法和金刚石滚轮磨削法等。外圆磨削用砂轮的修整多采用前两种方法。

1）单颗粒金刚石笔车削法

金刚石笔是将大颗粒的金刚石镶焊在特制刀柄上制成的。金刚石的尖端研成φ为70°~80°的尖角，如图 7–5a 所示。

如图 7–5b 所示，修整时将金刚石笔安装在修整座上，车削砂轮表面。磨粒碰到金刚石坚硬的尖角就会碎裂形成微刃。金刚石的尖角使其与砂轮保持极小接触面，引起的弹性变形也极小，可获得精细的砂轮表面。砂轮的修整层厚度一般为 0.1 mm 左右，即可恢复砂轮的磨削性能。修整层厚度太大会缩短砂轮的使用寿命。粗磨时应将砂轮圆周表面修得粗糙些，以切除大部分磨削余量；精磨时则应精细地修整砂轮，以满足表面粗糙度要求。

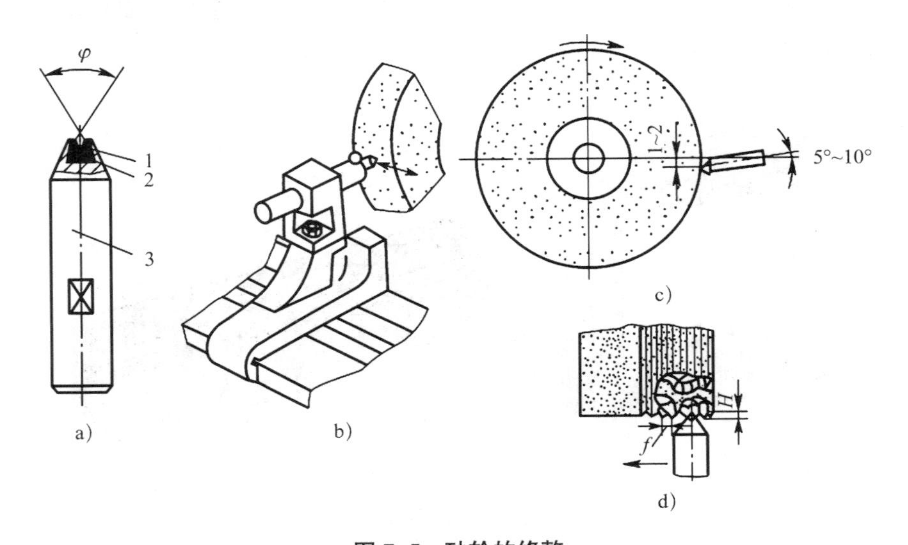

图 7–5 砂轮的修整

a）金刚石笔 b）修整器 c）金刚石笔的安装 d）修整层局部放大

1—金刚石 2—焊料 3—刀柄

用单颗粒金刚石笔修整砂轮应注意下列事项：

①应根据砂轮的直径选择金刚石颗粒的大小。一般情况下，砂轮直径为 100 mm 以下时，可选 0.25 克拉（1 克拉为 0.2 g）的金刚石；砂轮直径为 300 ~ 400 mm 时，选用 0.6 ~ 0.8 克拉的金刚石。

②金刚石价格昂贵，使用时要检查焊接是否牢固，以防止脱落；修整时要充分冷却，不能使切削液中断，以免金刚石碎裂。

③金刚石笔安装要牢固，安装时一般要低于砂轮中心 1 ~ 2 mm，笔的轴线向下倾斜 5° ~ 10°（见图 7–5c），以防金刚石笔振动或扎入砂轮。

④应根据加工要求选择修整用量。粗修时，可加大修整背吃刀量和纵向进给速度，以获得尖锐的切削刃；精修时则相反。一般须做 2 ~ 3 次吃刀，然后在无背吃刀量的情况下做一次纵向进给。

2）特制金刚石笔车削法

修整方法同单颗粒金刚石车削法，所不同的是金刚石笔是由较小颗粒的金刚石或金刚石粉，与结合力很强的合金结合压入金属杆制成。特制金刚石笔有三种，如图 7–6 所示。特制金刚石笔可在某些工序中代替单颗粒金刚石笔修整砂轮，其中图 7–6c 所示粉状金刚石笔主要用于修整细粒度砂轮。

3）滚轮式割刀滚轧法

滚轮式割刀的刀片是用多片渗碳体淬火钢制成的金属齿盘，其形状为尖角形，如图 7–7 所示。修整时，金属盘随砂轮高速转动，并对砂轮表面滚轧。这种方法只用于大型砂轮的整形粗修整。

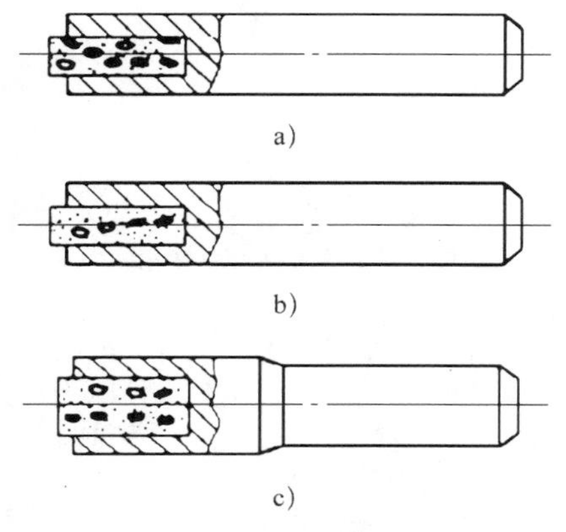

图 7–6 特制金刚石笔

a）层状金刚石笔 b）链状金刚石笔 c）粉状金刚石笔

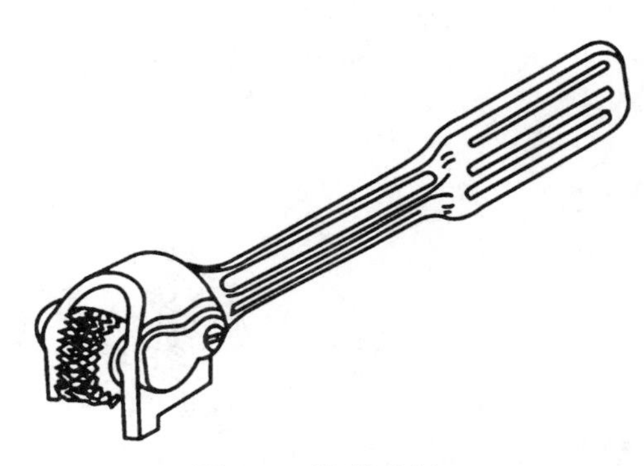

图 7–7 滚轮式割刀

4）金刚石滚轮磨削法

金刚石滚轮是用电镀法、粉末冶金烧结法或人工栽植法将细颗粒金刚石均匀地固定在滚轮表层。金刚石滚轮磨削法修整装置（见图 7–8）主要由传动装置和金刚石滚轮组成，常用于成形磨削中。

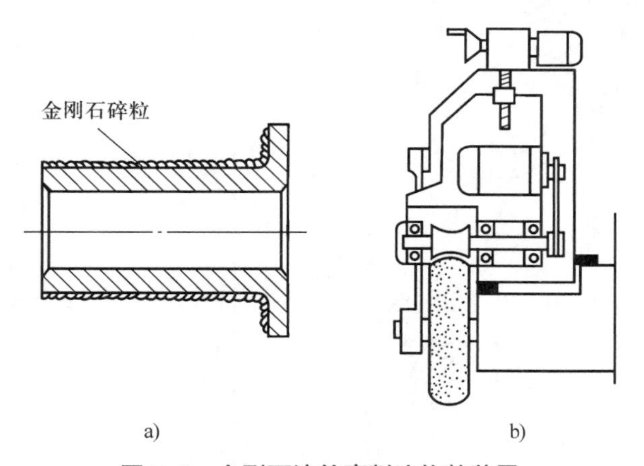

图 7–8 金刚石滚轮磨削法修整装置

a）金刚石滚轮 b）修整装置

四、任务实施

1．静平衡的步骤

静平衡的步骤见表 7–7。

表 7–7 静平衡的步骤

调整步骤	图示	调整方法
调整平衡架导柱面水平位置	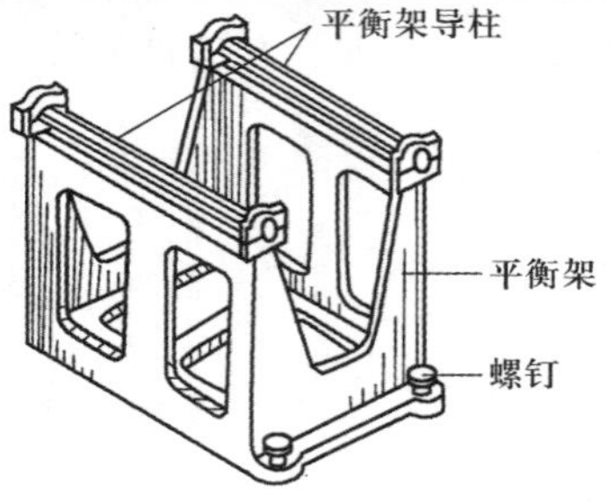 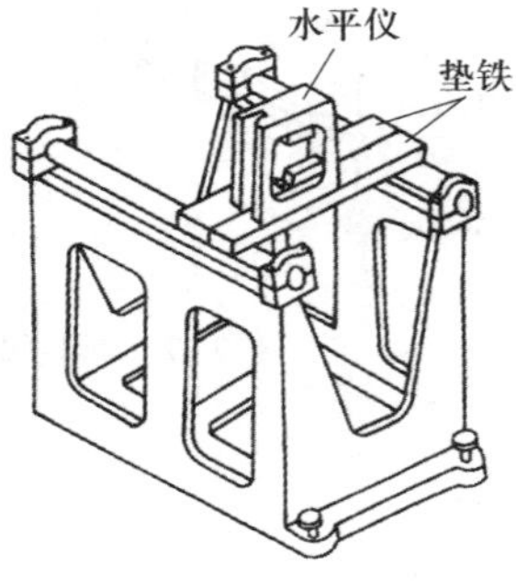 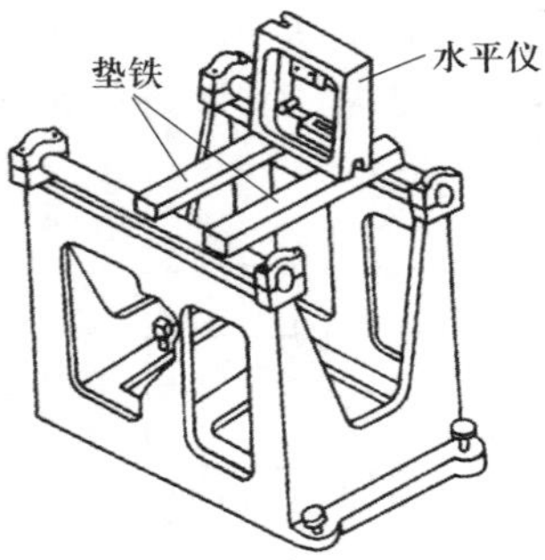 平衡架导柱 平衡架 螺钉 a) 水平仪 垫铁 b) 垫铁 水平仪 c)	（1）在平衡架导柱上安放两块厚度相同的平行垫铁 （2）将水平仪垂直于导柱放在平行垫铁上，如图 b 所示。检查气泡所处的位置，气泡是向高处移动的，在气泡的相反处调整平衡架的螺钉，使水平仪气泡处于中间位置 （3）再将水平仪平行于导柱安放在平行垫铁上，如图 c 所示。用同样的方法使水平仪气泡处于中间位置 （4）用（2）和（3）的方法反复检查和调整，直至导柱在纵向和横向基本处于水平位置，一般允许误差在 0.02 mm/1 000 mm 以内，一般使水平仪在纵向和横向的气泡偏移在一格以内
安装平衡心轴	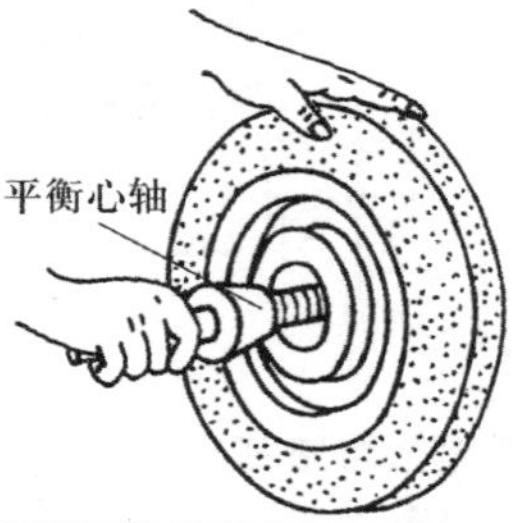 平衡心轴	擦净平衡心轴和法兰盘内锥孔，将平衡心轴装入法兰盘内锥孔中，心轴的外圆锥面与砂轮法兰应有 80% 的接触面，并用螺母锁紧

续表

调整步骤	图示	调整方法
拆平衡块		拆下法兰盘上的全部平衡块，并清除环形槽内的污垢
找出不平衡位置	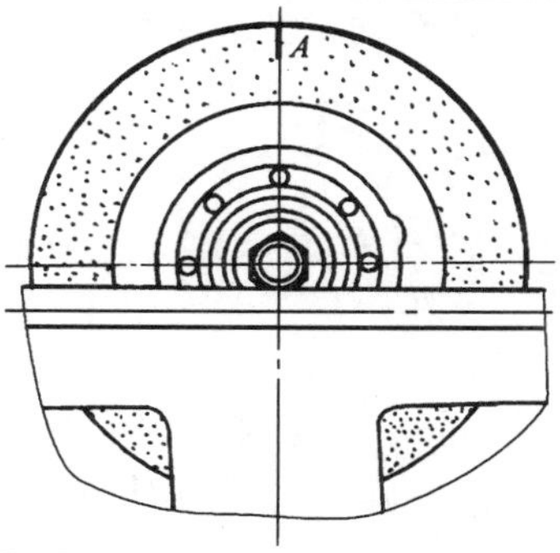	将平衡心轴连同砂轮放在平衡架上，使砂轮法兰盘连同平衡心轴在平衡架导轨上缓慢滚动。若砂轮不平衡，会在轻、重连线的垂直方向来回摆动。当摆动停止时，砂轮较重部分必然在砂轮下方。此时，在砂轮上方 A 处做一记号
装平衡块	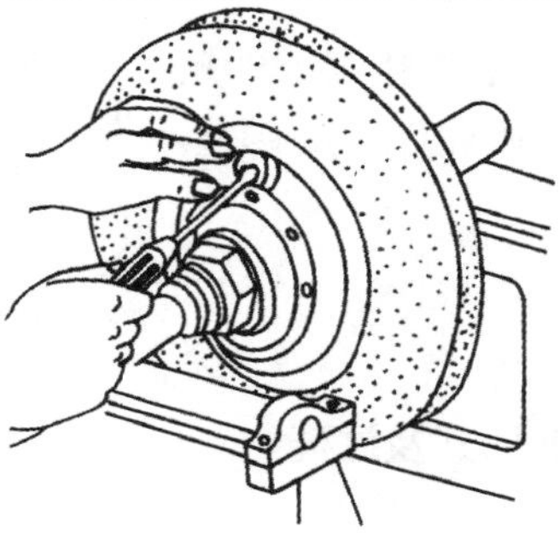	在砂轮较重的下方装上第一块平衡块，并使记号 A 仍在原位不变，然后在对称于记号 A 点的左右两侧装上另外两块平衡块，同样应保持 A 点位置不变
求各点的平衡	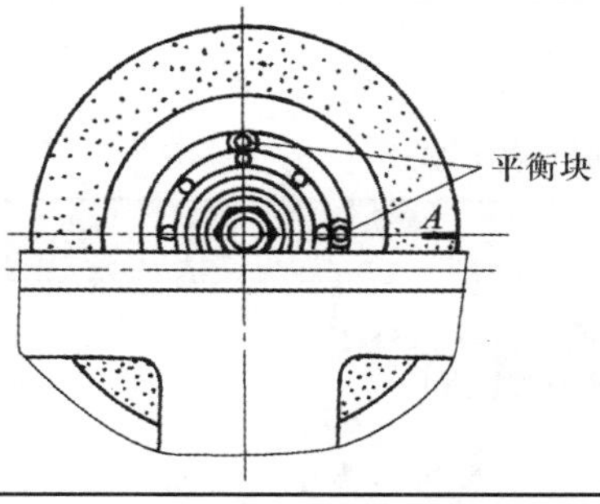	将砂轮法兰盘连同平衡心轴转 90°，使 A 点处于水平位置，若不平衡，可移动平衡块。若 A 点较轻，将平衡块向 A 靠拢；若 A 点较重，使平衡块离开 A 点再将砂轮法兰盘连同平衡心轴转 180°，使 A 点处于水平位置，检查砂轮平衡状况，若不平衡重新调试

2. 外圆磨床上砂轮修整的步骤

（1）砂轮圆周面的修整步骤

1）将砂轮修整器底座安装在工作台上并用螺钉或电磁吸盘紧固。

2）将金刚石笔杆紧固在圆杆的前端。

3）将圆杆固定在支架上。

4）启动砂轮和液压泵，快速引入砂轮。

5）调整并紧固工作台挡铁。

6）使金刚石棱角对准砂轮，移动支架，使金刚石靠近砂轮。

7）砂轮做横向进给，并开启切削液泵和切削液喷嘴。

8）启动工作台液压纵向进给按钮。

（2）砂轮端面的修整步骤

1）安装金刚石笔杆于圆杆上垂直轴线的孔中，并用螺钉紧固。

2）调整并紧固圆杆，使金刚石尖端低于砂轮中心 1 ~ 2 mm，紧固支架。

3）手摇工作台纵向进给手轮，使金刚石靠近砂轮端面。

4）在金刚石与砂轮端面接触后，停止工作台纵向进给。手摇砂轮架横向进给手轮，使金刚石在砂轮端面上前后往复移动。

5）经多次进给修整，将砂轮端面修成内凹端面，并在砂轮端面上留出宽 3 mm 左右的环形窄边。修整时需将砂轮架逆时针方向旋转 1°~ 2°。

（3）修整砂轮的注意事项

1）注意金刚石笔杆的刚度，以防止修整时金刚石发生振动。

2）金刚石的安装高度要低于砂轮中心 1 ~ 2 mm，以防止金刚石扎入砂轮。

3）修整时，一般先修整砂轮端面，然后再修整砂轮的圆周面。

4）修整时应注意充分冷却。

在生产实践中，人们常用碳化硅碎砂轮块来修整刚玉砂轮。由于碳化硅硬度高于刚玉，故可取得一定的修整效果，一般用于粗修整和砂轮端面的修整。修整时，操作者要站在砂轮的侧面，注意安全生产。

五、知识链接

砂轮磨钝的形式及过程

1．砂轮磨钝的形式

砂轮磨钝的形式有三种，见表 7–8。

表 7–8 砂轮磨钝的形式

砂轮磨钝的形式	图示	说明
磨粒的钝化		磨粒的锋利微刃已丧失，磨粒表面平滑，失去磨削性能
磨粒急剧且不均匀地脱落		砂轮工作面磨粒的脱落将使砂轮丧失正确的工作型面，影响加工精度

续表

砂轮磨钝的形式	图示	说明
砂轮的粘嵌和堵塞	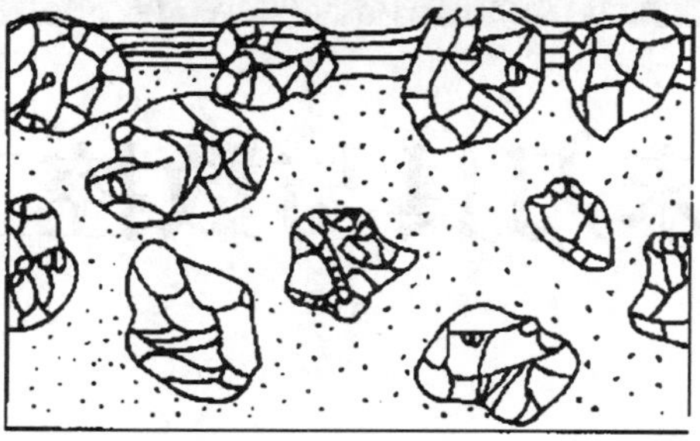	砂轮的网状孔隙被磨屑堵塞。磨削韧性金属材料时，磨屑会粘嵌在砂轮表面的磨粒上，影响砂轮的磨削性能。如磨削不锈钢材料时很易使砂轮粘嵌

砂轮在工作一段时间后，其工作表面会钝化。若继续磨削，将加剧砂轮与工件表面的摩擦，工件会烧伤或产生振动波纹，使磨削效率降低，也影响工件表面质量。因此，应选择适当的时间及时修整砂轮。

2. 砂轮磨钝的过程

磨削过程中，可将砂轮表面微刃的钝化过程划分为初期、正常、急剧三个阶段。在初期阶段，微刃表面残留的毛刺不断脱落，划伤工件表面；正常阶段，微刃表面的毛刺已消失，处于正常切削状态且逐步钝化，这是最佳的磨削阶段，工件的精磨应在此阶段内完成；当微刃锐角完全消失，磨削时发出噪声，即为急剧钝化阶段。

除磨粒磨钝外，通常磨削时还伴有砂轮的堵塞。特别是在磨削铸铁材料时，磨屑堵满砂轮的网状孔隙，使砂轮磨钝。

六、思考与练习

1. 引起砂轮不平衡的原因是什么？试述平衡砂轮的目的和方法。
2. 试述砂轮磨钝的原因和修整方法。
3. 查阅资料了解磨床砂轮动平衡的原理与方法。

模块八

数控机床刀具与数控工具系统

数控技术和数控机床的诞生，使机械制造业生产和控制领域进入了一个新的时代。随着数控机床用量的剧增，特别是高刚度铸造床身、高速运算数控系统和主轴动平衡等新技术的采用，以及刀具材料的不断发展，使现代切削加工朝着高速、高精度和强力切削方向发展。

数控机床刀具及数控工具系统的性能、质量和可靠性，直接影响着数控加工生产效率的高低和产品质量的好坏，也直接影响到整个机械制造业的生产技术水平和经济效率。为适应多变加工零件的需要，获得最佳经济效益，必须熟悉数控机床刀具及数控工具系统。

数控设备主要有数控车床和数控铣床（含加工中心），因此常用数控机床刀具主要因机床设备分为数控车床用刀具和数控铣床用刀具两大类；又因其所加工的零件表面结构有不同，数控车床用刀具包括外圆车刀、内孔车刀、螺纹车刀和车槽（切断）刀，数控铣床用刀具包括加工平面、台阶、螺纹的铣刀和孔加工刀具。

常用数控刀具的结构形式见 AR 资源“数控车床刀具”“数控铣床刀具”。

任务一 数控机床刀具

知识点：

◎数控机床刀具的特点。

◎常用数控机床刀具。

◎数控机床刀具的失效形式及解决办法。

能力点：

◎熟悉数控机床刀具与传统刀具的区别。

一、任务提出

数控机床刀具是指在数控机床上所使用的刀具，主要包括数控车床刀具、数控铣床刀具和加工中心刀具。为保证数控机床的加工精度、提高生产效率、降低刀具消耗，数控机床刀具得到了很快发展，形成了多种系列。因而，对数控机床刀具的选用提出了更高要求，如可靠断屑、高寿命、快速调整与更换等。那么，数控机床刀具与传统（普通）机床刀具区别何在呢？

二、任务分析

要弄清数控机床刀具与传统（普通）机床刀具的区别，必须清楚数控机床刀具的特点、常用数控机床刀具、数控机床刀具切削部分材料（详见模块一）和数控机床刀具的失效形式及解决办法等。

三、知识准备

1．数控机床刀具的特点

数控机床刀具必须具备如下特点，以达到数控加工的目的。

（1）稳定可靠的切削性能和寿命

采用数控机床进行加工时，对刀具实行定时强制换刀或由控制系统对刀具寿命进行管理。为此，同一批数控刀具的切削性能和刀具寿命不得有较大差异，以免频繁停机换刀或造成工件大量报废。

（2）很高的切削效率和精度

数控机床刀具切削效率的提高依赖于先进刀具材料的选用。据资料介绍，数控车削和数控铣削的切削速度已达到 5 000 ~ 8 000 m/min，机床主轴转速在 30 000 r/min（有的高达 100 000 r/min）以上。

数控机床刀具的精度包括刀具的形状精度、刀片及刀柄对机床主轴的相对位置精度等。据介绍，可转位面铣刀径向跳动每增加 0.01 mm，刀具寿命降低 50%。所以，高精度数控机床上刀片的跳动量应控制在不大于 5 μm。刀片表面改性处理及各种新型可转位刀片结构，在很大程度上提高了刀片精度。

（3）可靠的断屑、卷屑和排屑

数控加工是在数控加工程序控制下进行的自动化加工，紊乱切屑会给自动化生产带来极大的不便及危害。为此，数控机床刀具必须有可靠的断屑、卷屑和排屑。当然，这还有赖于合理切削参数的配合。

（4）高度的规范化、标准化、系列化和通用化

数控机床刀具大量使用可转位刀片，因此，必须从数控加工的特点出发构建数控机床刀具的结构体系。不仅要求刀片和刀具几何参数及切削参数的规范化，还要求刀片及刀柄高度

标准化、系列化和通用化。

（5）快速转位、换刀及精确预调

数控机床刀具应能快速地转位或更换刀片，应能与数控机床快速、准确地接合和脱开，并利用刀库和自动换刀装置实现自动换刀。另外，为便于快速装刀，应能在数控机床外精确预调好尺寸。

（6）良好的在线监测及尺寸补偿

数控加工中，进行刀具磨损、破损等的在线监测，可及时发出报警、自动停机并换刀，避免工件报废，防止机床损坏。例如，孔加工刀具和丝锥上，备有扭矩和轴向力的过载在线监测保护装置；刀具磨损量的间接测量，通过检测触头反映工件尺寸的变化量，由补偿检测触头调整刀具磨损后的位置；也可通过测量切削温度、切削力的数值来控制刀具磨损量。

（7）完善的刀具数据库及其管理系统

数控机床刀具种类多、管理复杂，既要对所有刀具进行自动识别，记忆其规格尺寸、存放位置、已切削时间和剩余寿命等，又要对刀具的更换、运送、刀具切削尺寸预调等进行管理。为此，数控机床中应具有一个比较完善的刀具数据库及其管理系统。

2．常用数控机床刀具

（1）数控车床刀具

数控车床刀具是数控加工中应用较多的数控加工刀具，其性能（材质、几何形状和角度等）直接影响着产品质量和生产效率。为适应数控车削的特点，除采用普通车削加工用刀具外，广泛使用可转位车刀。为方便选用，数控车床刀具通常从用途、切削刃形状、结构三方面进行分类。

1）按用途分类

数控车床刀具按用途，可分为外圆车刀、内孔车刀、螺纹车刀、车槽刀和切断刀等类型，如图 8–1 所示。

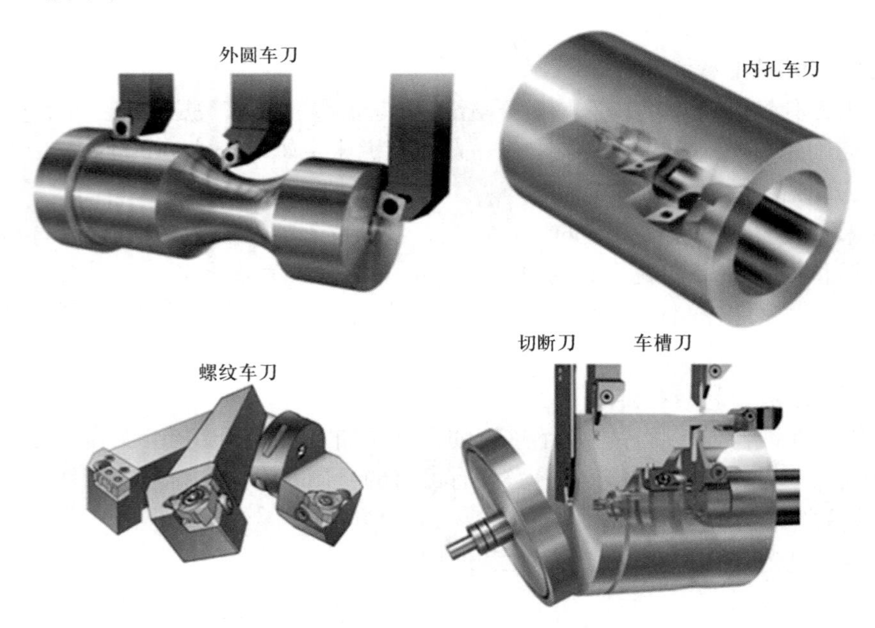

图 8–1　数控车床刀具按用途分类

2）按切削刃形状分类

数控车床刀具按切削刃形状，可分为尖形车刀、圆弧形车刀和成形车刀三种类型。

尖形车刀是以直线形切削刃为特征的车刀。这类车刀的刀尖由直线形的主切削刃和副切削刃相交构成，其加工特点是工件的加工轮廓由刀尖的运动轨迹决定，如图 8–2 所示。工件轮廓成形面、螺纹底孔、螺纹面、孔口倒角、端面、切断等均可采用尖形车刀车削完成。尖形车刀的几何参数选择方法与普通车刀基本相同，但为适应数控加工的特点，应考虑加工路线和加工干涉等问题。例如，有的外圆车刀要取较大的副偏角，这样一把刀就可用来完成外圆、成形面、端面及沟槽的加工。

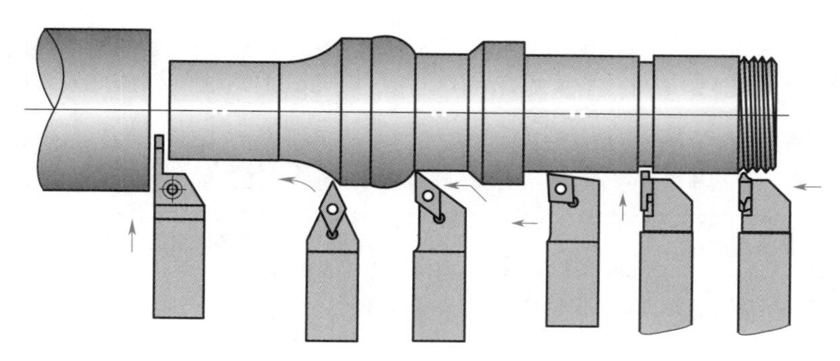

图 8–2 尖形车刀

圆弧形车刀是以一圆度误差或线轮廓度误差很小的圆弧形切削刃为特征的车刀，如图 8–3 所示。该车刀圆弧刃上每一点都是圆弧形车刀的刀尖，因此，圆弧形车刀的刀位点不在圆弧上，而在该圆弧的圆心上。在光滑成形面的加工中，圆弧形车刀能保持均匀的加工余量，消除由刀具原因引起的背吃刀量的变化，减小加工中的振动。

图 8–3 圆弧形车刀及其加工应用

成形车刀也称样板车刀，其加工零件的轮廓形状完全由车刀切削刃的形状和尺寸决定。数控车削加工中，常见的成形车刀有小半径圆弧车刀、非矩形车槽刀和螺纹刀等。

3）按结构分类

数控车床刀具按结构可分为整体式、焊接式、机夹式和可转位式，并主要采用可转位式结构。数控车床与普通车床所用可转位式车刀一般无本质的区别，其基本结构、功能特点是相同的。但数控车床工序是自动化的，因此，对用于其上的可转位式车刀的要求侧重点又有别于普通车床。数控车床用可转位式车刀的要求、特点和目的见表 8–1。

表 8–1 数控车床用可转位式车刀的要求、特点和目的

要求	特点	目的
精度	（1）刀片采用 M 级或更高精度等级 （2）刀柄多采用精密级 （3）用带微调装置的刀柄在机外预调好	保证刀片重复定位精度，方便坐标设定，保证刀尖位置精度
可靠性	（1）采用断屑可靠性高的断屑槽型或有断屑台和断屑器的车刀 （2）采用夹紧可靠的复合式夹紧结构	（1）断屑稳定，不能有带状切屑 （2）适应刀架快速移动和换位，以及整个自动切削过程中夹紧不得有松动的要求
换刀方式	（1）采用车削工具系统 （2）采用快换小刀夹	迅速更换不同形式的切削零件，完成多种切削加工，提高生产效率
刀片材料	较多采用涂层刀片	满足生产周期的要求，提高加工效率
刀柄截形	较多采用正方形刀柄，但因刀架系统结构差异大，有的需采用专用刀柄	刀柄与刀架系统匹配

（2）数控铣床刀具

数控铣床刀具是机械加工，尤其是模具型腔和型芯加工中最常用、最主要的数控加工刀具。在数控铣床上，除了能铣削普通铣床所能铣削的各种零件表面外，还能铣削普通铣床不能铣削的各种平面轮廓和立体轮廓。数控铣床刀具主要有面铣刀、立铣刀、螺纹铣刀和孔加工刀具等，且主要采用可转位结构。

1）面铣刀

面铣刀主要用于加工较大平面，如图 8–4 所示。面铣刀的圆周表面和端面上均有切削刃，圆周表面切削刃为主切削刃，端面切削刃为副切削刃。

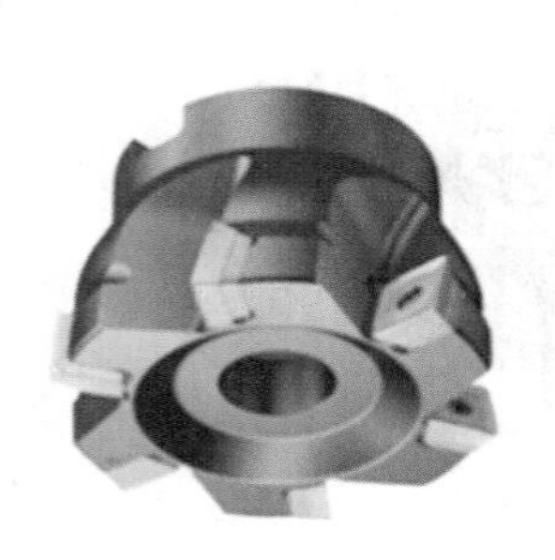

图 8–4 面铣刀

为满足不同的加工需要，面铣刀可采用不同的槽型和角度组合形式。就刀片槽型而言，以 Sandvic 可转位刀片为例，通常有轻载（L）、中载（M）、重载（H）之分，如图 8–5 所示。其中，轻载槽型具有超大正前角，切削力小，用于低进给率的轻载加工（良好工况）；中载槽型系通用槽型，用于中等进给率、中等载荷到轻载粗加工工序（一般工况）；重载槽

型可以强化切削刃，具有最高切削刃安全性，用于高进给率场合（恶劣工况）。另外，为获得良好的铣削表面质量，可考虑选用 Wiper（修光刃）刀片。

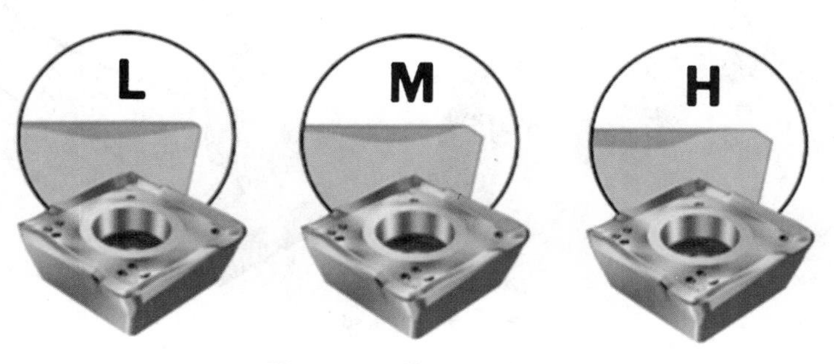

图 8–5 可转位刀片槽型

此外，采用圆刀片可转位面铣刀，不仅能进行面铣，还能进行插铣、曲面铣等，有着比较广泛的应用。

2）立铣刀

立铣刀一般用于加工凹槽、较小台阶面及平面轮廓，如图 8–6 所示。数控立铣刀一般做成螺旋刀齿，这样可以增加切削加工的平稳性，提高加工精度。数控立铣刀的圆柱表面和端面上都有刀齿，圆柱表面的切削刃为主切削刃，端面上的切削刃为副切削刃，它们可同时进行切削，也可单独进行切削。

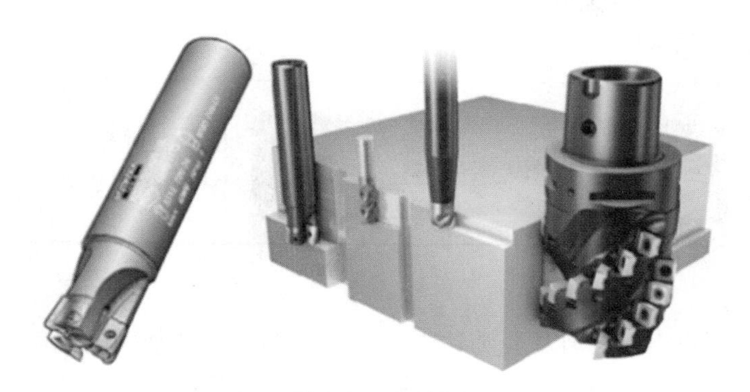

图 8–6 立铣刀

数控立铣刀的轴向长度一般较长，以保证能加工较深的沟槽及有足够的备磨量；数控立铣刀的刀齿数比较少（一般粗齿立铣刀 z=3 ~ 4，细齿立铣刀 z=5 ~ 8，套式结构 z=10 ~ 20）、容屑槽圆弧半径大（r=2 ~ 5 mm），以改善切屑卷曲状况，增大容屑空间，防止堵塞。大直径立铣刀还可制成不等齿距结构，以增强抗振作用，使切削过程平稳。

另外，在立铣刀基础上发展出了模具铣刀，包括圆锥形、圆柱形球头、圆锥形球头三种结构形式，球头或端面上布满切削刃是其特点，可实现径向和轴向进给，主要用于金属模具型面的加工。模具铣刀如图 8–7 所示。

3）螺纹铣刀

螺纹铣刀用于内、外螺纹的数控铣削加工。螺纹铣削可以免去采用大量不同类型丝锥的必要性，并可加工具有相同螺距的任意直径的螺纹，其尺寸由数控加工循环指令控制。

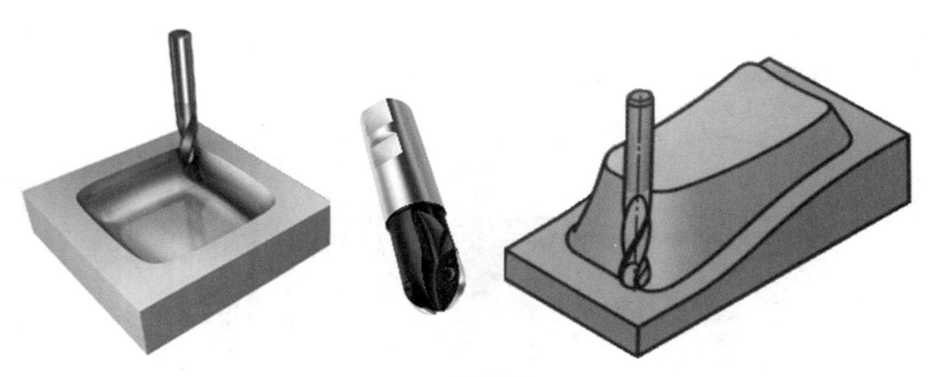

图 8–7　模具铣刀

螺纹铣刀有圆柱螺纹铣刀和机夹螺纹铣刀两种，见表 8–2。

表 8–2　螺纹铣刀分类

类型	图示	说明
圆柱螺纹铣刀		螺纹切削刃与丝锥不同，刀具上无螺旋升程，加工中的螺旋升程由机床运动实现；左、右旋螺纹均可加工；适合于钢、铸铁和有色金属材料的中小直径螺纹加工
机夹螺纹铣刀		适合于较大直径（一般超过 25 mm）的内、外螺纹的加工，刀片可双面切削

4）孔加工刀具

数控铣床上使用的孔加工刀具分为钻削刀具和镗削刀具。常用的钻削刀具有中心钻、麻花钻、硬质合金可转位式钻头、加工中心枪钻、带负刃倾角的铰刀和螺旋齿铰刀等；镗削刀具有单刃镗刀、双刃镗刀、三刃镗刀之分，是数控铣床常用的大尺寸孔粗、精加工刀具，如图 8–8 所示。

图 8–8　镗削刀具

除上述刀具外，根据需要，数控铣削时还会使用其他数控铣刀，如键槽铣刀、鼓形铣刀和成形铣刀等。

3．数控机床刀具的失效形式及解决办法

在数控加工过程中，当刀具磨损到一定程度或破损时，便丧失切削能力，造成失效。数控车削刀具常见的失效形式有后面磨损、沟槽磨损、切削刃微裂纹、前面月牙洼磨损、塑性变形、积屑瘤、崩刃、热裂、部分脱落（陶瓷刀片）等，可转位面铣刀常见的失效形式有后面磨损、沟槽磨损、切削刃微裂纹、崩刃、积屑瘤、表面粗糙、振动等。

生产实际中，可通过正确选择刀具切削部分材料、合理选择切削刀片槽型及几何参数、合理选择切削用量、合理选择切削液及提高工艺系统刚度来改善和解决数控机床刀具失效问题。

四、任务实施

数控机床刀具与传统（普通）机床刀具的区别

随着现代切削加工朝着高速、高精度和强力切削方向发展，数控机床刀具还应适应加工零件品种多、批量小的要求，为此，除应具备传统（普通）机床刀具应有的性能外，还存在着几个方面的明显区别，见表 8–3。

表 8–3　　数控机床刀具与传统（普通）机床刀具的区别

区别项目	传统（普通）机床刀具	数控机床刀具
刀具材料	高速钢、硬质合金	硬质合金、Co–HSS、陶瓷、CBN、超硬材料 + 涂层、粉末冶金高速钢
刀具硬度	60HRC（HSS）	>90HRA
工件硬度	≤28HRC（一般情况下）	>60HRC（车削、铣削）
切削速度	≤120 m/min	可转位刀具 v_{cmax}≤380 m/min CBN 刀具 v_{cmax}=2 000 m/min 加工铝合金 v_{cmax}=5 000 m/min
金属切除量	切除的切屑占总切削量的 30%	切除的切屑占总切削量的 70%
刀具制造精度	0.01 mm	0.001 mm
使用机床	传统金属切削机床	数控车床、数控铣床、加工中心、柔性生产线
关键技术	一般机械制造、切削原理、热处理、专机、专用工装及工艺	CAD/CAM、材料科学、精密机械制造、数字控制技术、涂层技术、计算机信息化管理技术等
人力资源	产业工人占大多数，单一技术、专机制作，整体素质要求不高	技术开发、营销、技术服务、数控技术工人、财务、管理人员占绝大多数，人才综合素质要求较高

五、知识链接

数控机床刀具尺寸预调仪

大多数数控机床刀具或自动线刀具都在机外预先调整预定的尺寸，使加工前的准备工作尽量不占用机床工时，并确保更换后不经试切，即可获得合格的工件尺寸。

数控机床刀具尺寸预调包括轴向和径向尺寸、角度等的调整和测量。以前的预调工作采用通用量具和夹具组成的预调装置来进行，其精度差且费时，现已被性能完善的专用预调仪（见图 8–9）所替代。

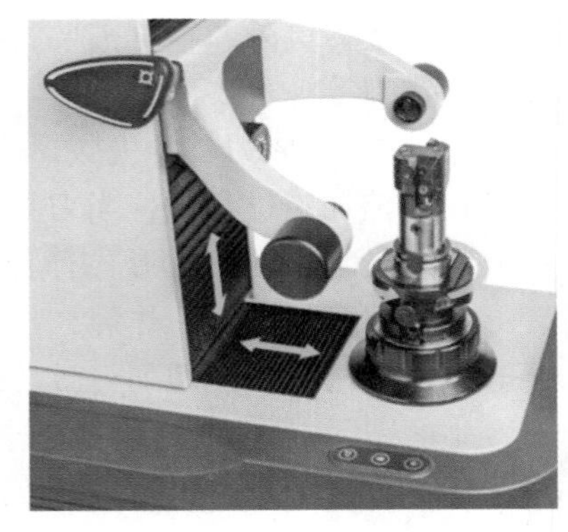

图 8–9　专用预调仪

按功能，预调仪有镗铣类、车削类和综合类之分；按精度，预调仪有普通级和精密级之分。选用时，应与数控机床相适应，精度应根据加工零件的尺寸精度而定，详细内容可查阅国家标准《刀具预调测量仪》（GB/T 22096—2008）。

六、思考与练习

1．试说出如图 8–10 所示数控刀具的名称及用途。

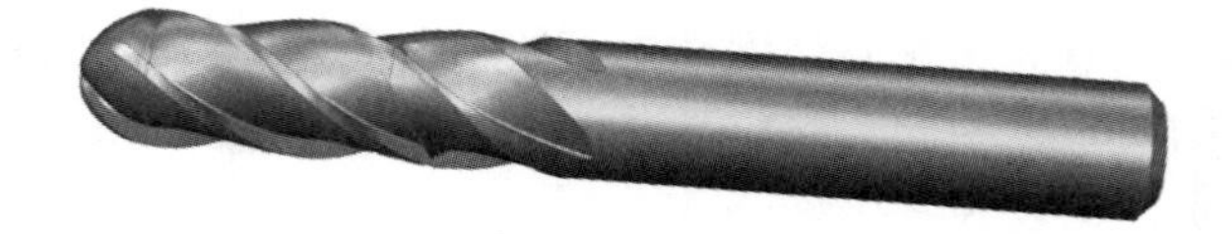

图 8–10　思考与练习 1

2．试说出如图 8–11 所示数控刀具的名称及用途。

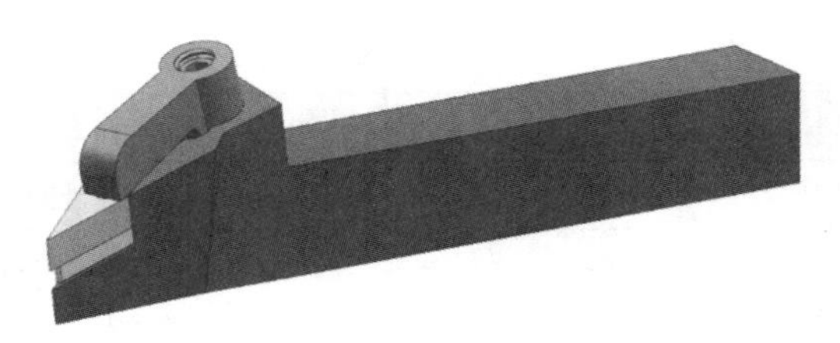

图 8–11　思考与练习 2

3．试说出如图 8–12 所示数控刀具的名称及用途。

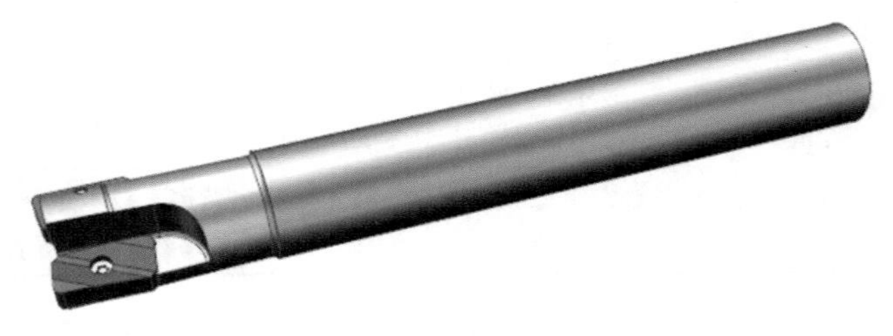

图 8–12　思考与练习 3

任务二 数控工具系统

知识点：

◎工具系统概念。

◎工具系统分类。

◎镗铣类工具系统。

能力点：

◎能识别刀柄规格型号。

一、任务提出

加工中心是目前产量最高、应用最广泛的数控机床之一。它主要用于箱体类零件和复杂曲面零件的加工，能把铣削、镗削、钻削、攻螺纹等功能集中在一台设备上。由于它具有自动选刀、换刀功能，所以工件经一次装夹后，可自动完成或接近完成工件各表面的所有加工工序。表 8-4 所列为在 VDF-850 立式加工中心上完成某项目加工所需刀具清单及规格型号（部分内容），其中刀柄的规格型号如何表示呢？

表 8-4 刀具清单及规格型号

序号	刀具名称	规格型号	备注
1	ER 弹簧夹头刀柄	BT40-ER32	
2	强力铣夹头刀柄	BT40-C20	
3	钻夹头刀柄	BT40	
4	整体硬质合金立铣刀	GM-2E-D6.0	加工型腔
5	键槽铣刀	HSSϕ6	加工型腔
6	整体硬质合金立铣刀	GM-4E-D12.0	加工型腔
7	键槽铣刀	HSSϕ12	加工型腔
8	键槽铣刀	HSSϕ20	加工外轮廓
9	机夹立铣刀	SB90-32R2AP16-B32	加工外轮廓及平面
10	侧固式刀柄	BT40-XP32-100	
11	45°面铣刀	SA45-50R3SE12-P22	刀盘直径 50 mm
12	套式铣刀柄	BT40-XMA22-100	
13	整体硬质合金球头铣刀	GM-2B-R4.0	

续表

序号	刀具名称	规格型号	备注
14	拉钉	BT40	
15	中心钻	$\phi 2$	
16	麻花钻	直柄 $\phi 11.7$	
……	……	……	……

二、任务分析

工序集中的特点决定了加工中心在一次装夹中要经过多次换刀完成多工序的加工，所以加工中心对零件各加工部位往往选用不同的刀具，包括钻削、镗削、铣削、铰削刀具及螺纹加工刀具等。因此，必须有数控工具系统及自动换刀装置，以便选用不同的刀具来完成不同工序的加工。

三、知识准备

1．工具系统概要

工具系统是数控机床与数控加工刀具的接口，是针对数控机床要求与之配套的刀具必须可快换和高效切削而发展起来的辅助系统，它能实现刀具快换所必需的定位、夹持、拉紧、动力传递和刀具保护等。

（1）工具系统应满足的要求

工具系统应在换刀精度和定位精度、刀具寿命（高切削速度）、刚度（大进给量、高速强力切削）、加工切屑（断屑、卷屑和排屑）、装卸和调整、三化（标准化、系列化、通用化）等方面达到较高要求，以便于刀具在转塔及刀库上的安装，简化机械手的结构和动作，还能降低刀具制造成本，减少刀具数量，扩展刀具的适用范围，有利于数控编程和工具管理。

（2）数控加工工具系统的分类

通常可以从结构特点和使用范围的角度对数控加工工具系统进行分类，如图 8–13 所示。

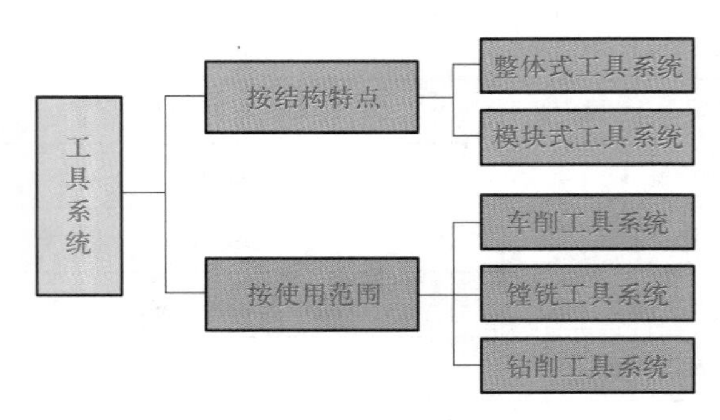

图 8–13　工具系统分类

20 世纪 70 年代，工具系统以整体式结构为主。80 年代初，开发出了模块式结构的工具系统，分为车削、镗铣两大类。80 年代末，开发出了通用模块式结构（车削、铣削、钻削等万能接口）的工具系统。

2．镗铣类工具系统

镗铣类数控工具系统是镗铣床主轴到刀具之间的各种连接刀柄的总称。多数镗铣类数控机床的主轴带有 7∶24 的锥孔，工作时，7∶24 锥形刀柄连同夹持刀具的工作部分及加工刀具按工艺顺序先后置于主轴锥孔，并随主轴一起旋转，如图 8–14 所示。

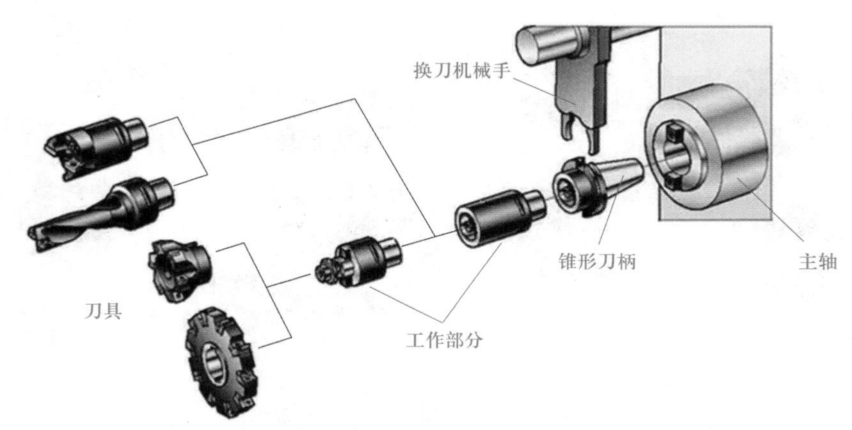

图 8–14　镗铣类工具系统示意

镗铣类数控工具系统按结构又可分为整体式结构和模块式结构两大类。

（1）TSG 整体式工具系统

在整体式结构镗铣类工具系统中，每把工具的柄部与工作部分连成一体，不同品种和规格的工作部分都必须加工出一个能与机床相连接的柄部，我国的 TSG82 就属于这类工具系统，如图 8–15 所示。这样，使得工具的规格、品种繁多，给生产、使用和管理带来诸多不便。

图 8–15　TSG82 整体式工具系统示例

我国于 20 世纪 80 年代初便制定了整体式镗铣类数控机床工具系统的标准《TSG82 工具系统形式及尺寸》（JB/GQ 5010—1983）以及《镗铣类数控机床工具制造与验收技术条件》（JB/GQ 15017—1986），对锥形刀柄、工作部分（刀杆、接杆等）的工具代号、结构、尺寸做了规定，选用时可根据 TSG82 工具系统图谱进行配置。

（2）TMG 模块式工具系统

模块式工具系统就是将工具的柄部和工作部分分割开来，制成各种系列化的模块，然后经过不同规格的中间模块，组成各种不同用途、不同规格的模块式工具。这样，既方便制造，又便于使用和管理，大大减少了工具储备。

目前世界上模块式工具系统不下几十种，其区别主要在于模块之间的定位方式和锁紧方式不同。不管哪种模块式工具系统，都是由主柄模块、中间模块和工作模块三部分所组成。如图 8-16 所示为 Sandvik 模块式工具系统示例，其中，主柄模块直接与机床主轴连接，中间模块用于加长工具轴向尺寸和变换连接直径，工作模块则用于装夹各种切削刀具。

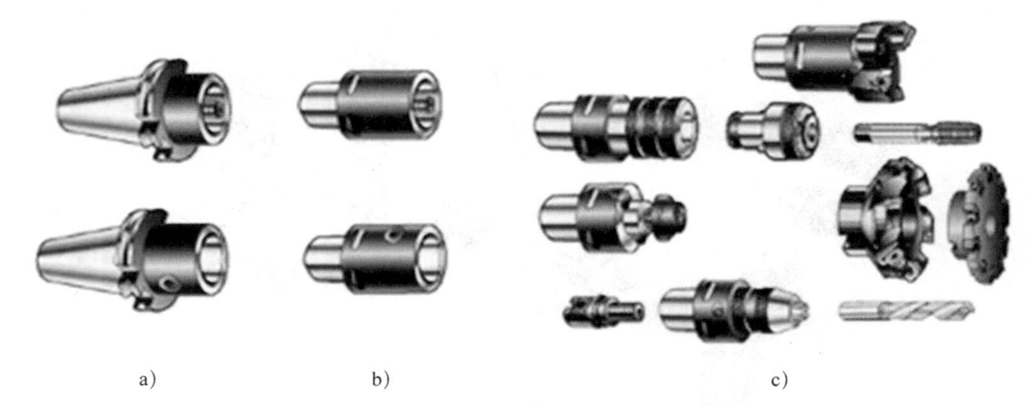

a)　　b)　　c)

图 8-16　Sandvik 模块式工具系统示例

a）主柄模块　b）中间模块　c）工作模块

TMG 是国内常见的镗铣类模块式工具系统，为了区别各种不同结构的工具系统，需在 TMG 之后加上两位数字，如 TMG10、TMG21 和 TMG28 等，十位数字表示模块连接定心方式，个位数字表示模块连接锁紧方式，相关规定见表 8-5。

表 8-5　模块连接的定心方式和锁紧方式

十位数字代号	定心方式	个位数字代号	锁紧方式
		0	中心螺钉拉紧
1	短圆锥定心	1	径向销钉锁紧
2	单圆柱面定心	2	径向楔块锁紧
3	双键定心	3	径向双头螺栓锁紧
4	端齿啮合定心	4	径向单侧螺钉锁紧
5	双圆柱面定心	5	径向两螺钉垂直方向锁紧
		6	螺纹连接锁紧

就 TMG21 而言，采用单圆柱面定心，径向销钉锁紧，其一部分为孔，另一部分为轴，两者插入连接构成一个刚性刀柄，一端连接机床主轴，一端安装各种可转位刀具，主要用于重型机械、机床等各种行业，详细内容可查阅国家标准《镗铣类模块式工具系统　第 1 部分：型号表示规则》（GB/T 25668.1—2010）和《镗铣类模块式工具系统　第 2 部分：TMG21 工具系统的型式和尺寸》（GB/T 25668.2—2010）。

需要指出的是，我国开发的新型工具系统 TMG28，采用单圆柱面定心，模块接口锁紧方式采用与上述 0~6 不同的径向锁紧方式（用数字“8”表示），具体结构可查阅相关资料，这里不再赘述。

3．新型高速铣削工具系统

近年来，转速达 20 000 ~ 60 000 r/min 的高速加工中心已投入使用。传统主轴 7∶24 前端锥孔及与之配套的锥度刀柄镗铣类工具系统（无端面定位）已不能满足高速铣削要求。将原来仅靠锥面定位改为锥面与端面同时定位，是目前的最佳改进途径。这种方案最具代表性的产品是 HSK 刀柄（德国）、KM 刀柄（美国）和 Big-plus 刀柄（日本）。

（1）HSK 刀柄

HSK 刀柄为双面定位型空心刀柄，是一种锥度为 1∶10 的短锥面工具系统，如图 8-17 所示。HSK 刀柄由锥面和端面共同实现定位和夹紧。不过，HSK 刀柄与通常的主轴结构不兼容，属于过定位安装，制造难度大，制造成本也高。

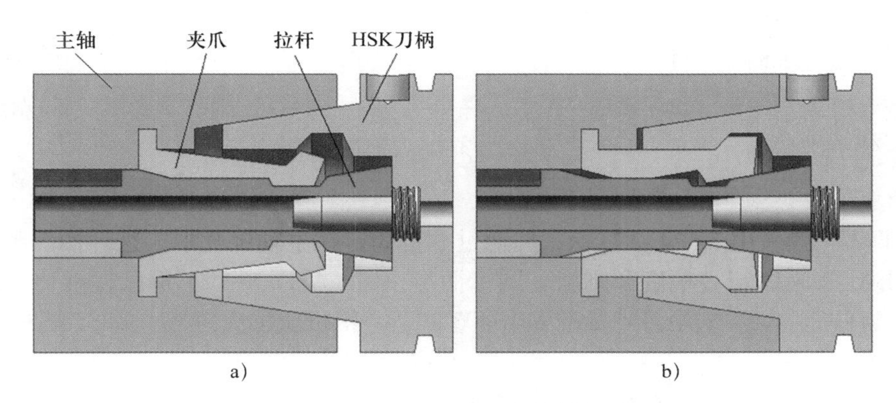

图 8-17 HSK 刀柄与主轴连接的结构

a）拉紧前 b）拉紧后

（2）KM 刀柄

KM 刀柄基本形状与 HSK 刀柄相似，采用 1∶10 短锥配合，锥体尾部有键槽，用锥面和端面同时定位。

（3）Big-plus 刀柄

Big-plus 刀柄的锥度仍为 7∶24。图 8-18 所示为 Big-plus 刀柄与 BT 刀柄拉紧后的比较。当将 Big-plus 刀柄装入主轴时，刀柄端面与主轴端面留有（0.02 ± 0.005）mm 的间隙，拉紧

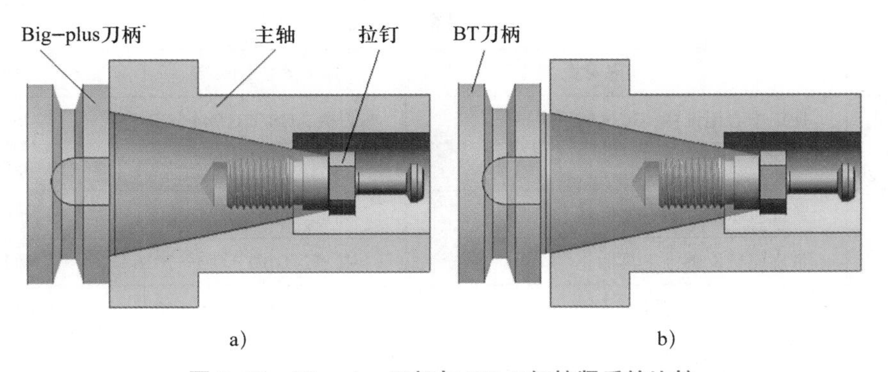

图 8-18 Big-plus 刀柄与 BT 刀柄拉紧后的比较

a）Big-plus 刀柄 b）BT 刀柄

后，利用主轴内孔的弹性膨胀，使两者端面贴紧；而通常刀柄拉紧后，刀柄端面与主轴端面存在间隙，不紧贴。

类似于 HSK 刀柄，由于过定位安装，Big-plus 刀柄制造难度大，制造成本高。

四、任务实施

表 8-4 所列加工中心主轴与刀具连接用刀柄属 TSG 整体式工具系统，其型号由五个部分组成，具体表示方法如下：

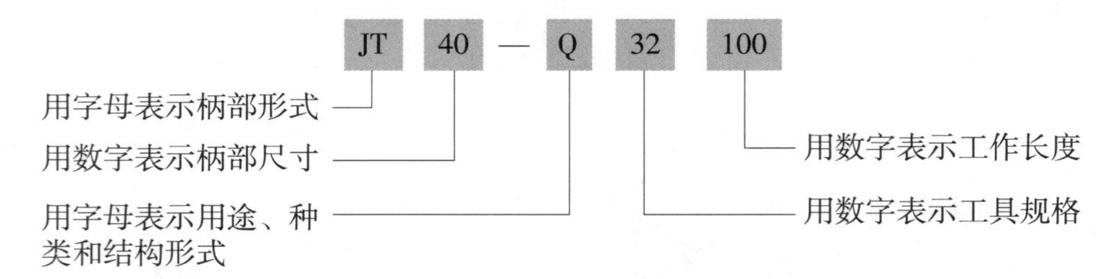

1．柄部形式

工具柄部一般采用 7∶24 圆锥柄，并通过拉钉固定在主轴锥孔中。这种柄部不自锁，并且与直柄相比有高的定心精度和刚度。圆锥柄与拉钉（见图 8-19）都已标准化。常用的工具柄部形式有 JT、BT（采用日本标准 MAS403 制造，带机械手夹持槽）和 ST 三种。

图 8-19　刀柄与拉钉

镗刀类刀柄自身带有刀头，可用于粗、精镗。有的刀柄则需要接杆（用于改变刀具长度，分为 KH、ZB、MT 和 MTW 四类）或标准刀具才能组装成一把完整的刀具。TSG 工具柄部形式见表 8-6。

表 8-6　TSG 工具柄部形式

代号	工具柄部形式	类别及标准	柄部尺寸
JT	加工中心用锥柄，带机械手夹持槽	刀柄，GB/T 10944—2013	ISO 锥度号
XT	一般镗铣床用工具柄部	刀柄，GB/T 3837—2001	ISO 锥度号
ST	数控机床用锥柄，无机械手夹持槽	刀柄，GB/T 3837—2001	ISO 锥度号
MT	带扁尾莫氏圆锥工具柄	接杆，GB/T 1443—2016	莫氏锥度号
MTW	不带扁尾莫氏圆锥工具柄	接杆，GB/T 1443—2016	莫氏锥度号
KH（XH）	7∶24 锥度的锥柄接杆	接杆，GB/T 25668—2010	锥柄锥度号
ZB	直柄接杆（直柄工具柄）	接杆，GB/T 6131.1—2006	直径尺寸

2. 柄部尺寸

对于圆柱柄，表示直径（如 32）；对于锥柄，则表示相应的 ISO 锥度号（如 40）。7 : 24 锥柄的锥度号有 25、30、40、45、50 和 60 等，如 50 和 40 分别代表大端直径为 69.85 mm 和 44.45 mm 的 7 : 24 锥度。大规格 50、60 号锥柄适用于重型切削机床，小规格 25、30 号锥柄适用于高速轻型切削机床。

3. 用途代码

用途代号表示工具的用途。TSG82 工具系统用途代号及含义见表 8–7。

表 8–7 TSG82 工具系统用途代号及含义

代号	含义	代号	含义	代号	含义
J	装接长杆用锥柄	KJ	用于装扩、铰刀	TF	浮动镗刀
Q	弹簧夹头	BS	倍速夹头	TK	可调镗刀
KH	7 : 24 锥度快换夹头	H	倒锪端面刀	X	用于装铣削刀具
Z（J）	装钻夹头刀柄（莫氏锥度加 J）	T	镗孔刀具	XS	装三面刃铣刀
MW	装无扁尾莫氏锥柄刀具	TZ	直角镗刀	XM	装套式面铣刀
M	装有扁尾莫氏锥柄刀具	TQW	倾斜式微调镗刀	XDZ	装直角面铣刀
G	攻螺纹夹头	TQC	倾斜式粗镗刀	XD	装面铣刀
C	切内槽工具	TZC	直角形粗镗刀	XP	装削平型直柄铣刀

4. 工具规格

用途代码后的数字表示工具的工作特性，其含义随工具的不同而异。有些工具该数字为其轮廓尺寸（如直径尺寸 32），有些工具该数字表示应用范围。

5. 工具长度

表示工具的设计工作长度（锥柄大端直径处到端面的距离）。

五、知识链接

数控车削工具系统

数控车削工具系统是车刀刀架与刀具之间的连接环节（包括各种装车刀的非动力刀夹及装钻头、铣刀的动力刀夹）的总称，它的作用是使刀具能快速更换和定位，并传递回转刀具所需的回转运动。它通常是固定在回转刀架上，随之做进给运动或分度转位，并从刀架或转塔刀架上获得回转所需的动力。

数控车削工具系统的组成和结构与机床刀架的结构形式、刀具类型和工具系统中有无动力驱动等因素有关。机床刀架的结构形式不同，刀具与机床刀架之间的刀夹、刀座也就不同，常见数控车床刀架的结构形式有四方刀架、径向装刀盘形刀架和轴向装刀盘形刀架（见图 8–20）；刀具类型不同，所需的刀夹就不同，如钻头和车刀的刀夹不同；另外，有动力驱动的刀夹与无动力驱动的刀夹结构也明显不同。

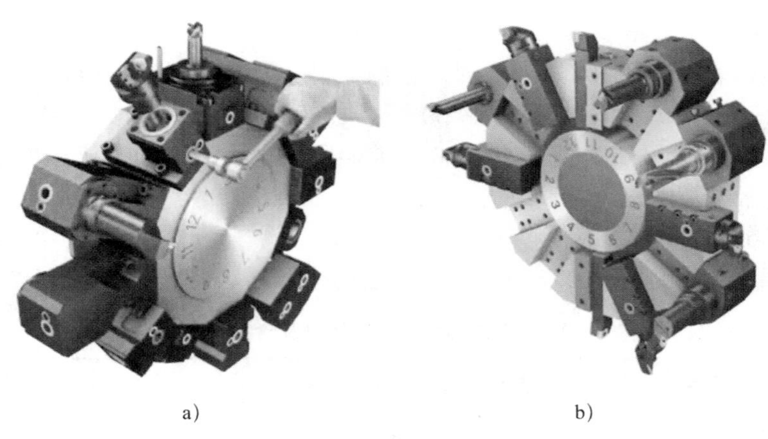

a) b)

图 8-20 盘形刀架
a）径向装刀 b）轴向装刀

目前，国际上已建立了针对刀柄工作特性的比较完备的数控车床工具系统。其中，CZG 整体式车削类数控工具系统在我国已较普及使用，该工具系统与刀架采用圆柱柄连接形式，相当于德国标准 DIN69880，后来 ISO 10889 又对圆柱柄进行了改进。目前许多国外公司研制开发了只更换刀头模块的模块式车削工具系统，如瑞典 Sandvik 模块式车削工具系统，它通过驱动拉杆来实现刀头模块的锁定或推出。

六、思考与练习

1．试说明 TMG10 模块式工具系统的定心方式和锁紧方式。
2．查阅资料，绘制 TMG28 模块接口示意图，并分析其结构特点。
3．查阅资料，解释规格型号 BT40 的含义。

附　　录

附表 1　　M 类切削工具用硬质合金牌号作业条件推荐

组别	作业条件	
	被加工材料	适应的加工条件
M01	不锈钢、铁素体钢、铸钢	高切削速度、小载荷，无振动条件下精车、精镗
M10	不锈钢、铸钢、锰钢、合金钢、合金铸铁、可锻铸铁	中和高切削速度，中、小切屑截面条件下车削
M20	不锈钢、铸钢、锰钢、合金钢、合金铸铁、可锻铸铁	中等切削速度、中等切屑截面条件下车削、铣削
M30	不锈钢、铸钢、锰钢、合金钢、合金铸铁、可锻铸铁	中和高切削速度，中等或大切屑截面条件下车削、铣削、刨削
M40	不锈钢、铸钢、锰钢、合金钢、合金铸铁、可锻铸铁	车削、切断、强力铣削加工

附表 2　　K 类切削工具用硬质合金牌号作业条件推荐

组别	作业条件	
	被加工材料	适应的加工条件
K01	铸铁、冷硬铸铁、短屑可锻铸铁	车削、精车、铣削、镗削、刮削
K10	布氏硬度低于 220 的灰铸铁、短切屑的可锻铸铁	车削、铣削、镗削、刮削、拉削
K20	布氏硬度低于 220 的灰铸铁、短切屑的可锻铸铁	用于中等切削速度下，轻载荷粗加工、半精加工的车削、铣削、镗削等

续表

组别	作业条件	
	被加工材料	适应的加工条件
K30	铸铁、短切屑的可锻铸铁	用于在不利条件下可能采用大切削角的车削、铣削、刨削、车槽加工，对刀片的韧性有一定的要求
K40	铸铁、短切屑的可锻铸铁	用于在不利条件下的粗加工，采用较低的切削速度、大的进给量

附表 3　N 类切削工具用硬质合金牌号作业条件推荐

组别	作业条件	
	被加工材料	适应的加工条件
N01	有色金属、塑料、木材、玻璃	高切削速度下，有色金属铝、铜、镁，塑料、木材等非金属材料的精加工
N10		较高切削速度下，有色金属铝、铜、镁，塑料、木材等非金属材料的精加工或半精加工
N20	有色金属、塑料	中等切削速度下，有色金属铝、铜、镁，塑料等的半精加工或粗加工
N30		中等切削速度下，有色金属铝、铜、镁，塑料等的粗加工

附表 4　S 类切削工具用硬质合金牌号作业条件推荐

组别	作业条件	
	被加工材料	适应的加工条件
S01	耐热和优质合金：含镍、钴、钛的各类合金材料	中等切削速度下，耐热钢和钛合金的精加工
S10		低切削速度下，耐热钢和钛合金的半精加工或粗加工
S20		较低切削速度下，耐热钢和钛合金的半精加工或粗加工
S30		较低切削速度下，耐热钢和钛合金的断续切削，适合于半精加工或粗加工

附表 5　H 类切削工具用硬质合金牌号作业条件推荐

组别	作业条件	
	被加工材料	适应的加工条件
H01	淬硬钢、冷硬铸铁	低切削速度下，淬硬钢、冷硬铸铁的连续轻载精加工
H10		低切削速度下，淬硬钢、冷硬铸铁的连续轻载精加工、半精加工
H20		较低切削速度下，淬硬钢、冷硬铸铁的连续轻载半精加工、粗加工
H30		较低切削速度下，淬硬钢、冷硬铸铁的半精加工、粗加工